NEIL ARMSTRONG

NEIL ARMSTRONG

A BIOGRAFIA ESSENCIAL DO PRIMEIRO HOMEM A PISAR NA LUA

JAY BARBREE

APRESENTAÇÃO
JOHN GLENN

TRADUÇÃO
KARINA GENSHE

TORDSILHAS

NASA
BEWARE
NASA

SUMÁRIO

APRESENTAÇÃO

Neil Armstrong foi um aeronauta. Ele voou em todas as coisas mais pesadas que o ar – até mesmo em planadores. Nunca se gabou, nunca fez lobby para ser o primeiro a caminhar na Lua, e mesmo assim seria difícil encontrar outra pessoa que tenha alcançado tanto em uma vida.

Ele nunca se sentiu à vontade com a fama, odiava falar de si mesmo, então como se escreve um livro sobre a vida de Neil Armstrong?

Se você é Jay Barbree, amigo de Neil e piloto, ajuda bastante.

Barbree cobriu cada um dos nossos voos espaciais para toda a rede NBC, com 166 canais, e Neil escreveu: "Jay Barbree é um dos jornalistas mais experientes do mundo em cobertura espacial, dedicado a conseguir o melhor – e ele consegue".

Esta é a história de Neil Armstrong desde que voou em missões de combate na Guerra da Coreia, passando pelo voo até a estratosfera, em um avião experimental chamado X-15, até o salvamento de sua Gemini 8, realizando o primeiro retorno de emergência à Terra, e, então, chegando, finalmente, ao voo na Apollo 11 em direção ao Mar da Tranquilidade. Lá, ele deixou as primeiras pegadas fora da superfície terrestre.

Certa vez, quando estávamos conversando sobre seu primeiro passo na superfície lunar, eu disse a Neil que não costumava ser invejoso, mas, para ele, abriria uma exceção.

JOHN GLENN

Primeiro astronauta americano a entrar em órbita da Terra, em 1962.
Foi amigo de Neil e também do autor deste livro, Jay Barbree.

INTRODUÇÃO

Houve uma época em que Neil Armstrong era a pessoa mais conhecida do mundo. No entanto, apesar da notoriedade, ele nunca usou sua fama em benefício próprio. Como Brian Williams relatou, Neil poderia, sem esforço, ter tido uma rede de lanchonetes "lunares". Poderia ter experimentado a riqueza de um Donald Trump. Em vez disso, manteve-se uma pessoa reservada até a sua morte.

Ele não se considerava uma pessoa especial, mas todo mundo o considerava assim. O mundo o elogiava em todas as línguas, todas as rádios e televisões falavam seu nome, e os jornais e revistas, em todos os lugares, traziam reportagens sobre suas realizações.

De maneira discreta, mas incisiva, a fama incomodou Neil. Ele considerou que a maioria das histórias trazia as situações apenas vistas de fora. Ele queria muito que elas fossem escritas como realmente eram, vistas de dentro, dando o devido crédito aos outros envolvidos. Não queria um livro sobre si mesmo, mas um livro sobre todos os pilotos e astronautas – um livro factual, interessante, comovente e divertido sobre aqueles que decolaram de plataformas marítimas de lançamento, de pistas abertas em regiões de selva, de faixas no deserto e de encostas de montanhas geladas; sobre aqueles que embarcaram em foguetes nas plataformas de lançamento para viver em postos avançados orbitais; aqueles que embarcaram em espaçonaves para a Lua e sempre encontraram o caminho de volta. Essas eram as pessoas que rompiam o céu, corriam em direção à Lua, e Neil tinha a convicção de que qualquer uma delas poderia ter voado com ele.

NASA
ARMSTRONG

Ele respeitava *The Right Stuff*, de Tom Wolfe, como uma ótima ficção e uma boa adaptação para o cinema, mas com uma história terrível: as pessoas erradas, trabalhando nos projetos errados, nos momentos errados, um projeto que não tinha nenhuma semelhança com o que realmente estava acontecendo. Neil disse: "O que mais você poderia esperar que fosse escrito por alguém confinado em uma casa em Manhattan, que nunca chegou perto de um voo espacial?"

Por meio século Neil Armstrong viveu voos e viagens espaciais, e conversamos sobre escrever um livro com o olhar de quem estava lá. No entanto, toda vez que nos aproximávamos do início, Neil percebia que não se sentia à vontade para escrever sobre si mesmo. Ele não conseguiria, de modo algum, contar vantagem sobre suas realizações em detrimento das dos outros, e, finalmente, me disse: "Jay, você escreve. Você é piloto. É um de nós".

Existem apenas algumas coisas que eu realmente sei. Primeiro: como piloto, eu não chego nem aos pés de Neil Armstrong. Segundo: eu nunca encontraria uma maneira de arrastar Neil para um teclado para escrever sobre si mesmo porque ele simplesmente tinha suas próprias vontades. Ele não era de muita badalação. Era quieto sem ser tímido, com um senso de humor ponderado e sua retidão característica. Algumas pessoas o consideravam recluso.

Ao longo dos anos, Neil e eu escrevemos juntos. Não sobre seus feitos notáveis, mas sobre quase tudo que não exaltasse Neil Armstrong.

Ele escreveu a introdução de *Moon Shot* – o best-seller do *New York Times*, de autoria de Alan Shepard, Deke Slayton, e minha – e, quando aceitava convites do Congresso para falar sobre nosso programa espacial, frequentemente pedia minha opinião.

Quando Neil, Jim Lovell, da famosa *Apollo 13*, e Gene Cernan, o último homem a caminhar na Lua, escreveram um editorial com suas opiniões pessoais sobre o futuro do programa espacial americano, nós noticiamos o artigo no *NBC Nightly News*, de Brian Williams.

Em 2008, a NBC News ofereceu um jantar em comemoração aos meus cinquenta anos de serviços prestados e Neil surpreendeu a todos. O homem reservado compareceu.

Neil foi o mestre de cerimônias, e depois do jantar nós nos sentamos no balcão de um dos nossos botecos preferidos de antigamente, e Neil confessou todas as coisas que a NASA fez para despistar a mídia durante a primeira e histórica caminhada na Lua. Ele e eu fechamos o bar. Escrevi a história e fiquei prontamente satisfeito por ela ter sido lida por mais de 2 milhões de pessoas.

A inclinação de Neil Armstrong para fazer tudo bem feito tornou essencial que déssemos o nosso melhor para registrar com exatidão a emocionante vida de voos deste ícone americano.

Conheci Neil em 1962, e pesquisei todos os detalhes de seus anos de recordes. Eu perguntei. Neil e todos os outros que voaram com ele responderam.

As palavras de Neil neste livro são reproduções fiéis feitas por mim e por outras pessoas que sei serem confiáveis. Elas vieram de anos de e-mails pessoais, entrevistas gravadas, registros deste repórter – "uma voz da história", como disse Neil a dois historiadores da NASA –, das transcrições de cada palavra que ele falou no espaço e na Lua, de 51 anos de anotações. O agente propulsor deste livro é a confiabilidade: foi assim que Neil viveu sua vida.

JAY BARBREE

UMA DECOLAGEM E UMA ORAÇÃO

Ao amanhecer, os pilotos chegaram ao convés do porta-aviões *Essex*. Agasalhados como estudantes em um dia de neve, eles caminharam bamboleantes, em passos curtos, em direção aos seus caças. Um dos primeiros a subir a bordo foi um jovem oficial chamado Neil Armstrong.

O comandante do avião ajudou Neil a entrar no *cockpit* – ajudou-o a prender seus ombros às cintas de segurança, verificou duas vezes os arreios do seu paraquedas e a máscara de oxigênio. Por último, certificou-se de que a balsa inflável e o rádio de Neil estivessem preparados para o voo.

De repente, os alto-falantes da cabine de comando anunciaram: "Preparar para o lançamento!"

Era o dia 3 de setembro de 1951.

Armstrong havia completado 21 anos quatro semanas antes, mas, apesar da idade, estava preparado e pronto para voar em sua sétima missão de combate.

"Mova-se para a posição de lançamento!"

A equipe do convés conduziu seu Panther em direção à catapulta, e Neil lembrou-se de que seu primeiro lançamento por "catapulta fumegante" tinha lhe tirado a confiança. Houve uma certa insegurança. Se por alguma razão a catapulta produzisse uma propulsão fraca, ele e seu Panther poderiam acabar na água. Instintivamente, voltou a verificar seus arreios e cintas de segurança antes de descansar uma mão enluvada no manche do jato. Sua outra mão descansou no acelerador. Ele estava pronto para dar força máxima ao seu Panther.

"Lançar jato!"

Neil sentiu-se tenso. Ele viu o oficial de lançamento girar um dedo acima da cabeça e aumentou o impulso do jato até um rugido insuportável, e esperou – esperou até que o oficial girasse dois dedos, e, então, instantaneamente deu força máxima ao motor.

O vapor branco flamejou tudo por perto e o oficial de lançamento abaixou sua mão direita repentinamente. A catapulta disparou.

Neil sentiu seu peso dobrar. A pele do seu rosto foi esticada pela força da poderosa aceleração. Seus lábios alongaram-se. Seus olhos e seu corpo foram pressionados contra o assento.

Oito toneladas de fuselagem mais o piloto foram empurrados pela catapulta, e, num piscar de olhos – em um espaço menor que um campo de futebol –, o Panther de Neil decolou do convés. A aceleração se manteve como deve ser em um avião a jato e o piloto alcançou o céu.

Minutos passariam antes que Neil Armstrong voasse alto o suficiente, rápido o suficiente para se tornar parte da encantadora plenitude de um voo tranquilo. Foi uma saída perfeita – avançando tão rápido que o impressionante estrondo do seu jato logo se dissipou. Era necessário desfrutar do momento – o último espaço de tempo no qual um piloto de caça pode relaxar antes de mergulhar com seus quase 270 quilos e lançar seus projéteis de 20 mm em direção a seus alvos.

Neil sabia que era o último momento de trégua diante daqueles que estariam tentando atacá-lo, e, apesar de sua idade, os companheiros mais velhos o consideravam um piloto competente. Ele aprendeu a manter o foco em ameaças logicamente plausíveis ao invés de tecer fantasias sobre elas.

Neil nunca perderia de vista o fato de que era um garoto do interior com quinze centavos no bolso. Ele estava grato por estar pilotando jatos para a Marinha, grato por ter tido a iniciativa de estudar, o que fazia com que todos os maquinários onde ele voara saíssem do chão, e por ter tido o bom senso de devorar os livros até ser aceito no Programa de Cadetes da Aviação da Marinha.

Ele havia escolhido a Universidade de Purdue. O programa de sete anos da Marinha exigia que ele passasse dois anos na sala de aula estudando engenharia aeronáutica. Ao mesmo tempo, haveria treinamento de voo, onde ele receberia sua patente de oficial da Marinha, seguido de serviço militar antes de completar sua graduação.

Mas não foi bem assim. Depois que ele estudou por um ano e meio, a Marinha percebeu que faltavam pilotos de caça e o treinamento de voo de Neil foi antecipado.

Ele conseguiu sua insígnia em agosto de 1950, dois meses após o início do conflito coreano. Neil era um daqueles pássaros raros, um aspirante com patente. Ele teve que esperar algumas semanas por seu destacamento.

"Eu pedi a Frota do Pacífico e recebi a Frota do Pacífico", diria mais tarde. "Fui enviado pela primeira vez para um esquadrão chamado FASRON, Fleet Air Service Squadron, que era uma unidade de serviço onde esperei até que houvesse uma vaga no Esquadrão de Caça 51 (VF-51). Eu estaria decolando do convés do *Essex* com o soldo médio de um aspirante, de 75 dólares por mês, mais o soldo de piloto, calculado em 50% do meu soldo-base."

Neil não se arrependeu enquanto voava naquela manhã; de repente sentiu-se desfrutando de um novo dia. O sol estava despontando ao longo do horizonte, espalhando seus raios mornos. Ele observou o céu cheio de pilotos VF-51, os "Águias Altas", e seus caças. Era um companheirismo que inspirava uma certa sensação de segurança.

"Muito melhor do que estar sozinho", Neil concordou com ele mesmo, quando, de repente, viu uma das criações mais impressionantes da natureza: o monte Fuji ao sol nascente.

O magnífico pico do vulcão era perfeito em seus quase 4 mil metros atravessando as nuvens. Naquele momento, enquanto surgia a beleza natural mais conhecida do Japão, Neil sabia que a paz da grande montanha estava prestes a terminar.

A morte estava à frente, do outro lado do mar do Japão, estava nas montanhas da Coreia – montanhas feias que surgiram por algum evento geológico que as transformou em escarpados arrojados, deixando-as deformadas e esparsas, sem uma característica organizada ou lógica para os visitantes.

Neil as julgou como montanhas terríveis – montanhas de dor e morte que corriam em direções irregulares. Seus picos não formavam padrões. Seus vales não levavam a lugar algum. Os alvos do dia estavam fora de sua visão.

A missão do grupo era voar em direção a uma área de segurança máxima da inteligência naval chamada "Green Six". Esse era o codinome de um vale com paióis, pátio de cargas e comboios, uma barragem e uma daquelas malditas pontes resistentes.

Neil estava à vontade pilotando o F9F Panther. Ele o considerava um avião muito resistente – construído pela equipe da Grumman, um dos melhores fabricantes de aeronaves. "No entanto, pensando melhor agora", disse Neil, "ele não voou tão bem." Os controles da aeronave não eram bons. O controle lateral era muito bom, mas a arfagem muito dura. Seu desempenho, tanto em velocidade máxima quanto em escalada, era muito inferior ao dos MIG chineses.

"Tenho certeza de que não teria gostado de ir ao encontro de um MIG em meu Panther", riu.

Eles cruzaram o litoral coreano. As armas estavam esperando. Os caças do *Essex* começaram a descer em mergulhos rápidos para confundir a artilharia antiaérea. Ao mesmo tempo, John Carpenter, comandante do grupo de Neil, deu a ordem para seus Panthers atacarem com fogo pesado, armas posicionadas por entre a fumaça cinza e rajadas de fogo antiaéreo enquanto os motores dos caças estrondavam, descendo, rumo ao "Green Six" – desceram cada vez mais, liberando seus mísseis de 200 quilos com ogivas de 5 e 3 polegadas. Até mesmo metralhadoras foram disparadas contra seus jatos.

Instantaneamente Neil percebeu que um único projétil poderia pulverizar qualquer um deles. Quando ele subiu saindo do vale, suas pernas estavam pesadas e seu rosto esticado em direção ao queixo. Os deuses da gravidade estavam fazendo seu trabalho enquanto ele mantinha seu Panther sob as asas de John Carpenter.

Olhando de cima Neil podia ver claramente que os alvos tinham sido atingidos e demolidos, com uma exceção – aquela maldita ponte.

John Carpenter também viu a ponte, e o comandante de Neil percebeu imediatamente que o serviço precisava ser terminado.

Carpenter fez uma curva à esquerda com seu Panther e, novamente, conduziu o grupo para baixo, os caças roncando ao longo do rio cintilante. Estrondosos, estavam indo em direção à ponte como morcegos saindo do Hades, direto para as pedras e aço que atravessavam o rio. Neil logo percebeu que era uma construção histórica – os pilares altos se erguiam acima da principal via navegável da Coreia do Norte –, e, com certeza, vulnerável. Neil ativou suas armas frontais e viu sua munição pesada arrebentar o concreto e as pedras antes de lançar sua última bomba de 200 quilos, que explodiu, arrancando e retorcendo a ponte em pedaços de aço inútil.

Hora de alçar voo novamente, Neil ordenou apenas a si mesmo. Ele mudou o curso do Panther. Mas que droga! Ele teve apenas um breve instante para ver a artilharia antiaérea ao longo de centenas de metros de montanha a montanha.

COLISÃO!!!!!!

Uma onda de choque horrível sacudiu seu caça do nariz até a cauda.

"Se você está em alta velocidade, um obus transforma-se em uma faca muito potente", Neil me contou mais tarde, lembrando-se de como as espoletas cortaram sua asa direita, tão rápido que nem puderam ser vistas. Fuselagem, cabos, tubulações e seu sistema de comando foram rompidos. Naquele momento, de 6 a 8 metros do avião, desde a asa, não estavam mais lá.

Rapidamente Neil considerou que ele estava a 500 pés de altitude, a cerca de 150 metros do chão; e sua velocidade era de 350 nós, cerca de 650 quilômetros por hora. Seu Panther danificado estava voando em um ângulo que, aerodinamicamente, poderia compensar a perda de quase metade de sua asa direita – desde que ele mantivesse o aileron intacto em função oposta que pudesse compensar.

O aileron é a superfície móvel nas asas de uma aeronave que controla o movimento de rolamento e o quanto de inclinação lateral é necessária para, juntamente com o estabilizador, virar a aeronave. Neil teve que ser rápido nas decisões. Não só tinha perdido quase metade de sua asa direita e boa parte do seu aileron, mas também os lemes que controlam o movimento de guinada haviam se tornado lentos.

Que droga! Neil esbravejou. O solo estava se aproximando, se aproximando cada vez mais rápido, e ele teve que – *Ah, compensador!* Com os lemes defasados, os compensadores iriam impulsioná-lo para que ele pudesse subir. Tão depressa quanto seu polegar podia mover o compensador do leme acima do seu manche, ele estava às voltas com o equilíbrio longitudinal para levantar o nariz do seu caça. No entanto, nada estava acontecendo! Espere, aí vai! Seu nariz estava subindo. "Mova-se, mova-se", ele gritou em direção à extremidade dianteira de seu Panther. E foi o que aconteceu pouco antes de ele ter atacado o solo coreano. Ele estava ganhando altitude – uma subida lenta e constante – e, nesse instante, percebeu que não estava respirando. Ele engoliu seco. "Armstrong", falou consigo mesmo. "Vinte pés acima do solo não é lugar para estar a 350 nós."

Se Neil tivesse tido tempo para suar frio, teria suado. Em vez disso, o jovem piloto de caça chamou John Carpenter pelo rádio: "Ei, chefe", ele gaguejou. "Eu perdi... eu perdi metade da minha asa a estibordo. Estou sobrecarregando o aileron para evitar velocidade angular, e se eu ficar muito devagar ela vai me girar sobre o próprio eixo."

"Câmbio."

"Estou recuperando a altitude lentamente", Neil disse a Carpenter. "Eu tenho todos os compensadores no máximo, e meus lemes não estão sendo muito úteis. Vou ter que fazer uma aterrissagem quente."

"Qual a temperatura?"

"Por volta de 170."

"Muito quente", Carpenter retrucou, percebendo que o porta-aviões não aguentaria 170.

"Sim, senhor", Neil concordou. "Mas não é possível voar mais devagar sem girar em parafuso."

"Entendo."

"Ejetar?"

"Ejete", disse calmamente o comandante, "e eu estarei com você em todo o percurso, Armstrong."

Os dois pilotos levantaram dúvidas sobre a decisão que acabavam de tomar. Em seguida, Carpenter perguntou: "Faria isso a 14 mil pés?"

"Faria", Neil concordou. "Só quero ter certeza de que estou alto o suficiente para ter tempo de completar todos os procedimentos de ejeção antes de chegar ao solo."

"É uma boa ideia", Carpenter riu, acrescentando: "O território amigo mais próximo é ao sul. É o Aeroporto Pohang, K-3."

"Os *marines*?", perguntou Neil.

"Esse é o único."

"Que bom", Neil concordou, acrescentando: "Não há resgate na Coreia do Norte."

"Sim, não há volta."

"Se eu perder o K-3", disse Neil, "sempre gostei da água. É um pouso mais suave."

"Entendido", concordou Carpenter, enquanto os jatos, lado a lado, alçavam voo a partir do Green Six, localizado em uma estrada estreita no vale ao sul de Majon-ni, a oeste de Wonsan.

Neil não estava sozinho em seus pensamentos. Tanto ele quanto John Carpenter sabiam que estavam planejando o que a maioria dos pilotos via como uma das partes mais perigosas de seu trabalho – ejeção na velocidade de um jato. Esse era o lado negativo. O lado positivo é que Neil confiava no discernimento de Carpenter. Ele era major da Força Aérea, em intercâmbio com a Marinha. Ele gostava dos desafios de voar de porta-aviões, e Neil gostava de voar sob seu comando – gostava de aprender. No entanto, havia mais – em seus breves 21 anos, Neil nunca pensara sobre saltar ou ser ejetado de um avião que ainda estivesse voando. Ele não havia treinado para fazer tal coisa. Um de seus colegas de turma foi para a escola de paraquedismo em El Centro, Califórnia, para treinamento de ejeção, e, ao voltar, contou a eles como é o procedimento.

O conhecimento de Neil sobre ejeção se resumia a isso, e ele começou a refletir melhor sobre o que estava prestes a fazer enquanto os dois Panthers continuaram em direção ao sul. Quanto mais eles voavam, mais as montanhas da Coreia se revelavam belas. Ficaram para trás as paisagens irregulares e o caos sem sentido do Norte. À direita deles os lagos brilhavam como lindas pérolas presas às colinas. À esquerda a neve pairava sobre as cordilheiras. Diante deles as águas do mar do Japão abrigavam o porta-aviões. No entanto, o navio não estaria ao alcance de Neil.

Ele seria ejetado, então analisou os riscos. Tinha um motor a foguete no assento para, rapidamente, impulsioná-lo para longe do seu avião. Na hora, ficou ciente de tudo ao redor, mas a velocidade golpeava seu corpo com tanta força que era como se pesasse 22 vezes mais que o próprio peso, ou, na linguagem dos pilotos, o corpo enfrentava uma força de 22 G. Não havia tolerância para erros! Era alta a probabilidade de algum tipo de lesão – lesão nos ombros, braços, pernas e pés se ele não estivesse devidamente protegido. Era necessário estar na posição correta ou a ejeção poderia fazer com que ele abrisse uma cratera em solo coreano.

John Glenn, um piloto de caça voando em combate no cenário de guerra na Coreia, contou a história do seu famoso parceiro, o batedor de beisebol Ted Williams. Houve um incêndio no motor do F9F Panther de Williams e, apesar do risco de explosão do motor, ele optou por voar até um campo de pouso alternativo mais próximo. Ted Williams sabia de um piloto que foi ejetado e ficou com sequelas nos pés. Ted jurou que jamais seria ejetado. Ele temia que isso acabasse com sua carreira no beisebol. O famoso piloto de testes Chuck Yeager, o primeiro piloto a quebrar a barreira do som em 14 de outubro de 1947, precisou ser ejetado de um jato em alta velocidade, "cometendo suicídio para evitar ser morto".

Neil sorriu. Ele escutou a história. No entanto, quando você tem uma alternativa, fica feliz por tê-la.

A lição do dia sobre ejeção deixou bem claro que ser lançado de um jato em alta velocidade poderia comprimir suas vértebras gravemente. Eis a razão pela qual a Marinha havia estipulado um limite sobre o número de vezes que um aviador poderia ser ejetado durante a carreira. Neil não tinha planos de testar esse limite. Ele pegou as instruções do assento ejetor e começou a ler cuidadosamente:

> **Um:** Se possível reduza a velocidade aerodinâmica. 250! Sim, isso está próximo do quão lento eu quero.
>
> **Dois:** Verifique se as cintas de segurança e os arreios estão travados.
>
> **Três:** Puxe a alavanca de pré-ejeção a bordo e empurre com força até travar. Isso descarta o canopi, despressuriza a cabine, abaixa o assento, libera as alças para as pernas e puxa o pino de segurança no mecanismo de disparo da catapulta do assento.
>
> **Quatro:** Puxe seus pés para trás e coloque-os em seus apoios.
>
> **Cinco:** Sente-se ereto, apoie-se no encosto de cabeça com os músculos tensionados. Puxe a cortina de rosto do assento ejetável para baixo até que esteja totalmente estendida.
>
> **Seis:** Depois que o paraquedas piloto abrir e o assento estabilizar, solte a cortina de rosto do assento ejetável, solte os arreios e posicione-se na beirada do assento. Se a altitude permitir, demore pelo menos cinco segundos para abrir o paraquedas principal.

Neil respirou fundo e leu uma última advertência nas instruções. NÃO ABRA O PARAQUEDAS ENQUANTO AINDA ESTIVER PRESO AO ASSENTO.

Que ótima ideia, Neil pensou enquanto tirava os olhos dos procedimentos de ejeção para dar uma última olhada no lado de fora. Seu esquadrão tinha retornado antes com buracos de balas em seus Panthers. Eles os remendariam, os cobririam com tinta e ficariam muito bons. Essa seria a primeira vez que ele seria ejetado, mas aos cuidados de John Carpenter a confiança de Neil aumentava. Ele estava pronto. Sua serenidade era inata. Durante a adolescência ele tinha um sonho recorrente sobre voar. Ele pairava no ar e, se prendesse a respiração, nunca cairia.

Silenciosamente, os dois caças atravessavam o céu lado a lado rumo ao sul. Neil tinha consciência de que ele e Carpenter nunca tinham sido amigos próximos – seus interesses e idades eram muito diferentes. Eles nunca conversavam muito, mas, agora, no céu, com a luz do sol brilhando nas montanhas, pareciam melhores amigos. Em seus fones de ouvido ele escutou Carpenter abrir o microfone.

"Faremos isso juntos, Armstrong", disse com uma liderança reconfortante.

"Sim, não tenho dúvidas", Neil concordou rapidamente, impaciente para encerrar qualquer conversa que pudesse atrapalhar sua concentração para o que estava por vir.

Carpenter percebeu o receio de Neil sobre perder a concentração. Eles avançaram pelo céu ensolarado, cuidando do Panther avariado de Neil, sobre as aldeias norte-coreanas. De vez em quando, podiam ver uma explosão, e, então, de repente, estavam sobre o Aeroporto Pohang, com o mar à vista. Carpenter disse a Neil: "Armstrong, certifique-se de que suas alças e cintas de segurança estão atadas e firmes".

"Elas já estão me sufocando", respondeu Neil.

"Bom garoto", reconheceu Carpenter. "Você está pronto para seguir todos os itens da sua lista?"

"Entendido, estou pronto."

"Você está mantendo 250?"

"Câmbio."

"É melhor você dispensar o canopi agora."

"Boa ideia."

"Vejo você no navio", disse Carpenter, e Neil, com o estalo da dispensa do seu canopi e a rajada de vento chicoteando seu capacete, empurrou seu assento para trás o máximo que pôde. Estava bem preso aos seus apoios para os pés.

Músculos tensionados, ele respirou fundo e gritou suas ações antes de ejetar:

"Pre." (Tudo estava no lugar.)

"Pos." (Ele estava na posição correta.)

"Ox." (Ele acionou seu pequeno cilindro verde de oxigênio, que o manteria respirando em seu percurso até o chão.)

Neil foi abençoado com a habilidade de adiar o medo até que a situação difícil em que se encontrava terminasse. Ele esticou a mão, agarrou a cortina de rosto do assento ejetável que protegia a parte superior do seu corpo, gritou "puxar" e, com um puxão firme e rápido, colocou a cortina sobre seu capacete e posicionou o queixo no centro do peito.

BOOM!!!!!!

Ele foi ejetado!!!!!

Neil foi arrancado de sua cabine por um estrondo violento enquanto segurava firmemente a cortina de rosto sobre o capacete e os olhos. A força de 22 G o fez sentir como se todas as partes do seu corpo tivessem sido espremidas no espaço de uma lancheira e como se estivesse caindo de costas sobre si mesmo.

Ele estava ciente de seu assento e de que seu corpo estava sendo lançado para cima muito rápido. A adrenalina palpitava em todos os seus músculos. O pequeno paraquedas piloto surgiu e estabilizou Neil e seu assento no fluxo de ar. Ele sentiu a rajada de vento e o barulho, e sabia que seu cóccix estava doendo por conta do impulso da ejeção.

Era hora de se livrar da cortina de rosto. Agora ele podia ver o mar e o céu aparecendo e desaparecendo rapidamente, e, também rapidamente, ele recuperou o fôlego quando não sentiu mais os efeitos da força G no seu corpo. . . e ele estava suspenso em pleno ar. . . sem sentir seu peso. . . e sentiu seu assento ficar mais estável. Ele literalmente arrancou seu arnês e avançou para fora do assento – de repente se viu livre com o cordão do paraquedas sob controle. Mesmo com sua altitude ele contou: "Um Mississippi, dois Mississippi, três Mississippi, quatro Mississippi, cinco Mississippi," e puxou. O paraquedas veio fluindo aos poucos para evitar um forte repuxo em suas costas. Então, Neil teve uma visão deslumbrante – um enorme paraquedas branco e laranja fluorescente desabrochando acima dele. Ele se sentia seguro, sentia-se bem – havia sobrevivido a uma ejeção em alta velocidade.

Era uma ótima sensação ver que você estava em casa, em segurança. Neil estava feliz por ver que estava retornando à terra firme – de volta ao Aeroporto de Pohang, K-3, onde os fuzileiros navais estariam à sua espera.

Ele flutuou em direção à terra, balançando para a frente e para trás, e, enquanto descia, pôde ver um arrozal logo abaixo. Ele abriu a viseira do capacete e rapidamente desconectou todos os tubos e fios de comandos. Ao mesmo tempo tirou o capacete, soltando-o no chão. Neil não queria nada impedindo sua rápida saída do paraquedas, caso houvesse inimigos por perto.

Ele se preparou – saiu em um solavanco em direção ao arrozal. Certamente não tão ruim quanto o que havia sentido ao ser ejetado do seu Panther. Ele se livrou do paraquedas e começou a correr à procura de um esconderijo.

Havia dado apenas alguns passos quando viu seu capacete e suas alças de segurança. Ele parou e os pegou, notando que seu capacete havia rachado devido à queda.

Ficou ereto, surpreso ao ver um jipe americano vindo em sua direção.

Não havia dúvida de que aterrissara na base K-3 dos fuzileiros navais – um rosto conhecido dirigia o jipe. Subitamente o seu sorriso ficou mais largo do que a metade do Texas. Era um dos seus companheiros de quarto da escola de aviação, Goodell Warren.

Warren agora era tenente da Marinha em missão em Pohang, e gritou: "Armstrong, que diabos você está fazendo no meu arrozal?"

"Goodie", ele chamou com um sorriso de orelha a orelha. "Você nunca esteve tão bem."

Os dois amigos aspirantes abraçaram-se e Goodell Warren contou a ele que as explosões que eles tinham ouvido no mar vieram das minas que os norte-coreanos haviam colocado na baía.

De repente, Neil percebeu que, se o paraquedas não tivesse descido em direção ao chão, ele poderia estar flutuando naquelas águas mortais.

Mas estava tudo bem. O tenente Warren cuidou de seu amigo Neil, levando-o ao alto-comando para um relatório urgente.

Neil só passaria uma noite com Goodell e os fuzileiros navais antes de ser mandado de volta ao serviço a bordo do *Essex*. Lá ele foi recebido com provocações bem-humoradas. Um de seus colegas pilotos era John Moore, que no futuro seria eleito prefeito de Cocoa Beach, na Flórida, a cidade do local de lançamento, a cidade que enviaria Neil à Lua. Moore insistiu que Armstrong pagasse pelos artigos da Marinha que ele havia destruído, entre eles o capacete rachado.

Neil deu uma boa risada, sem a menor consciência de que os deuses o estavam guardando para fazer história.

TESTE DE VÔO, DESERTO DE MOJAVE

O Lewis Flight Propulsion Laboratory em Cleveland, na década de 1950, era um lugar muito melhor do que as feias montanhas da Coreia do Norte. Ele estava no topo de um vale verdejante esculpido pelo pitoresco rio Rocky. O rio estendia-se por quilômetros até o lago Erie e fazia parte dos milhares de hectares de parques rústicos que formaram o Emerald Necklace, em Cleveland.

Isso estava de um lado. Do outro, e ainda hoje, funciona o Aeroporto Internacional Hopkins, em Cleveland. O famoso laboratório agora é o Centro de Pesquisa John Glenn, mas, antes que Neil pudesse perseguir seu sonho de trabalhar e realizar testes de voo para um centro de pesquisas, ele teve que sair da condição de piloto de caça e voltar para a sala de aula.

Muito reconhecido, Neil era mais do que um piloto com habilidades naturais. Ele era inteligente, analítico e abençoado com uma compreensão técnica. Retornou a Purdue e impôs a si mesmo uma agenda cruel.

Na década de 1950, sua universidade era influente na área da aviação, e ele precisava do diploma de engenharia aeronáutica. Já não era muito viável apenas pilotar um avião. Você tinha que ser muito mais, alguém voltado para pesquisas. Havia as asas com enflechamento negativo, o Número de Mach, foguetes... o vocabulário da Nova Era promissora, e Neil percebeu que não eram apenas coisas empolgantes, mas um aviso – empolgantes por causa da promessa de foguetes e voos espaciais que despontavam no horizonte, e um aviso porque era claro que ser apenas piloto não era suficiente. Havia também uma possibilidade de ele se tornar membro do Programa de Cadetes da Aviação da Marinha. Isso reduziria os custos.

Neil duplicou sua quantidade de aulas. O mundo lá fora parecia se fundir em um nevoeiro. Ele ignorou tudo, e contabilizou um crédito após o outro na faculdade.

Igualmente importante, Purdue estava prestes a construir o primeiro aeroporto universitário. Neil gerenciava o tempo de voo para manter a prática e, ao ter total controle dos seus estudos, estava feliz por passar um dia aqui e ali preguiçosamente.

Não é que nada despertasse seu interesse. Havia muitas universitárias preenchendo vestidos apertados. Uma em particular era Janet Shearon. Ela era uma garota diferente das outras, que Neil conhecia e com quem namorou.

Embora nenhum dos dois tivesse abordado o assunto diretamente, a suposição de que um futuro os aguardava permanecia no ar. Janet nunca pressionou sobre o assunto, e, até mesmo com a descoberta do seu profundo sentimento por Neil, estava certa em manter seu relacionamento de maneira leve e sem exigências.

De fato, Neil dissera a seu colega de quarto que planejava se casar com Janet. Claro, dada a sua tendência a manter a boca fechada, ele nunca dissera nada à própria Janet.

No verão antes de seu último semestre, Neil apresentou seu currículo ao Comitê Nacional para Aconselhamento sobre Aeronáutica (NACA).

A agência foi a antecessora da Administração Nacional da Aeronáutica e Espaço (NASA) e o principal centro de pesquisa internacional em aeronáutica. Neil não queria apenas ser piloto de testes e engenheiro na Estação de Voo de Alta Velocidade da NACA, na base aérea de Edwards, no deserto da Califórnia; ele também desejava ter um papel importante nas pesquisas aeronáuticas. Com toda a certeza, Edwards era o lugar onde Neil Armstrong estava convencido de que se encaixava.

Houve apenas um problema. Quando Neil estava pronto, Edwards ainda não estava. A Estação de Voo de Alta Velocidade não tinha uma vaga, mas o que Neil não sabia é que a avançada agência de voo de alta velocidade não queria perdê-lo. A NACA enviou sua inscrição para seus outros centros. "Como resultado, o Laboratório Lewis falou comigo sobre preencher uma vaga que eles tinham. Era um trabalho com a menor remuneração que já haviam me oferecido", disse Neil. "No entanto, analisando agora, foi o caminho certo."

No Lewis, Neil recebeu um avião antigo e muito lento. A Força Aérea o chamava de C-47. Os pilotos de companhias aéreas o chamavam de DC-3. A Marinha o chamava de R4D.

Um R4D era o que a NACA tinha, e a agência o transformou em um laboratório voador. Neil resmungou em desaprovação, mas era dele – todinho dele. Era perfeito para estudar o acúmulo de gelo nas asas e hélices durante o inverno. Neil logo aprendeu que a melhor maneira de estudar essas condições de congelamento era durante os meses de inverno sobre o lago Erie. Ele pilotou seu R4D na chuva congelante e lançou muito material congelado nas águas frias do lago. Era divertido. Não pela outra parte.

"Os únicos frutos do trabalho na NACA eram relatórios de pesquisas e artigos", Neil resmungou. "Depois que os voos de pesquisa eram concluídos, era o momento de preparar algo para publicação. Em seguida, chegava a hora de enfrentar a 'inquisição'. Tratava-se da revisão do referido documento por especialistas que eram, em sua maioria, professoras de inglês ou bibliotecárias absoluta e insuportavelmente críticas quanto ao menor erro de pontuação ou erro gramatical."

O bom tempo provou ser o salvador da inatividade de seu laboratório voador. O céu limpo levantava seu astral e permitia que Neil levantasse voo. Ele conseguiu voar mais rápido com um F-82, de maneira mais ágil, em voos de alta altitude sobre o Atlântico. Nesses testes, ele lançou foguetes de múltiplos estágios em uma atmosfera mais densa para maiores taxas de transferência de calor.

Neil estava apenas pegando o jeito de disparar os foguetes de múltiplos estágios quando recebeu um telefonema de Edwards. A Estação de Voo de Alta Velocidade da NACA queria que ele se juntasse à equipe como piloto de pesquisas.

Eles não precisaram perguntar duas vezes. Piloto de pesquisas caía como uma luva. Neil deixou suas atribuições no Lewis e, com a convocação de Edwards em suas mãos, carregou o carro com suas coisas e foi embora.

Mas havia algo muito importante. Janet. Se dependesse dele, ela se tornaria sua esposa e a mãe de seus filhos.

A caminho da Califórnia, ele passou pelo lago Erie e pelo lago Michigan, então seguiu para o norte para vê-la em seu trabalho temporário em um acampamento em Wisconsin. Ela era simplesmente a pessoa mais importante em sua vida, e o calado Neil convenceu a si mesmo de que deveria investir uma ou duas palavras para que ela soubesse como se sentia.

À sua maneira tradicional, Neil pensou longa e cuidadosamente sobre o que diria. Poderiam ser as palavras mais importantes que já havia falado e ele queria ter certeza absoluta de que escolheria a maneira mais correta e sensível de expressá-las.

"Sabe", disse a Janet, "eu estive pensando."

"Em quê?"

"Que se você se casasse comigo e viesse comigo de carro para Edwards", ele sorria largamente, "a NACA me reembolsaria 6 centavos por quilômetro ao invés de 4."

Janet riu. "É um tipo de casamento a ser considerado, certo?"

"Certo", ele riu. "E o que você acha disso?"

"Bem...", ela sorriu enquanto observava o vento mover alguns fios do cabelo escuro de Neil. "Talvez seja um pedido a ser considerado."

Janet não seguiu com Neil para a Califórnia naquele dia, mas se casou com ele alguns meses depois, em sua cidade natal, Wilmette, Illinois, em 28 de janeiro de 1956. Como ela havia prometido a seus pais, seu casamento seguiu tudo o que mandava a tradição. Depois do casamento, ela e Neil viajaram com seus primeiros pertences em comum pelas montanhas Rochosas até o deserto de Mojave, na Califórnia, um lugar árido com areia e sol escaldantes que abrigava a base aérea de Edwards.

Neil não tinha muita certeza de como Janet se sentiria sobre o deserto árido. Ele só podia desejar que esse lugar a 80 quilômetros a leste do nada a conquistasse.

A única certeza era a de que ele amava o deserto. Não se importava com o calor. Não se importava com a vastidão de terra e com os ossos dos imprudentes que haviam encontrado a morte. Ele teve alguns meses para se acostumar a viver em Valhalla, onde as almas dos pilotos mais rápidos do mundo foram recebidas, onde as pistas mais longas foram delineadas em leitos de lagos secos, onde enormes hangares de aeronaves se erguiam no calor incessante, no coração dessa grande casa de pilotos ousados, e de todas as criaturas que suportavam tempestades de areia com o vento a espalhando por tudo o que alcançava.

As temperaturas caíam para abaixo de zero durante a noite, e em dezembro as chuvas chegavam. Elas deixavam finas camadas de água nas superfícies secas dos lagos, trazendo algo pré-histórico ao topo ondulado – artêmias de tempos remotos que as gaivotas do Pacífico devorariam ao mergulhar. Enquanto os ventos sopravam essas finas camadas de água para a frente e para trás, os leitos dos lagos seriam preparados para assar ao sol quente. Então, as grandes pistas naturais voltariam e os aviões de alta velocidade voariam mais alto e mais rápido do que nunca.

Neil Armstrong acreditava estar em casa, quando morou em Edwards. Ele se estabeleceu ali para o que prometia ser uma vida emocionante, sem a menor ideia de que o local seria renomeado, em 1º de março de 2014, Neil A. Armstrong Flight Research Center.

Na época eles estavam construindo o avião-foguete X-15, mas ainda demoraria quatro anos para que estivesse pronto para voar. Enquanto esperava, Neil ficaria ocupado como piloto de pesquisas e engenheiro.

"Eles queriam que eu aprendesse técnicas da NACA para coletar dados", disse Neil. "Eles tinham um Mustang P-51, um dos aviões a hélice mais rápidos já construídos, e me fizeram voar nele", explicou Neil. "Eu tinha voado na versão do F-82 com fuselagem dupla quando voltei a Lewis. Tinha instrumentos e técnicas de coleta de dados muito rudimentares e realizei muitas manobras para fins de testes.

"Foi uma boa experiência", assegurou.

Por um ano e seis meses Neil Armstrong voou em todos os aviões de pesquisa da NACA – derrubando os foguetes experimentais tripulados da agência, ou perseguindo-os nos jatos mais rápidos. A agência tinha todos eles – incluindo dois B-29, o mesmo avião que havia lançado duas bombas atômicas no Japão.

"Eu voei tanto no assento direito quanto no esquerdo," disse Neil. "Nós usamos os B-29 para lançar mais de cem aviões-foguetes na década de 1950.

"Os primeiros a serem lançados foram o X-1 e o Douglas Skyrockets, e eu voava uma média de dez vezes por mês – quase todos os dias em que tínhamos bom tempo.

"É claro que nem todos os lançamentos deram certo – como o do Skyrocket, que lançamos em 22 de março de 1956.

"Eu era o copiloto de Stan Butchart com Jack McKay no avião-foguete para ser lançado", continuou Neil. "Quando atingimos a altitude de cerca de 31 mil pés no B-29, o motor 4 parou, simplesmente perdemos velocidade. Butch se virou para ajudar o engenheiro a resolver o problema e deixou o voo sob meu comando."

Neil assumiu os controles e eles lançaram Jack McKay em seu Skyrocket. McKay pousou com segurança no leito seco do lago, enquanto Stan Butchart e o engenheiro se ocupavam fazendo o que podiam com o motor danificado.

E então algo aconteceu.

O B-29 estremeceu. Naquele momento de arrepiar os cabelos, Neil teve um rápido vislumbre de um cubo de hélice sendo arremessado para trás. A hélice do motor 4 havia se desintegrado. De repente, ele estava olhando para um motor parado, amassado e sem hélice.

"A hélice toda se destruiu", disse Neil. "E quando isso aconteceu, provocou a pane no motor 3."

Butchart e o engenheiro começaram a tentar melhorar a hélice do motor 3 – girando suas lâminas de modo que estivessem paralelas à direção do fluxo de ar. Isso reduziu a resistência e diminuiu a sobrecarga nos dois motores restantes.

Neil ficou com dois motores bons dos quatro, mas, na realidade, não tão bons. Havia um problema. Os dois motores restantes estavam no lado esquerdo, e eles estavam se aproximando da pista norte a 30 mil pés. Ninguém havia feito isso – pousar um B-29 a 30 mil pés – e Neil estava pensando em baixar seu trem de aterrissagem, criar algum arrasto, ou invadir a pista de pouso. Ele ficou feliz ao ver Butchart se juntar a ele nos controles.

Esse era o lado positivo. A má notícia era que o motor 4, que havia se desintegrado, também danificara seus controles. Butch e Neil decidiram que só podiam usar o motor 2 – apenas um de seus quatro para aterrissar; o motor 1 era o mais distante na asa e tinha muito torque. Ele já estava tentando arrancar os controles de suas mãos. De alguma forma, com Neil e

Butch lutando com seus controles e pedais de comando, fazendo o melhor possível para evitar que o avião se afastasse, eles conseguiram uma aterrissagem segura.

A emergência do B-29 não foi pouca coisa, mas Neil dificilmente falava disso com Janet. Para ele, era como se fosse outro dia redigindo os textos sobre o voo.

Quando o assunto era aumentar seus conhecimentos, ele e Janet estavam na mesma página. Eles haviam encontrado tempo para continuar seus estudos universitários nas escolas da área de Los Angeles, mas havia outro passo a ser dado. Naquele verão, Janet deu um presente a Neil. Um com que ele se importaria mais do que voar. Seu primeiro filho, Eric Alan Armstrong, chegou em 30 de junho de 1957.

Os amigos imediatamente notaram um passo maior na caminhada de Neil.

Ele não se gabaria de si mesmo, mas não perderia a chance de se gabar do filho, que ele e Janet decidiram chamar de Ricky.

Houve apenas um problema. Neil não tinha paciência para esperar que Ricky crescesse e procurasse por uma luva de beisebol. Mas ele conseguiu – esperou e viu seu filho crescer, e Ricky acabou se tornando o atleta de quase 1,90 metro que o pai queria.

O jovem Armstrong era figura cativa nos campos de beisebol e estádios de futebol. Ele logo perdeu o "y" no final de seu nome – especialmente no time de futebol americano, onde fizeram um trocadilho entre "Ricky" e a palavra "*kicker*" (chutador, em inglês), como era chamado.

Em 2008, apresentei meu neto Bryce a Neil. Eu orgulhosamente disse que Bryce havia marcado recordes como chutador para os times de futebol das universidades da Carolina do Leste e Shenandoah. Assim que as palavras saíram dos meus lábios, o pacato Neil Armstrong estava contando a Bryce tudo sobre os chutes de Rick.

A conversa deles foi longe – um contando mais vantagem que o outro. Eu só tinha a chance de ver um Neil Armstrong tagarela – sim, um Neil Armstrong tagarela – ao se gabar de seu primogênito.

Era notório que Neil amava Rick como amava todos os seus filhos. Havia assuntos como família e voos que ele continuaria dividindo apenas com os mais próximos – não com o público. Neil era um mistério. Os olhos azuis pareciam percorrer todo o caminho até sua alma – e eles enviavam uma mensagem clara: "mantenha distância". Seu rosto de menino não trazia nenhum traço, e sua expressão só mudava com seu sorriso distinto, seu sorriso único.

Se você se atrevesse a fazer uma pergunta, Neil olharia para você, forçando-o a uma pausa, e, então, você perguntaria novamente antes que ele finalmente falasse. Suas palavras formavam frases perfeitamente pensadas – um resultado da formação em pesquisa científica. O que quer que ele dissesse, queria que estivesse correto. Ele não gostava de ter que defender algo que saísse de maneira errônea ou descuidada de sua boca.

Com toda a certeza, Neil Armstrong era muito bom em fatos e precisão.

No entanto, nem tudo era assim.

De vez em quando havia diversão. Neil simulava voos rotineiros de testes no chalé da família e abanava as asas.

Quando Neil e Janet se instalaram na primeira casa, já haviam morado em alguns lugares na área de Edwards antes de comprar uma propriedade nas montanhas de San Gabriel.

"Naquela propriedade, a quase 2 mil metros de altura, localizava-se um chalé construído para uma escapada nos finais de semana, e comparando com o conforto da minha casa", Neil se gabou, "o chalé nos qualificava para um prêmio por homenagear os pioneiros americanos.

"O chão era de madeira crua. Nenhum quarto, apenas quatro beliches com uma pequena banheira e uma pequena cozinha com encanamento primitivo e sem eletricidade.

"Claro que não havia água quente", ele riu. "O chuveiro era uma mangueira pendurada sobre um galho de árvore. Nós fizemos algumas reformas. Fiz uma fiação para conseguir eletricidade, e Janet podia cozinhar em um fogão elétrico.

"Ninguém morava perto de Edwards", explicou ele. "Era uma base muito grande e você sempre estava a, pelo menos, trinta minutos de distância."

O chalé estava localizado onde a flora era viçosa e a fauna abundante. "Em um dia claro", Neil nos assegurou, "podíamos ver a maior parte do sul da Califórnia."

No noroeste estavam as montanhas Tehachapi, com suas trilhas sinuosas ladeando o terreno do deserto de Mojave até os campos férteis do vale de San Joaquin. A nordeste ficava o maciço de granito em meio a paisagens, incluindo Saddleback e Piute. E embora o sol forte do verão assolasse a terra e a deixasse com um tom marrom queimado, na primavera úmida todo o vale florescia em um dos jardins perfeitos da natureza.

"Meu trabalho estava a 80 quilômetros e com uma placa de 'PARE' mais adiante", Neil riu, sem a menor ideia de que se você voasse para o lado oposto do planeta, a partir do seu chalé na montanha, chegaria a um outro mundo não muito diferente da longínqua Edwards.

Você estaria na cidade espacial: não nas areias do Mojave, mas nas vastas estepes do Cazaquistão, uma planície onde as pastagens amareladas ficam verdes apenas na primavera, onde, no final do dia, não se vê nada, nem mesmo uma folha ou galho entre você e o sol poente.

Essa terra isolada e despovoada foi a escolhida por um pequeno exército de pioneiros espaciais russos para construir o Cosmódromo Soviético de Baikonur. Era um extenso centro espacial em uma localização estratégica para o lançamento de foguetes, onde quaisquer incidentes causariam poucos danos ao ambiente ao redor. Mais importante ainda é que essa área deserta esconderia os segredos dos soviéticos.

Eles desenvolveram e testaram mísseis e foguetes, assim como os americanos fizeram no Cabo Canaveral. E em 4 de outubro de 1957, os soviéticos trabalharam em um grande satélite branco para o primeiro passo do que seria, sem dúvida, uma das maiores conquistas da humanidade. Eles estavam planejando o primeiro de muitos eventos importantes e necessários para impulsionar a emocionante vida de Neil Armstrong, no auge dos quais ele se tornaria o primeiro a pisar em um lugar além da Terra.

O foguete foi chamado de R-7. Nem Neil nem ninguém além de sua plataforma de lançamento estava ciente de que um foguete historicamente importante estava prestes a ser disparado. Isso acrescentaria muito às páginas da história, e o homem que orquestrou a contagem regressiva foi feito do mesmo barro que aqueles, como Neil, que fizeram a pergunta: "Até onde podemos chegar?"

O nome do homem era Sergei Korolev e ele estava próximo da plataforma de lançamento, dentro de uma sala com paredes de aço. Estava sentado a uma mesa de madeira velha, microfone na mão, dirigindo sua equipe de lançamento. Ele era o principal cientista de foguetes da antiga União Soviética, que, diferentemente do gênio dos Estados Unidos em foguetes, o dr. Wernher von Braun, tinha a bênção e todo o apoio do governo de seu país. Seu R-7 era quatro vezes mais poderoso que o Redstone, de von Braun, e estava prestes a colocar um satélite em órbita e abrir o caminho para a Lua.

A simplicidade de Korolev não toleraria nenhum ambiente sofisticado. Pouco depois de chegar ao Cazaquistão, ele construiu para si uma pequena casa de madeira, diferente do chalé de Neil na Califórnia. A diferença essencial entre a casa de Armstrong nas montanhas e a de Korolev era a localização: em vez de estar a 80 quilômetros de distância das pistas como a de Neil, ficava a uma curta distância da plataforma de lançamento do R-7.

Korolev não deixava nada escapar. Ele trabalhou lado a lado com mecânicos e metalúrgicos, ajudando pessoalmente a montar o que seria o primeiro satélite artificial da Terra. Korolev criou uma esfera de ligas de alumínio com quatro antenas acionadas por molas e dois transmissores de rádio alimentados por bateria, que emitiriam seus sons nada melódicos para o mundo.

Nenhuma missão especial a bordo. Era um satélite para simplesmente demonstrar que tal dispositivo poderia ser colocado com sucesso na órbita da Terra; ele instalou-o dentro de um cone pontiagudo de metal e observou os técnicos instalando-o no topo do míssil balístico R-7.

Assim que os problemas técnicos do foguete foram resolvidos, os eventos mudaram rapidamente e eles, por medida de segurança, deixaram a plataforma de lançamento por trás de grossos muros de concreto. A contagem regressiva foi rápida, ouvida apenas pela equipe de lançamento, um punhado de especialistas bem como alguns funcionários protegendo seu lugar na hierarquia soviética.

Um mundo desavisado estava prestes a ficar chocado. A enorme torre de lançamento e suas bancadas de trabalho foram afastadas. Os últimos cabos de energia entre a torre e o foguete se separaram, caindo e se contorcendo em seus lugares de descanso.

O foguete agora estava sozinho.

Os minutos estavam passando.

Os segundos finais estavam passando. A voz de Korolev soou: *"Zashiganiye! Tri, Dva, Odin" ("Ignição! Três, dois, um")*.

Uma chama enorme criou uma base de fogo. Movimentou-se com violência, o aço em curva, seguido por circuitos que sopravam longas chamas ininterruptas de cor laranja brilhante pela paisagem deserta. Seguiu-se um rugido contínuo. Ecoou sobre Baikonur enquanto o foguete de

Korolev subia em uma coluna de fogo ininterrupta, deliciando todos que saíram para assistir antes que se afastasse rapidamente para alcançar o espaço onde não existia nada criado pelo homem. Korolev ficou na base. O cientista russo estava muito mais interessado nos dados de seu foguete do que em ver o espetáculo pirotécnico surpreendente que o R-7 havia criado. Ele não ficou desapontado.

Os números eram perfeitos. O mecanismo funcionou como esperado. Estágios separados conforme planejado. Então, quando o último motor parou, o metal protetor voou para longe do satélite. Molas o empurraram ao espaço.

O satélite ficou conhecido como Sputnik ("companheiro de viagem"). Obedecendo às leis da mecânica espacial, imediatamente ele começou a cair, acenando invisivelmente em direção ao centro da Terra. Na mesma velocidade com que caía em seu arco amplo e ondulante, a superfície do planeta abaixo curvava-se sob o satélite em queda, movendo-se a quase 30 mil quilômetros por hora em sua órbita ao redor da Terra.

Cerca de uma hora e meia depois, voltou. Contabilizando o movimento da Terra sob sua órbita, considerando o tempo que levou para circundar o globo, o Sputnik agora estava mais de 2.400 quilômetros ao norte de sua plataforma de lançamento ainda fumegante. Ele varreu a Ásia transmitindo seu incessante sinal sonoro. Os alto-falantes de Baikonur ressoavam seus ruídos. Sua equipe de lançamento explodiu em aplausos e gritos de alegria. Korolev se virou para eles e falou muito emocionado: "Hoje, os sonhos dos melhores filhos da humanidade se tornaram realidade. As investidas ao espaço já começaram".

Neil Armstrong estava em Los Angeles, em um simpósio realizado pela Sociedade de Pilotos de Testes Experimentais, quando o Sputnik entrou em órbita.

Ele ficou desapontado porque o Sputnik não pertencia aos Estados Unidos, mas achou o lançamento russo encorajador. "Isso mudou o mundo", disse Neil. "Isso mudou completamente a visão do nosso país sobre o que estava acontecendo, sobre o potencial do espaço. Não tenho certeza de quantas pessoas perceberam, naquele ponto, aonde isso levaria.

"O presidente Eisenhower dizia: 'Por que tanta inquietação? É apenas uma pequena esfera'. No entanto, tenho certeza de que a reação foi uma fachada atrás da qual ele escondia preocupações consideráveis", explicou Neil. "Porque, se eles eram capazes de colocar algo em órbita, poderiam colocar uma arma nuclear em direção a um alvo nos Estados Unidos. Os requisitos de navegação ", acrescentou ele," eram bastante semelhantes."

No entanto, na opinião de Neil, a antiga União Soviética era sem dúvida tecnologicamente inferior. Alguém tinha dado o chute inicial, e isso o incomodava bastante. Ele sabia que o Dr. Wernher von Braun e sua equipe em Huntsville, Alabama, eram melhores. Ele sabia que os engenheiros experientes de von Braun construíram foguetes que já estavam alcançando o espaço, e os Estados Unidos poderiam ter estado em órbita com um dos foguetes Redstone de von Braun, e estariam muito à frente, há muito tempo. Por que não estavam? O problema era o secretário da Defesa Charles E. Wilson.

Neil, assim como muitos na Estação de Voo de Alta Velocidade, sabia que Wernher e sua equipe estavam tentando obter aprovação oficial, havia mais de um ano, para colocar um satélite na órbita da Terra. Mas Wilson achava que era um absurdo, e ele e o presidente Eisenhower estavam dispostos a colocar o prestígio dos Estados Unidos em um projeto maior: o do foguete de sondagem Viking (RTV-N-12a) da Marinha. A Marinha havia testado cerca de dez. Metade tinha falhado e o lançador para um satélite precisava de um motor maior e de um impulsor superior. Em certo sentido, os Estados Unidos estavam colocando sua reputação em um projeto de foguete ainda a ser construído chamado Vanguard.

Eisenhower e Wilson deixaram de lado os uniformes brancos oficiais da Marinha e penduraram uma placa em volta do pescoço que dizia "Civil". Isso agora fazia parte de um projeto científico internacional, o IGY (Ano Geofísico Internacional), que tinha a adesão de 67 nações. Ninguém tinha certeza de que aquela coisa em forma de lápis voaria, mas era o politicamente correto a ser feito.

Em 1956, Wilson ordenou que von Braun removesse o Redstone 29 de sua plataforma de lançamento. Poderia ter significado um ano à frente dos russos no lançamento de um satélite. No entanto, não foi. Neil e outros na linha de frente da pesquisa queriam ir para Washington e tirar Wilson do seu posto. Em vez disso, Neil foi a campo com os outros da equipe de pilotos de teste para pesquisar o que estava na órbita da Terra.

De acordo com alguns, o Sputnik poderia ser visto varrendo o céu, no início da noite, em Los Angeles, mas Neil sabia mais sobre como avistá-lo. Havia muita luz refletida no céu noturno da metrópole, que prejudicaria a visão. Poderia ser possível ver o rastro dos estágios dos foguetes brilhando à esquerda do Sol que ainda estava iluminando acima da escuridão da Terra. As condições teriam apenas que ser adequadas. Neil e os outros procuraram por um tempo, mas, como ele imaginava, havia muito brilho refletido. Eles desistiram e voltaram.

Apenas um mês depois do *Sputnik 1*, os russos fizeram outro lançamento. O *Sputnik 2* foi a mais de 1.600 quilômetros acima da Terra. A bordo estava um animal vivo. Uma cachorra chamada Laika.

Os americanos estavam furiosos. Eisenhower continuava observando o circo pegar fogo? Onde estavam nossos foguetes? Onde estavam nossos satélites? Que diabos estava acontecendo? O presidente entendeu a mensagem. Ele agiu, mas antes da hora. Uma equipe civil de lançamento, trabalhando no Vanguard, apressou o foguete ainda não testado para sua plataforma de lançamento. No topo, havia um satélite do tamanho de uma toranja. Tão pequeno que pesava menos de 1,5 quilo.

O dia era 6 de dezembro de 1957. A equipe de lançamento se aproximou do final da contagem regressiva e um silêncio ansioso caiu sobre a esperançosa América.

"T-menos cinco, quatro, três, dois, um, zero."

O esbelto Vanguard acendeu, cobriu a plataforma com uma propulsão flamejante e subiu 1 metro, não mais, antes de desmoronar em sua bola de fogo, consumindo não apenas a si mesmo, mas queimando a maior parte de suas instalações de lançamento, deixando apenas aço e cinzas escurecidos.

A perda do Vanguard feriu nosso orgulho novamente. Também chegou perto de destruir nossa confiança, e a maioria dos americanos sabia que era hora de fazer alguma coisa. Os russos estavam nos passando para trás enquanto estávamos sentados esperando, e era hora da obstinada Casa Branca convocar reforços – era hora de chamar a equipe de von Braun.

Eisenhower decidiu, e o Redstone 29 foi reformado. Um satélite de medição de radiação de 14 quilos estava montado no topo do foguete chamado Júpiter-C. O presidente e sua Casa Branca não queriam ser lembrados de que o foguete era o mesmo que poderia ter colocado um satélite em órbita à frente do Sputnik. Então veio a ordem para mudar o nome e diminuir a vergonha. O foguete não seria mais chamado de Júpiter-C. Agora seria chamado de Juno-1.

Em 31 de janeiro de 1958, às 22:45, o botão de lançamento foi acionado. Depois de esperar mais de um ano para voar, o Redstone 29 ganhou vida.

A chama amarela de propulsão se espalhou em todas as direções. Uma enorme base de fogo deslumbrante jorrou e um trovejar atravessou o Cabo.

Aqueles que tiveram a sorte de estar lá piscaram ao olhar as chamas e se banharam naquele rugido maravilhoso. Eles aplaudiram e gritaram, e alguns choraram enquanto o Juno-1 abria um caminho de fogo no céu noturno, alcançando as estrelas de von Braun. Cento e seis minutos depois, seu satélite Explorer 1 retornou do outro lado da Terra. Os Estados Unidos estavam em órbita.

Uma nação grata e exultante estava aos pés de von Braun.

Huntsville, no Alabama, estremeceu em uma celebração selvagem e furiosa. Cornetas tocavam e animavam milhares de pessoas que dançavam e se abraçavam nas ruas. O ex-secretário da Defesa Charles E. Wilson, que havia impedido os esforços de von Braun de chegar à órbita da Terra, teve sua imagem incendiada nas ruas. Neil Armstrong estava satisfeito. Ele estava muito feliz de que a equipe de von Braun em Huntsville tivesse provado que os Estados Unidos estavam prontos. Ele teve um vislumbre do futuro. Talvez os pilotos não ficassem apenas pilotando aviões-foguete pelos céus. Com o sucesso do Sputnik e do Explorer, os pilotos poderiam, em breve, estar no controle de espaçonaves em órbita.

AQUELES QUE CONDUZIRIAM FOGUETES

No outono de 1958, Neil ficou surpreso ao ver os novos recrutadores da Administração Nacional de Aeronáutica e Espaço em polvorosa em busca de astronautas para um novo projeto, chamado Mercury, para levar o homem ao espaço.

Um dos projetos confiados a Neil era o Dyna-Soar, um avião espacial que se tornaria o precursor do ônibus espacial. Era uma ideia plausível e, com o objetivo de voar, esse projeto já havia recrutado astronautas. Nove foram selecionados em 25 de junho de 1958, para o grupo Man-In-Space-Soonest (MISS).

"Eu estava no primeiro grupo", disse Neil, mas com a criação da NASA os astronautas do Dyna-Soar tiveram vida curta. A nova agência espacial estava recomeçando e em outubro de 1958 começou a recrutar os astronautas do Projeto Mercury Seven.

A maioria daqueles que desejavam se candidatar correram para o Cabo Canaveral, o lugar naqueles dias considerado vital e intensamente excitante. Tornou-se para os turistas, de fato, a nova atração dos sonhos na Flórida.

À noite, era um show de luzes. Holofotes cercavam suas plataformas e bases com seus pórticos de lançamento imponentes e brilhantes. Estruturas de apoio e hangares, até mesmo prédios de escritórios, também estavam cheios de iluminação multicolorida e logo ficou óbvio que as luzes brilhantes estavam atraindo os aventureiros e os tolos.

Mas a NASA os rejeitou abertamente, enviando para casa os pilotos de carros de corrida e montanhistas, juntamente com todos os outros de fora da família pioneira da aeronáutica. A nova agência espacial queria Neil Armstrongs, John Glenns, Alan Shepards – pilotos de teste estáveis, com formação universitária, selecionados para situações emocionalmente difíceis –, ninguém disposto a sair das normas de voo aceitas na época.

Também não foi dito que a NASA não queria apenas experiência. A agência não queria os que estivessem em idade avançada. Assim deixou de fora o famoso piloto de testes da Força Aérea, Chuck Yeager, que teve seus dias de glória no final dos anos 1940 e início dos anos 1950.

Yeager quebrou a barreira do som em 14 de outubro de 1947. O que esses novos recrutadores de astronautas queriam, mais de uma década depois, era, na verdade, os pilotos de pesquisas da própria NASA, como Neil e Scott Crossfield. Esses pilotos da NASA estavam voando em todos os tipos de máquinas de ponta, incluindo o X-15, um avião-foguete capaz de atingir o espaço. Eles eram considerados superiores aos seus parceiros militares por aqueles que os conheciam.

Não oficialmente, foi solicitado a Neil que se candidatasse ao Mercury. Ele achou o convite tentador, mas recusou. Ele gostava de combinar seu talento de engenharia com voos de teste em equipamentos com asas, e o X-15 tinha asas – não grandes asas, mas asas, e até mesmo repórteres já chamavam a Mercury de a primeira espaçonave dos EUA.

O X-15 foi realmente o maior e mais estranho avião-foguete colocado no ar. Era um foguete horizontal preto de quase 7 toneladas, com pequenas barbatanas. Tinha uma cauda grande e quadrada. Sua tinta preta estava lá para absorver o calor extremo gerado pela fricção induzida pela velocidade em uma atmosfera mais densa. E o melhor de tudo é que você poderia voar – não na órbita da Terra, ainda, mas isso viria mais tarde, com aviões-foguetes maiores com escudos térmicos. Neil simplesmente não conseguia se acostumar com a ideia de estar preso dentro de uma cápsula, uma espaçonave como a Mercury. Não tinha controles, nem asas, nem maneira de tirá-lo de um problema estando preso a algo prestes a explodir. Mas era o que a NASA estava construindo. Uma cápsula na qual você não podia voar no controle... mas, eles *estavam* planejando uma torre de fuga com um foguete instantâneo para você arrancar durante a menor falha. Chuck Yeager tinha um nome para quem voasse na Mercury: "Carne enlatada".

Os principais pilotos com patentes militares receberam os recrutadores da NASA. Depois de semanas de testes que os congelaram, assaram, sacudiram e isolaram em câmaras tão silenciosas que seus próprios batimentos cardíacos eram como tambores em um desfile, a NASA selecionou sete. Em 9 de abril de 1959, a agência os apresentou em uma entrevista coletiva na capital do país.

Eles foram chamados de "Mercury Seven": Malcolm Scott Carpenter, tenente da Marinha na Guerra da Coreia; Leroy Gordon Cooper Jr., piloto de testes da Força Aérea que voou com os jatos mais quentes da Edwards; John Herschel Glenn Jr., tenente-coronel da Marinha e piloto de caça de duas guerras; Virgil "Gus" Grissom, aviador com cem missões de combate para a Força Aérea sobre a Coreia; Walter M. "Wally" Schirra, comandante da Marinha, veterano de noventa missões de bombardeiros na Coreia; o piloto de testes Alan B. Shepard, tenente-comandante da Marinha; e o famoso piloto de testes da Força Aérea de Edwards e veterano de 63 missões de combate da Segunda Guerra Mundial na Europa e no Japão, Donald K. "Deke" Slayton.

Quatro dias após o anúncio dos eleitos do Mercury, os Armstrong tiveram uma notícia de igual importância. Karen Anne se tornou a segunda filha de Janet e Neil em 13 de abril de 1959. Eles a mimaram, a amaram e Neil a apelidou de Muffie. Ela transformou o chalé na montanha em um mundo de felicidade.

Nos dois anos seguintes, Karen cresceu e se tornou uma criança feliz, exigindo grande parte do tempo do irmão mais velho, Ricky, enquanto o pai deles, Neil, voava com seu X-15 cada vez mais alto. Os sete astronautas do Mercury andaram por todo o país, treinando e ajudando os engenheiros a desenvolver e aperfeiçoar o equipamento necessário para alcançar a órbita.

O Cabo Canaveral tornou-se o porto favorito dos primeiros astronautas dos Estados Unidos. Suas praias com superfícies duras eram perfeitas para correr, e se você estivesse treinando por um longo período não haveria melhor lugar para fazê-lo que no sol quente de inverno, enquanto aqueles construindo sua espaçonave e os foguetes tremiam em climas do norte.

Apaixonar-se pelo Cabo não era difícil. Mesmo nas poucas ocasiões em que o trabalho de Neil o levou até lá, descobriu o isolamento da base espacial da Flórida, igual ao de Edwards.

Havia os complexos autônomos do Cabo, milhares de artérias elétricas e uma rede de computadores de última geração, cabos subterrâneos e transmissores através dos quais eram vistos os impulsos e as mensagens vitais necessárias para o lançamento.

Os astronautas adoravam isso. Eles adoravam o refúgio à beira-mar e, com o ar-condicionado e bebidas tropicais, os dias quentes e noites amenas transformavam-se no paraíso dos pilotos.

No entanto, havia uma questão persistente: quem voaria primeiro?

Então, o dia com a resposta finalmente chegou.

Os Mercury Seven aguardavam em suas mesas. Era 19 de janeiro de 1961. O presidente eleito John F. Kennedy seria empossado na manhã seguinte. Mas, por hora, Robert Gilruth era mais importante para os Mercury Seven; ele coordenava o Projeto Mercury. "Que tal ficar até o final do expediente, rapazes?", ele gritou para os homens. "Eu tenho algo para dizer a vocês."

Lá estava. Ele havia decidido, e os astronautas ficaram agradecidos por Gilruth ir direto ao ponto. "O que tenho a dizer deve ficar em segredo. Vocês não podem falar sobre isso com ninguém, nem com suas esposas."

Ele hesitou apenas para tomar fôlego.

"Alan Shepard fará o primeiro voo suborbital da Redstone, Gus Grissom seguirá Alan e John Glenn será o reserva de ambas as missões."

Seis corações apertaram enquanto o sétimo acelerava com orgulho.

John Glenn deu um passo à frente e apertou a mão de Shepard. Os outros cinco saíram do lugar e o parabenizaram.

Mas, antes de Alan Shepard voar, havia um chimpanzé para lançar. Era necessário convencer funcionários excessivamente cautelosos de que tudo estava pronto.

A mais de 16 mil quilômetros a leste, nas estepes do Cazaquistão, não houve cautela excessiva na etapa final.

Um homem estava tentando dormir. Por um longo tempo ele estivera à deriva entre o sono e a vigília. Foi assim por horas. Estava inquieto com seus pensamentos, com o que o esperava. Ele tentou escapar, preenchendo sua mente com visões e sons, com lembranças agradáveis de seu pai – um carpinteiro, um artesão habilidoso que trabalhara longas horas para construir sua casa de madeira na aldeia de Kluchino.

Essas eram as memórias bem-vindas, mas ele não esquecia dos pesadelos – sons e visões de um garoto assustado, cobrindo suas orelhas e olhos para afastar as lembranças de grandes explosões, o solo sob seus pés tremendo com o estrondo de tanques alemães seguidos por sons ainda mais altos. Aviões. O barulho ensurdecedor de bombas caindo na direção deles, explodindo, tirando vidas, destruindo casas.

No começo, eram apenas aviões alemães. Então, vieram outros. Aviões com estrelas vermelhas em suas asas – aviões mais rápidos. Os combates agora eram lá em cima, entre as aeronaves, e seus combates aumentavam ainda mais, enquanto, no chão, mais tanques entravam em Kluchino – tanques russos. E, finalmente, quando parecia que não havia mais nada para ser destruído e morto, a guerra terminou. Mas não a tristeza, nem a fome – as lembranças dos pais procurando alimento nos campos perto de sua casa, escolhendo aqui e ali para encontrar uma raiz ou um resto qualquer perdido. Ele sabia que a única maneira de escapar de tal vida seria com asas – asas como aquelas com a Estrela Vermelha.

Lentamente, a fome e a falta de autoestima desapareceram e a paz e a dignidade retornaram. O jovem Yuri A. Gagarin era presença constante na escola e dedicou-se aos estudos até se qualificar para ser cadete de voo.

Em 1955 ele entrou em treinamento de voo. Dois anos depois, estava usando insígnias de piloto de caça. Ele também se tornou um paraquedista experiente, e depois de servir em esquadrões operacionais e realizar testes especiais de voo se ofereceu em 1959 para um novo programa muito interessante.

Cosmonauta!

Quatro dias antes, Yuri dissera a si próprio: "Você será o primeiro. Você será o primeiro a voar no espaço".

Não parecia real, mas seria verdade. Seu substituto Gherman Titov e os médicos entraram, e tudo correu bem no café da manhã, antes dos exames médicos finais. Sensores estavam ligados à sua pele. Ele vestiu seu traje pressurizado e o capacete pesado. Gagarin estava totalmente protegido da perda de atmosfera.

Titov ajudou-o a vestir o macacão cor de laranja que ajudaria as equipes de resgate nos helicópteros a vê-lo claramente quando ele saltasse de paraquedas nas vastas estepes.

O sol estava alto. Estava brilhante. Banhou o imenso foguete que o esperava para levá-lo à órbita da Terra.

Yuri foi para fora. Era 12 de abril de 1961. Ele parou e ficou quieto por um longo momento para estudar o enorme míssil balístico SS-6. Então acenou e entrou no elevador e foi até o topo onde sua espaçonave Vostok 1 o esperava.

Técnicos o ajudaram através da escotilha e, uma vez que ele estava sentado apropriadamente em seu assento, verificaram seu arnês, tubos e conexões remanescentes. O cosmonauta acenou com a mão, sinalizando que estava pronto. Eles fecharam a escotilha, selando o destino de Yuri Gagarin.

A contagem regressiva aconteceu normalmente. Os técnicos cuidaram de pequenos problemas que surgiram várias vezes e, em seguida, Yuri sorriu. Eles haviam chegado aos minutos finais que acabariam com sua espera.

Ele relaxou os músculos quando sentiu os motores. O pórtico de lançamento estava se movendo. Braços de aço altos se afastaram e a plataforma de lançamento assumiu a aparência de uma enorme flor de metal. Ele sentiu os solavancos e baques dos cabos de energia se ejetando de seus encaixes, deixando o míssil balístico SS-6 extrair energia de seus próprios sistemas internos.

Os segundos finais correram e Yuri ouviu a última palavra da contagem regressiva: "*Zashiganiye!*"

Ele não precisou de ninguém para lhe dizer que seu impulsionador havia se inflamado. Ele sentiu a ignição. Vinte poderosas câmaras de impulso e uma dúzia de motores de foguete vernier acenderam-se em uma fúria explosiva de mais de 400 kgf (quilogramas força) de impulso – isso o sacudiu até os dedos dos pés.

O imponente foguete SS-6 se deslocou, os pinos de fixação dispararam, e o poderoso míssil balístico foi liberado – o primeiro humano a se dirigir para a órbita da Terra estava a caminho.

Era meio da manhã nas estepes do Cazaquistão. Já passava da meia-noite nos adormecidos Estados Unidos. Apenas alguns poucos dentre os postos de escuta da CIA ouviram o grito exultante de Yuri Gagarin: "Lá vamos nós".

Sorrisos largos se transformaram em uma felicidade descontrolada dentro do centro de controle de lançamento de Baikonur, e, conforme cumpriam seus deveres, muitos acabaram correndo para fora para ver o foguete do cosmonauta subindo em direção à claridade matinal. A bordo, Yuri Gagarin estava plenamente consciente de que agora viajava mais rápido que qualquer piloto da história. Apesar de seu peso ser aumentado constantemente pela força da gravidade, o primeiro ser humano a ir para o espaço mantinha dados estáveis até ouvir e sentir um baque alto repentino, depois uma série de solavancos e pancadas quando a blindagem protetora que cobria sua espaçonave foi arrancada para longe. Agora ele podia ver claramente através da escotilha. Um horizonte brilhante apareceu, oferecendo apenas escuridão logo acima; parafusos explosivos que seguravam o núcleo central do foguete SS-6 dispararam, completando o estágio final do seu trabalho de transportar a Vostok 1 e Yuri para a órbita da Terra.

De repente, com a poderosa primeira fase do SS-6 não mais em ignição, Yuri percebeu que poderia relaxar um pouco em sua corrida para a órbita. Ele tentou olhar para fora, mas quando começou a virar o corpo para ver a escotilha ouviu a última fase cair em silêncio, seguida por mais estrondos e batidas, e ele sabia que a Vostok 1 estava se separando de seu foguete.

De repente, o milagre estava próximo.

Um ser humano estava viajando no espaço. Ele estava se movendo em órbita a mais de 27 mil quilômetros por hora. Assim que os computadores em terra registrassem, ele teria conhecimento de que o perigeu de sua órbita (seu ponto mais baixo) estava a 180,89 quilômetros de altura, e o apogeu (seu ponto mais alto) a 203 quilômetros.

Os que estavam em terra ouviram maravilhados os relatórios de Yuri. Ele não parecia nem um pouco nervoso, mas não sabiam que ele se sentia como um estranho em seu próprio corpo. Ele não estava sentado ou deitado. Na verdade, as posições para cima ou para baixo já não existiam. Ele estava suspenso – sem pressão de qualquer direção em seu corpo. Flutuava, e apenas o arnês o amarrava em seu assento, mantendo-o solto no lugar. Experimentava a magia da ausência da gravidade – tudo flutuava; papéis, um lápis, seu caderno e outros objetos à deriva, respondendo aos gentis puxões de ar dos ventiladores do sistema que o mantinha respirando.

Ele se pegou à deriva em suas funções e rapidamente voltou a atenção para suas atividades. Relatou suas leituras de instrumentos, mas os que estavam em terra queriam saber onde ele estava.

"Diga-nos o que você vê, camarada Gagarin."

Ele sorriu. "O céu está muito, muito escuro. A Terra é azulada. É possível ver a atmosfera. É como um cobertor cobrindo o planeta todo", disse, acrescentando: "e tudo acima dele é preto, muito escuro.

"A Terra abaixo é formada principalmente de água", ele continuou, "mas eu posso ver um pouco de terra. A maior parte está coberta por nuvens, não vejo cidades."

Ele pensou consigo mesmo que, de onde estava, não conseguia ver nenhuma evidência de que humanos já tivessem tocado a Terra. E então, estava em direção a um pôr do sol, na noite mais escura que jamais vira, com estrelas tão abundantes que nunca poderia tê-las observado através da atmosfera. E, então, foi em direção ao nascer do sol mais brilhante de que pôde se lembrar, tão brilhante que teve que virar os olhos.

De repente, ele percebeu a passagem do tempo. Estava chegando ao final de sua primeira e única viagem ao redor da Terra. Tinha que se lembrar de que só tocaria nos controles se houvesse uma emergência. Era mais um observador do que um piloto espacial, no entanto, pois permaneceria fisicamente relaxado, mas mentalmente vigilante enquanto monitorava os sistemas automáticos que estavam acionando sua Vostok 1 para disparar seus foguetes fora da órbita.

Sentiu um forte solavanco no assento, que parecia estar jogando seu corpo para trás. Mas ele não estava indo para trás. Eram os foguetes fora da órbita em chamas, abrandando a velocidade, e ele sorriu com o golpe no corpo inteiro. Isso significava que tudo estava funcionando. Ele havia se tornado um meteoro mergulhando na atmosfera acima da África. O escudo térmico da Vostok 1 absorveu o calor elevado e, embora ele estivesse dentro de uma bola de fogo, era agradável e ele se sentia confortável.

Então, Yuri passou pela reentrada. A primeira espaçonave carregando um humano foi reduzida à velocidade subsônica, e a 23 mil pés a escotilha de escape da Vostok 1 explodiu. O piloto estava olhando para o céu azul e rápidas nuvens brancas, enquanto pequenos foguetes de separação o enviavam de volta, e seu assento voava para longe da nave que acabara de levá-lo pela órbita da Terra.

As habilidades de paraquedismo de Gagarin entraram em ação; seu paraquedas-piloto subiu, tudo estava funcionando perfeitamente.

Por quase 4 quilômetros ele desceu em seu assento; à distância, podia ver a aldeia de Smelovaka. Então, a 13 mil pés, ejetou-se do assento e posicionou o paraquedas.

Yuri gostava de ser paraquedista tanto quanto piloto e apreciou respirar o ar fresco da primavera, aproveitando o resto do passeio.

Em terra firme, um homem surpreso e sua esposa trabalhando no campo estavam assistindo à cena. Eles ficaram surpresos ao ver Yuri Gagarin flutuando em direção à terra em seu uniforme laranja e capacete branco brilhantes.

O cosmonauta bateu no chão, caiu, rolou e recuperou o equilíbrio para recolher o paraquedas.

"Você veio do espaço?", perguntou a mulher incrédula.

"Sim, sim, dá para acreditar nisso?", Yuri Gagarin respondeu com um largo sorriso. "Eu vim do espaço."

Neil Armstrong sentiu uma afinidade imediata com Yuri Gagarin. Ele não tinha como saber o tamanho da contribuição do cosmonauta russo para seu futuro.

Sabia que o mundo estava exultante com a realização de Yuri, enquanto os jornais americanos crucificavam a NASA por sua falta de progresso. Neil e todos aqueles que voavam saudaram Gagarin. Os pilotos estavam muito orgulhosos e satisfeitos por Yuri ser um deles. Eles sabiam que a paixão nascia não só de observar grandes pássaros voando, mas do desejo de construir modelos e finalmente suas próprias asas.

Não muito longe de onde Orville e Wilbur Wright construíram o primeiro avião de sucesso, o pai de Neil lhe comprara uma passagem para dar uma volta em um velho Ford Trimotor. Mas, como a maioria dos pilotos, seu interesse real em voar começou quando ele tinha idade suficiente para ir de bicicleta até o aeroporto mais próximo.

Não era bem uma bicicleta. Não tinha para-lama e ele tinha que manter os pneus cheios, mas o levava até lá – aonde passava o tempo livre com os pilotos, que muitas vezes o recompensavam com um pequeno voo local. Alguns até permitiram que ele pegasse o manche e voasse distâncias curtas.

Contudo, esse não foi realmente o começo. Voar para Neil começou no dia em que o homem desembarcou de um novo Luscombe reluzente em Wapakoneta.

Não havia ninguém por perto para ajudá-lo com seu avião, então ele chamou Neil:

"Ei, amigo, você poderia me dar uma mão?"

Neil tropeçou na pressa de chegar ao pequeno avião. Era lindo e Neil correu atrás da asa direita e empurrou a escora. O Luscombe era leve e fácil de empurrar pela grama até a bomba de gasolina. Neil ajudou o piloto a abastecer seu Luscombe e o homem disse: "Obrigado", e partiu para o escritório da empresa aérea para pagar sua conta.

Quando ele voltou, encontrou Neil polindo as janelas laterais da cabine. O homem ficou em silêncio olhando por um momento.

Neil rodou seu trapo aqui e ali, polindo o vidro com cuidado, e o homem perguntou: "Você gostaria de uma carona, meu filho?"

O sorriso de Neil respondeu, e, uma vez que estava no assento direito do Luscombe, ele respirou fundo e mergulhou no prazer da novidade. Era novo. Tudo estava limpo e brilhante. O painel de instrumentos ofuscava. Neil correu os dedos com cuidado sobre o apoio emborrachado do manche do seu lado.

Poucos minutos depois, eles estavam a 6 mil pés, flutuando preguiçosamente acima de aglomerados de nuvens brancas. Neil não disse uma palavra, mas seus olhos estavam colados a cada movimento do piloto. Ele não acreditou quando o homem se virou para ele e disse: "Quer levar isso um pouco?"

Mais uma vez o sorriso de Neil respondeu.

O homem sorriu. "Lembre-se, ela é sensível. É preciso lidar de leve com ela."

Neil fechou os dedos ao redor do manche enquanto o homem levantava as mãos para indicar que estava passando os controles. Neil não podia acreditar que estivesse realmente pilotando o Luscombe. Ele logo percebeu que não estava. Ele estava movendo o avião de modo grosseiro, então o homem retomou o controle do manche.

"Segure suavemente", o homem instruiu, acrescentando: "Agora, você segue meus movimentos levemente com sua mão no manche. Deixe seus pés descansarem nos pedais." O homem sorriu para Neil. "Basta me acompanhar até você pegar o jeito."

Neil assentiu, e nos minutos seguintes ele sentiu o que era voar. Ele seguiu a delicadeza do toque do homem – movimentos sensíveis e respeitosos. Ele aprendeu que o Luscombe só precisava de um empurrãozinho para responder.

Era o que o homem lhe estava ensinando naquele dia. Controlar o Luscombe com sentimento, e pela primeira vez Neil sentiu que poderia ser piloto.

Quando o homem ficou convencido de que Neil tinha jeito, ele perguntou:

"Você já fez alguma acrobacia, filho?"

"Não, não, senhor, nunca fiz nada parecido."

"Certo, então segure firme", e rapidamente o céu desapareceu. Neil estava olhando para a borda do mundo. Onde havia um horizonte estavam as terras verdes de Ohio, mas apenas por um breve momento. Era como se o Luscombe estivesse girando pelo interior de um cano invisível, até que Neil percebeu que o chão estava em cima e o céu estava embaixo. Ele tentou recuperar o fôlego quando o nariz desceu, e desceu, depois foi para cima. Uma mão invisível empurrou-o gentilmente em direção ao seu assento enquanto o motor protestava, até que o sol piscou em seus olhos e Neil se viu de costas. O Luscombe tinha acabado de subir em um belo loop, um belo voo em espiral.

Os olhos de Neil brilhavam de prazer e admiração e sabiam quando o avião prateado se aproximava da grama na pista.

"Foi aí", Neil disse a mim e a Martin Caidin, "que eu realmente aprendi a voar."

Ele continuou aprendendo e até ajudou os mecânicos que faziam a revisão do motor; conseguiu sua licença de piloto antes mesmo de tirar a carteira de motorista.

Neil encheu seu diário de bordo com o que chamava de tempo lento – voos repetitivos e lentos ao redor do aeroporto para verificar os reparos em aeronaves antigas com muitos anos de voo. Algumas datavam da década de 1930 e tinham sido remendadas com estruturas desgastadas, seus motores pingando óleo. Elas cheiravam a gasolina em voo e também em solo, mas Neil não se importava. Ele adorava estar perto de qualquer aeronave.

Ele observava os pilotos gritando "contato" com os mecânicos, as hélices de madeira do avião balançando de repente e pegando no tranco.

Adorava ficar de pé atrás dos aviões quando os pilotos aceleravam para verificações de motor. O jato de ar soprava para trás, carregando respingos de óleo e gasolina. O jato de ar achatava a grama, soprava forte e inebriante em seu rosto.

Neil adorava os chiados dos motores, chiados que exigiam um certo cuidado. Os aviões eram velhos e estavam desgastados. Neil tinha a necessidade de saber o que os fazia voar. Eles foram a maior motivação para direcionar os estudos e conseguir um diploma de engenharia aeronáutica e o crescente desejo de ser piloto de pesquisas. No final das contas, Neil compreendeu e amou o fato de que Yuri Gagarin era um dos seus.

Ele não estava com ciúme. Com inveja? Claro que sim! "Qualquer piloto estaria. Qualquer aviador teria adorado ter sido o primeiro a orbitar a Terra", disse ele, enquanto questionava novamente sua decisão de não apresentar sua inscrição para astronauta.

Deke Slayton apresentou a sua. Edwards nunca viu um piloto de testes melhor que Deke Slayton. Ele era uma lenda – no topo de sua carreira – e se tornaria membro do Mercury Seven. E agora, com o voo bem-sucedido de Gagarin, Neil tinha poucas dúvidas de que valeria a pena reconsiderar compor a equipe de astronautas.

O que Neil não sabia é que, na manhã seguinte ao lançamento de Yuri Gagarin na órbita da Terra, a NASA também estava fazendo muitas reconsiderações.

Para acalmar todo o rebuliço de ser, novamente, deixada para trás pelos russos, a NASA apresentou o Mercury Seven antes à mídia. Obviamente o plano era se salvar. Os astronautas mostraram sua decepção e ofereceram sinceros parabéns aos russos pelo feito técnico fantástico.

Mas foi a honestidade mais uma vez que salvou a situação.

John Glenn saiu em socorro. Ele tinha um segredo. Seja franco. Seja sincero.

Neil sorriu ao ouvir John dizer aos repórteres: "Eles acabaram de nos deixar de queixo caído. Não estamos brincando com esse assunto. Agora que a era espacial começou, haverá muito trabalho para todos".

John passou uma borracha no assunto habilmente, mas outros não estavam engolindo o discurso, especialmente alguns na Casa Branca.

Naquela manhã, John F. Kennedy foi aconselhado a esquecer o espaço. Mas o jovem presidente não se sentia à vontade com esse conselho. Como ele poderia permitir que os Estados Unidos simplesmente desistissem? Os Estados Unidos tinham vindo de posições inferiores antes e poderiam fazer isso de novo.

O pior conselho para Kennedy vinha do chefe de seu Comitê Consultivo Científico, Jerome B. Wiesner, do MIT. Wiesner queria reduzir todo o programa espacial – cortar a NASA até o osso e reorganizar a partir do zero. Concentre-se na aeronáutica, disse ele, e ceda a corrida espacial aos russos.

Neil considerava Wiesner um desmancha-prazeres, que nunca levava nada adiante. Neil estava tranquilo deixando a decisão nas mãos do presidente. Ele acreditava que John Kennedy conhecia o povo americano melhor do que Wiesner.

Neil provou estar certo. O presidente na mesma hora se recusou a desistir. Ele sabia que seu vice-presidente Lyndon Johnson era um forte defensor do programa espacial. Kennedy ligou para Johnson em seu escritório e disse que a partir daquele momento ele administraria o Conselho Nacional do Espaço.

Kennedy e Johnson concordaram que precisavam de um administrador público forte e decidido da Carolina do Norte chamado James Webb para assumir a NASA. Webb seria o administrador da agência. Ele sabia como caminhar pelo governo, pela indústria e pelo mercado por meio de terrenos políticos e administrativos. Kennedy foi direto ao ponto: "Jim, eu quero que você administre a NASA".

Três semanas depois de Yuri Gagarin ser o primeiro a pilotar um foguete em órbita, Alan Shepard subiu a bordo de sua espaçonave Freedom 7 do Programa Mercury. Ele estava adicionando a quarta e última pedra fundamental à estrutura do destino de Neil Armstrong – uma jornada para a Lua.

Shepard estava pronto para se tornar o primeiro americano, e o segundo ser humano, no espaço.

Neil Armstrong estava atento a cada palavra vinda de central de comando do Mercury. Nenhum dos pilotos de pesquisas da NASA, que pilotavam o avião-foguete X-15, chegou perto de voar até as alturas que Alan Shepard e sua espaçonave Freedom 7 estavam prestes a alcançar. Neil se deparou com o fato de que, se os pilotos voassem em órbita e além, como Yuri Gagarin, eles teriam que fazê-lo em uma espaçonave lançada por um foguete.

Neil reconheceu claramente a voz de Deke Slayton enquanto ele contava: "Cinco, quatro, três, dois, um, IGNIÇÃO!"

"Câmbio, o lançamento e a contagem foram iniciados", Shepard retornou no rádio, instantaneamente sentindo a força do que estava acontecendo. "Aqui é a Freedom Seven. Combustível, o.k. Oxigênio o.k. Cabine a 5.5 psi."

Neil sabia que Shepard estava à vontade, sentindo-se em casa. Ele era, como piloto de testes, a pessoa mais relaxada e mais segura envolvida no lançamento.

Um foguete poderoso o suficiente para transportar Shepard para o espaço estava subindo, correndo para o céu a novas alturas, girando em parafuso como um trovão intenso por todo o espaço e sustentando uma nave espacial sobre a Flórida.

Neil não foi o único a assistir. Havia, de fato, cerca de 45 milhões de ouvintes de rádio e telespectadores, entre eles alguns espectadores muito interessados na Casa Branca.

Alan Shepard estava sozinho a bordo da Freedom 7. Ele alcançara o espaço muito rápido e parecia satisfeito. O voo estava mais suave do que ele esperava. Chamou pelo rádio o controle do Mercury, "Todos os sistemas estão prontos."

O primeiro foguete americano no espaço disparou a uma altitude de mais de 600 mil pés e voou cerca de 480 quilômetros através do Atlântico antes de um enorme paraquedas lançar sua espaçonave no mar e o resgate retirar Alan Shepard e a Freedom 7 das ondas.

Os Estados Unidos ainda não haviam colocado alguém em órbita como Yuri Gagarin, mas estavam no espaço. Neil aplaudiu. Ele tinha uma decisão a tomar.

A LUA ESTÁ CHAMANDO

O bem-sucedido voo espacial suborbital de Alan Shepard tinha resolvido questões para o presidente John Kennedy, que reconheceu que as espaçonaves e os foguetes russos eram maiores. No entanto, ele estava percebendo que os soviéticos não eram melhores apenas porque sua tecnologia podia construir grandes ogivas nucleares. Eles precisavam de mísseis monstruosos para transportar suas monstruosas bombas, mas não os Estados Unidos. Com o avanço significativo na redução do tamanho das ogivas de bombas de hidrogênio dos Estados Unidos, o mesmo impacto poderia ser transportado para qualquer alvo por um foguete com um terço do tamanho. Por essa razão, o presidente Kennedy estava convencido de que os americanos estavam realmente à frente dos russos em foguetes, veículos espaciais e no computador digital. Ele sentiu-se confiante de que em qualquer corrida tecnológica os Estados Unidos poderiam vencê-los. E Kennedy estava pronto para aceitar o que muitos consideravam uma grande aposta.

Neil estava em Seattle trabalhando no projeto Dyna-Soar, e naquele dia, em maio, o presidente se dirigiu ao Congresso:

> Acredito que esta nação deve comprometer-se a atingir o objetivo de colocar um homem na Lua e devolvê-lo em segurança à Terra, antes do final da década. Nenhum projeto espacial neste período será mais impressionante para a humanidade, ou mais importante para a exploração de longo alcance do espaço, e nenhum será tão difícil ou caro de realizar.

Lá estava. Kennedy lançou o desafio da tecnologia e provocou os russos. O Congresso ficou de pé. O aplauso de seus membros sacudiu as paredes do Capitólio, e Neil Armstrong instantaneamente sentiu o chamado. Kennedy não estava falando apenas de astronautas orbitando a Terra, ele estava falando sobre ir a algum lugar onde humanos nunca estiveram. Ele estava falando sobre Colombo navegando em direção ao Novo Mundo, Lewis e Clark traçando uma trilha para o noroeste do Pacífico, Byrd alcançando o polo Norte. Ele estava falando sobre exploração – sobre aumentar o conhecimento –, e Neil soube na hora que gostaria de fazer parte desse desafio. No entanto, mais uma vez, ele estava no lugar errado. O trabalho de voar com o X-15 a uma altitude de mais de 300 mil pés não estava concluído. Ele tinha que se tornar um astronauta. Silenciosa e instantaneamente, juntou-se ao Mercury Seven enquanto a equipe de lançamento do Redstone renovava seus esforços para continuar trabalhando.

A espaçonave de Gus Grissom, a Liberty Bell 7, do Programa Mercury, estava pronta para voar. Em 21 de julho de 1961, o segundo americano decolou e realizou um voo tão preciso quanto o primeiro. A reentrada foi perfeita, mas a semelhança com a precisão do primeiro terminou aí. Gus estava passando pela instrução de preparar sua cápsula para resgate quando uma explosão rompeu sua escotilha.

A escotilha de Grissom fora modificada para usar um cabo detonador em vez do acionamento mecânico como na cápsula de Alan Shepard. O cabo disparou inexplicavelmente, e Gus viu a água entrando no Liberty Bell 7. Ele saiu com dificuldade – nadou para salvar a vida enquanto mergulhadores tentavam salvar sua cápsula. Eles falharam, mas conseguiram trazer Gus, em segurança, para bordo do helicóptero. Logo os especialistas começaram a tentar descobrir a causa da detonação. Alguns tinham certeza de que o projeto da cápsula impossibilitava uma explosão acidental. Eles insistiram que Grissom tinha que ter atingido o botão de emergência, que explodiu a escotilha. "Que diabos aconteceu?", Gus bufou. "A maldita coisa acabou de explodir." Os astronautas o apoiaram todo o tempo, e um comitê de revisão de acidentes retirou de Gus toda responsabilidade pelo ocorrido. Quatro décadas se passariam antes que a Liberty Bell 7 fosse retirada do fundo do oceano.

Gus estava certo.

Dezesseis dias após o voo de Gus Grissom, o major Gherman S. Titov, que era o reserva de Yuri Gagarin, foi colocado em órbita. Ele ficou um dia inteiro no espaço.

Washington e a NASA só conseguiam balançar a cabeça.

Era óbvio que não havia mais a necessidade de realizar os voos suborbitais da Redstone. Para que os Estados Unidos alcançassem a órbita no mesmo ano que os soviéticos, e colocassem os pés na Lua até o final da década, precisariam de um foguete maior para transportar a espaçonave Mercury. Era hora de trazer o Atlas para a plataforma de lançamento.

O Atlas funcionou bem impulsionando ogivas nucleares a mais de 8 mil quilômetros. Mas a história foi outra quando se tratou de transportar astronautas. O Atlas não tinha estrutura interna. Sua força vinha da insuflação, muito parecida com uma bola de futebol. Seu revestimento fino entraria em colapso sob o pesado fardo de uma espaçonave Mercury, muito mais pesada que uma ogiva nuclear. Era necessária muita fixação.

"Coloque um cinturão ao redor e ele não entrará em colapso", disse o famoso engenheiro de foguetes John Yardley. O que eles fizeram: um cinturão de aço para o voo orbital do chimpanzé Enos, e levaram o Mercury-Atlas de John Glenn para a plataforma de lançamento, enquanto a NASA procurava por mais astronautas.

Com o desafio do presidente Kennedy de chegar à Lua antes do fim da década, a agência precisava de pilotos para as espaçonaves Gemini e Apollo. Os sete do Mercury simplesmente não poderiam fazer o trabalho sozinhos.

O próximo grupo a ser selecionado seria composto por nove astronautas. Seguindo o raciocínio da nomenclatura Mercury Seven, o novo grupo seria chamado de Gemini Nine.

Neil tinha a intenção de concorrer a uma vaga, mas, por ironia do destino, sua pequena família estava lutando em uma batalha maior.

Sua filha caçula, Karen Anne, que ele adorava e apelidara de Muffie, estava lutando contra um tumor cerebral inoperável. Neil e Janet haviam experimentado todos os especialistas, tinham levado Karen Anne a todas as clínicas disponíveis, buscavam tratamento e esperavam uma solução de todos os cantos do mundo.

A essência analítica e científica de Neil não podia permitir que ele acreditasse que não haveria um procedimento para remover cirurgicamente o tumor. Ele pesquisou em todos os lugares, mas, conforme o Natal de 1961 se aproximava, Karen Anne ficava mais fraca. Neil e Janet se ocuparam em fazer do terceiro Natal da filha um momento especial.

E eles fizeram, e, apesar de Karen Anne não poder mais ficar de pé, ela aproveitou sua terceira temporada de festas.

Neil e Janet se recusaram a abandonar a busca para curá-la. Apesar da procura incansável pelo que a salvaria, seus esforços devotados não poderiam manter a tragédia longe por mais tempo.

Na manhã do domingo do dia 28 de janeiro de 1962, no sexto aniversário de casamento de Janet e Neil, Karen Anne morreu. Ela sucumbiu à uma pneumonia e outras complicações provocadas pelo tumor.

Os Armstrong ficaram arrasados. As emoções de Janet eram incontroláveis. A dor de Neil se manifestava num silêncio voluntário. O irmão Ricky, de 4 anos, estava tentando entender. Amigos e familiares se reuniram para confortar e ajudar. Eles enterraram Karen Anne no santuário das crianças no Joshua Memorial Park em Lancaster, na Califórnia. Um poema descansava entre as flores: "O jardim de Deus precisa de uma pequena flor; ela cresceu por um tempo aqui embaixo. Mas com ternura Ele a recolheu aos céus, um lugar melhor para crescer sem dor".

A pequena pedra que marcava seu túmulo dizia: "Karen Anne Armstrong, 1959-1962". Entre as duas linhas foi esculpido: "Muffie".

O Centro de Pesquisa de Voo de Alta Velocidade da NASA manteve todos os voos de teste no solo, no dia em que Karen Anne foi colocada para descansar.

Muito raramente Neil Armstrong não controlava suas emoções. Ele desejou a presença de sua filha durante anos – não, pelo resto de sua vida. Ele nunca perderia aqueles sentimentos especiais de proteção que tinha por sua garotinha. Muitas e muitas vezes ele reviveu sua incapacidade de encontrar uma tecnologia, desenvolvê-la, aprender como ela poderia ter ajudado Karen Anne. Em todos os sentidos, isso chegou perto de destruir o homem – um homem que vivia sob o controle preciso de suas habilidades e limitações.

Desde o dia em que Karen Anne foi enterrada, ele não passaria pelo Joshua Memorial Park sem parar, sem visitar seu túmulo. E, no entanto, com o tempo, Neil aceitaria o fato de que a ciência simplesmente não estava lá quando ele precisou. Em 28 de janeiro de 1962, ninguém sabia como livrar uma pessoa de um tumor cerebral inoperável. Neil não gostava deste sentimento, mas chegou a um estado onde conseguia conviver com o fato de que não havia nada mais que poderia ter feito para salvar sua garotinha.

Oito anos mais tarde, durante a visita pós-voo de Neil e da tripulação da Apollo 11 a Londres, uma menina de 2 anos, que foi ver os astronautas, foi quase esmagada contra as grades de segurança por uma multidão que os adorava. Neil foi em seu socorro, depois lhe deu um beijo. Ele agarrou-a com segurança até que ela pudesse ser devolvida à mãe.

A multidão de mais de trezentas pessoas aplaudiu aquele momento. Na manhã seguinte, um jornal de Londres publicou a manchete: "Menina de 2 anos de idade socorrida pelo *Moon Man*".

Neil raramente falava dessa dor devastadora em sua vida. Mas outros próximos a ele estavam convencidos de que a morte de Karen Anne era a única razão pela qual ele faria a inscrição para se tornar astronauta. Sua morte lhe deu um novo propósito. Alguns meses antes da morte de Neil, perguntei: "Há algo de Muffie na Lua?"

Eu li o sorriso dele dizendo que sim.

Apenas 23 dias após a morte de sua filha, o sol estava surgindo às 6h47 da manhã no chalé dos Armstrong, na Califórnia. A quase 5 mil quilômetros a leste eram 9:47 da manhã – o sol já estava brilhando intensamente.

John Glenn estava sentado no seu Mercury-Atlas pronto para se tornar o primeiro americano a entrar em órbita. Neil Armstrong sentou-se diante de um aparelho de televisão. Com o recente falecimento da filha, achava difícil pensar em qualquer outra coisa. Ele não tinha como saber que estava prestes a assistir a um de seus futuros melhores amigos entrar para a história.

"Boa viagem, John Glenn!", a voz do astronauta Scott Carpenter ressoou na televisão. Neil se inclinou para frente.

"Cinco, quatro, três, dois, um, zero!"

Todas as vozes se calaram.

O foguete de John Glenn estava em chamas.

"Câmbio, o relógio está em funcionamento", informou ao controle do Mercury, "estamos a caminho."

O Atlas-Mercury, iluminado pelo sol, subiu da famosa fileira de foguetes do Cabo Canaveral enquanto Neil se concentrava na espaçonave que Glenn havia batizado de Friendship 7. Ela repousava no alto do foguete em chamas e ele pôde ver os giroscópios nos motores principais do propulsor trabalhando em conjunto com os foguetes vernier. Ele ouviu John dizer: "Está tudo como programado".

Glenn rapidamente se estabeleceu em sua escalada e, com a mesma rapidez, ele e a Friendship 7 voaram para atingir o Max-Q, nível máximo de pressão aerodinâmica. A pressão comprimia seu Atlas. O cinturão de aço em volta do perímetro de seu foguete estava seguro. O piloto do caça relatou: "É um pouco acidentado por aqui".

Ele voou para o espaço. Estava sentindo o mesmo que Gagarin, Shepard, Grissom e Titov. Ele agora estava imerso na ausência de gravidade. Disse ao controle do Mercury: "Câmbio, zero G e eu me sinto bem. A cápsula está se virando. Uau!", Glenn exclamou, "esta visão é extraordinária!"

Os Estados Unidos estavam em órbita e John Glenn fez três voltas planejadas ao redor da Terra.

Glenn sabia que os contribuintes que o haviam enviado para lá queriam desesperadamente saber o que ele estava vendo.

Apenas alguns minutos depois de atingir a órbita, ele estava testemunhando seu primeiro pôr do sol do espaço. Ele emitiu um relatório brilhante. "O momento do crepúsculo é simplesmente lindo", disse ele a milhões de pessoas. "O céu no espaço é muito escuro, com uma faixa fina de azul ao longo do horizonte."

Seus olhos se acostumaram com a escuridão do Universo e ele baixou as luzes da cabine. Ele se movia através de um inacreditável veludo negro, vendo tantas coisas pela primeira vez: um manto dos mais brilhantes e definidos residentes do Universo; estrelas gloriosas, bilhões e bilhões delas; galáxias rodopiantes, constelações, quasares, nebulosas com suas nuvens luminosas e escuras e aspersão de poeira. E havia os planetas, nítidos no mais negro dos céus negros. Ele só podia olhar maravilhado em sua primeira corrida através da noite da Terra.

Glenn fez a maior parte de seu voo sem problemas, mas enquanto navegava em sua terceira órbita, no painel de comando na central do Mercury acendeu-se um sinal de aviso – Segmento 51. Esse aviso estava dizendo aos controladores de voo que o escudo térmico da Friendship 7 poderia se soltar. Se isso acontecesse, o calor extremo durante a reentrada poderia incendiar John Glenn.

O diretor de voo Chris Kraft e sua equipe deram atenção prioritária ao alerta. Como poderiam salvar o astronauta? Uma ideia surgiu rapidamente. A sobrevivência poderia estar nas correias segurando o conjunto de retrofoguete.

O conjunto continha seis foguetes. Três pequenos dispararam para separar a Friendship 7 de seu foguete Atlas, totalmente usado durante a entrada orbital. Três foguetes maiores permaneceram para desacelerar a espaçonave de Glenn, reduzindo a velocidade para que ela saísse de órbita.

O programa de voo era preciso. Os retros disparariam, a cápsula Mercury diminuiria para iniciar a reentrada, então um sinal seria enviado para romper as correias de metal. Isso separaria o conjunto de retros do escudo de térmico da espaçonave.

Mas e se você não enviasse o sinal para romper as correias de metal? Isso, por sua vez, não manteria o escudo térmico no lugar?

Os controladores de voo compraram a ideia. Eles tinham que fazer algo para evitar que o primeiro americano a orbitar a Terra retornasse como cinzas.

Uma vez retomando o contato com Cabo Canaveral e com o controle do Mercury, Alan Shepard estava na central da cápsula de Glenn e deu toda a explicação para John manter o conjunto de retros. O oficial entendeu a decisão e disse a Alan Shepard que transmitisse seus agradecimentos.

"Entendido, John", Shepard disse a ele. "Aguente firme, fuzileiro. A Marinha está com você."

A Friendship 7 e John Glenn corriam em torno da Terra em sua órbita final, e quando a espaçonave chegou à costa da Califórnia os três retrofoguetes dispararam. Glenn sentiu um baque triplo e relatou: "Eu sinto que estou voltando para o Havaí".

Instantaneamente, Glenn pôde sentir o aumento da temperatura. A Friendship 7 oscilou. Houve um estrondo atrás dele: parte do conjunto de retrofoguetes se afastava. Ele chamou a estação do Texas. Eles não conseguiam ouvi-lo. Ele estava abrindo caminho através de um invólucro de ar ionizado superaquecido. Nenhum sinal poderia sair de sua espaçonave. Nenhum poderia chegar a ela. Tudo o que John Glenn podia fazer era segurar firme.

O primeiro americano em órbita estava encapsulado dentro de uma bola de fogo crescente. Glenn olhou pela janela e viu as chamas devorando sua nave. Uma correia do conjunto de retrofoguetes estava queimando livremente, martelando contra o vidro de sua escotilha. Ela explodiu em chamas junto com pedaços mais flamejantes que se afastaram no espaço.

Então, ele sentiu que a força gravitacional estava aumentando. Naquele momento queria dar um abraço em todos. Isso significava que tudo estava orquestrado e em andamento. Ele chamou Alan Shepard. Estava se sentindo ótimo, mas não havia como passar pelos íons. Ainda não.

O escudo térmico que protegia John Glenn permanecia no lugar. A temperatura externa era de 4 mil graus – dentro estava quentinho e confortável. Ele agora podia sorrir.

Na sala de comandos da Mercury todos escutavam com atenção, enquanto Alan Shepard chamava John Glenn continuamente. Nenhuma resposta. Simplesmente o sinal não chegava. O engenheiro da Notre Dame, Bob Harrington, ficou atrás de Alan Shepard, implorando:

"Continue chamando, Alan."

"Friendship 7, aqui é Cabo Canaveral. Está na escuta? Câmbio."

Tão instantaneamente quanto chegaram, os íons se foram e a chamada de Shepard finalmente chegou à cápsula Mercury.

A resposta de Glenn foi uma simples checagem de microfone.

"Alto e claro, Cabo. Vocês me ouvem?"

"Câmbio", reconheceu Shepard, "escutando alto e claro. Como você está?"

"Muito bem", respondeu Glenn, "mas isto virou uma verdadeira bola de fogo, rapaz!"

A sala de comandos da Mercury explodiu em aplausos e apertos de mão, e Harrington soltou o grito de torcida do Notre Dame.

Houve dança nos corredores, mas apenas por um momento. Eles tinham um astronauta e uma espaçonave para colocar em terra firme. A Friendship 7, como a pequena campeã que era, pousou perfeitamente nas águas perto do seu navio de resgate, o destróier *Noa*.

John Glenn havia retornado como um herói comparado a Charles Lindbergh. Ele havia mexido com uma parte da liderança russa, e o presidente John Kennedy o encontrou em seu local de lançamento na Flórida.

Quando Glenn chegou à cidade de Nova York, 4 milhões de pessoas o aplaudiram aos gritos, Annie, sua esposa, e Lyndon Johnson, vice-presidente, também foram recebidos com uma ovação tumultuada, além do tradicional desfile de honra.

Neil Armstrong recostou-se na cadeira. Seu desânimo por conta da morte da filha, Karen Anne, fora um pouco atenuado pelo sucesso de Glenn. John, ele pensou, dera outro grande passo necessário para os Estados Unidos alcançarem a Lua. Neil agora tinha certeza de que queria fazer parte da maior jornada da história. Ele, é claro, continuaria a voar com seus dedos cruzados, pois não era tarde demais para se juntar a Glenn e à tropa de astronautas.

Enquanto isso, a NASA se pronunciou. É um longo caminho para a Lua. O importante é manter os astronautas voando. O próximo na fila, Deke Slayton, disse: "Vamos lá".

Mas havia rumores. Houve um boato sobre o coração de Deke.

O consultor científico da presidência, Jerome Wiesner, sem dúvida o maior durão do governo Kennedy, estava de volta. O consultor intrometido falou com o chefe da NASA.

"Jim", disse ele a Webb, "a Casa Branca ouviu falar sobre problemas no coração de Slayton e colocá-lo em órbita pode ser um erro terrível."

"Como?", Webb perguntou rapidamente.

"Ele foi avaliado e considerado apto pelos médicos, e está voando... Diabos, ele tem voado assim há anos. Qual é o problema?"

"Eu sei", concordou Wiesner, "mas se algo der errado, qualquer coisa, e se vier à tona a notícia sobre o coração de Slayton, quem você acha que eles culpariam?"

"O presidente", concordou Webb.

"Isso mesmo, Jim. Tire o Slayton do voo."

Webb assentiu.

Deke tinha fibrilação atrial paroxística idiopática, um distúrbio no ritmo das fibras musculares do coração nas câmaras superiores. O chefe da NASA pediu uma junta médica para rever os fatos. A junta médica concordou com Wiesner. O trabalho de contar a Deke foi atribuído a seu amigo, o cirurgião de voo Bill Douglas.

"Porra, Bill, esses filhos da puta não podem fazer isso comigo", gritou Deke. "Ninguém ficou preocupado com isso durante a seleção. Inferno, eu tenho voado nos jatos mais rápidos! Isso não é grande coisa?"

"Eu sei", Douglas concordou, "mas é tudo uma questão de manter as aparências. Se algo der errado, os repórteres pediriam a cabeça de JFK."

"Então preferem a minha."

"Exatamente!"

"Tenho outras más notícias", disse o cirurgião de voo.

"Que diabos agora?"

"Eu sei que as regras exigem que o piloto reserva assuma o posto de um astronauta incapaz de cumprir uma missão", disse Douglas, "mas Wally não assumirá."

"Por que diabos não?"

"Bob Gilruth decidiu que Scott Carpenter, o reserva de Glenn, tem mais tempo no simulador do Mercury do que Schirra, então Carpenter irá."

Deke se virou enojado. A NASA deu a ele alguns minutos com os repórteres para uma coletiva. Deke fez o que se esperava dele. Colocou panos quentes no que, possivelmente, foi uma das piores notícias de sua vida. Ele se sacrificou pela equipe, e, então, deu o fora de Dodge.

Nas semanas seguintes, Deke travou uma batalha feroz para voltar à sua posição de piloto, e seus colegas astronautas, do grupo Mercury Seven, mobilizaram-se por ele.

John Glenn deu um passo à frente:

"Somos uma equipe", disse ele aos outros. "Deke ainda faz parte do nosso time e devemos devolver a ele o seu orgulho."

"Sim, cara", concordou Gus Grissom.

"Vamos torná-lo astronauta-chefe", disse Gordo Cooper, "mas teremos que nos apressar."

"Por que isso?", Wally Schirra perguntou.

"A notícia é que eles estão trazendo um general para tomar conta de nós", disse Cooper.

"Que absurdo! Como eles são!", Shepard, o futuro almirante, disparou.

"Vamos votar e nos manter firmes", sugeriu Scott Carpenter.

Todos concordaram que permanecer juntos traria bons resultados, e foram ver o chefe. "Temos três recomendações para astronauta-chefe", disse John Glenn ao administrador da NASA, James Webb. "Deke Slayton, Deke Slayton e Deke Slayton."

Webb sorriu. A mensagem foi clara. Ele fez sinal de positivo, e Deke se tornou o astronauta-chefe.

Alan Shepard disse que foi como ligar um interruptor. O orgulho de Deke estava de volta e o primeiro trabalho em sua lista era montar um novo grupo de astronautas para os projetos Gemini e Apollo.

Deke começou a ler as inscrições e ficou satisfeito por uma delas ser de Neil Armstrong. Ele sorriu. Ele teria os melhores de que precisava para ir até a Lua.

SUPERAÇÃO EM PASADENA

Vestindo seu traje pressurizado, Neil Armstrong estava encapsulado no *cockpit* do seu X-15. A escotilha o havia fechado a ponto de ser opressiva. Seu capacete envolvia a cabeça e os ombros com dois núcleos amendoados que estavam presos em um revestimento de Inconel X, uma liga de níquel pintada de preto para dissipar o calor. Parecia que estava vestindo o *cockpit* em vez de apenas estar nele. Tão confortável que era difícil ver dentro ou fora quando ele e seu foguete estavam suspensos em um B-52 de lançamento. Eles viajavam a mais de 13 mil quilômetros – cerca de 45 mil pés – acima do deserto. Era 20 de abril de 1962 e, ao aproximar-se de sua queda, Neil deixou as nuvens brancas atrás de si, entrando em um CAVU (do inglês *Ceilings and Visibility Unlimited*: Teto e Visibilidade Ilimitada) sobre a cúpula do mundo – o que os pilotos chamavam de área de testes de alta altitude no alto deserto.

No ano anterior, Joe Walker, piloto-chefe do grupo de Neil, voou acima de 300 mil pés, ganhando o primeiro conjunto de insígnias de astronauta do X-15. Um repórter perguntou a Walker: "Qual a sensação de ser o melhor piloto de testes do mundo?"

"Ei, eu só voei um pouco mais alto que meus companheiros", respondeu Joe Walker. "Se você está procurando quem pode ser o melhor, fique de olho no jovem Neil Armstrong."

Neil havia pilotado o X-15 seis vezes. Esse era o voo número 7, e como na sua sétima missão de combate na Coreia, onde teve que se ejetar, esse número 7 provaria ser igualmente infeliz.

Seu plano de voo exigia que ele levasse seu X-15 até o limite do espaço, a cerca de 200 mil pés de altitude, e testasse um novo sistema de controle. Eles estavam agora naquela parte do voo onde as coisas ficavam tensas – excitantes – e, se Neil Armstrong não conhecia bem esse sentimento, quem conhecia?

A luz de dez segundos para o lançamento se acendeu.

"Cinco, quatro, três, dois, um, *lançamento*", e o B-52 lançou o avião-foguete de Neil, abruptamente e com precisão.

Esse X-15, o terceiro da frota, tinha o mais novo e maior motor de foguete – o XLR-99 –, e Neil acionou a alavanca. Ele sentiu a ignição! A propulsão do novo motor bateu em seu assento.

No chalé da família na montanha, Janet tirou os binóculos. Ela podia ver os rastros amplos e largos deixados pelo B-52. Segurou a respiração, imaginando se a morte de Karen Anne afetaria as habilidades de voo de Neil.

Janet não foi a única a se perguntar.

O X-15 não era o mais fácil de pilotar. Era um projétil preto de quase 16 metros, com asas grossas. Seu novo e mais poderoso foguete estava empurrando-o mais e mais rápido para fora da Terra. Os músculos de Neil ficaram tensos para lidar com a crescente força G. Ele estava extremamente ocupado, mantendo tudo sob controle enquanto observava os menores desvios.

Ele não teve tempo de notar o céu azul escurecer, mas, quando seu grande foguete desligou, ele sabia que ainda estava se movendo – a mais de 5 mil quilômetros por hora, 2.400 quilômetros por hora mais lento do que a velocidade que Alan Shepard havia atingido no espaço. Ele subiria a menos de 40% daquela altitude. Agora tinha tempo para olhar.

O X-15 moveu-se constantemente para cima usando a energia que recebera do foguete XLR-99. Essa energia iria empurrá-lo através da maior parte da atmosfera, para onde ele pudesse ver apenas o céu negro acima de uma Terra extremamente brilhante.

Tudo era deslumbrante e de tirar o fôlego, e Neil não podia acreditar nas faixas de cores do horizonte – cores que começavam com a escuridão do espaço em cima, depois eram roxas e profundas, antes de se tornarem ricos azuis e brancos brilhantes, cobrindo o marrom-terra e o azul das águas do planeta. Neil estava a caminho, ainda se perguntando quão alto deveria estar quando deixou a atmosfera para trás, e chegou a um lugar visto apenas por poucos, um lugar onde o ar era tão rarefeito que não refletia a luz.

Quanto mais alto ele subia, menor a força da gravidade e a sensação de movimento. Ele agora voava através dos limites mais altos do céu – silencioso e sem gravidade –, uma experiência conhecida apenas pelos poucos que ousavam navegar pelo topo do mundo.

"Foi o mais alto que eu já tinha ido – mais de 200 mil pés – e as vistas eram espetaculares", disse ele mais tarde, acrescentando que estava satisfeito com o desempenho do novo sistema de controle de voo do X-15 durante a ausência de gravidade. Mas logo a gravidade o agarrou e a seu avião novamente, e começou a puxá-los de volta para a Terra. Neil estava controlando a atitude de seu X-15 com minúsculos jatos de peróxido de hidrogênio perto do nariz de seu avião-foguete. Quando necessário, ele poderia usar esses jatos para manter a altitude do X-15. Então, quando reentrou na atmosfera, as asas e as superfícies do X-15 novamente assumiriam as funções de controles de atitude.

Tudo estava funcionando muito bem. Tanto assim que Neil momentaneamente desviou a atenção para verificar o limitador de força G, um sistema que ele e outros engenheiros tinham desenvolvido para impedir automaticamente que o piloto excedesse cinco vezes o próprio peso. Se isso também funcionasse poderia evitar que um aviador desmaiasse.

Neil não tinha consciência de que desviar sua atenção para verificar o limitador de força G estava se tornando um problema.

Durante os três meses desde a morte de sua filha Karen Anne, Neil parecia ausente para alguns. Sua capacidade de processar os fatos diminuiu. Alguns até acreditavam que Neil estava se tornando propenso a acidentes e, na central de controle de voo de Edwards, os dirigentes observavam de perto seu desempenho. No momento, sua atenção estava centrada em verificar o limitador de força G. Ele não estava observando atentamente sua altitude, e enquanto descia por uma altitude de cerca de 140 mil pés e a pressão atmosférica voltava gradualmente, notou que o nariz do X-15 tinha subido um pouco. Isso estava causando o que era conhecido como *ballooning*, uma condição em que a aeronave podia quicar ao longo do topo da atmosfera, como se alguém fizesse uma pedra saltitar em um lago.

Em sete anos, três meses e quatro dias, Neil Armstrong e sua tripulação da Apollo 11 estariam fazendo a mais arriscada reentrada na atmosfera da Terra. Eles estariam retornando da Lua a quase 40 mil quilômetros por hora – sete vezes mais rápido do que ele voou naquele dia – e, se a espaçonave Apollo não atingisse a atmosfera em um ângulo preciso, saltariam para a eternidade navegando para sempre pelo Universo.

Embora sua distração momentânea tenha permitido que o nariz do X-15 subisse, Neil não estava tão preocupado. "No procedimento", explicou ele, "eu tinha o nariz acima do horizonte. Eu estava quicando para fora da atmosfera novamente, em *ballooning*, mas isso não era um grande problema." Ele usou seus jatos reatores para se estabilizar e tentou alguns outros truques, mas nada funcionou. Os responsáveis pela missão no centro de controle de voo ficaram preocupados de repente, e o comunicador com o nome "NASA One" gritou: "Neil, vamos orientá-lo sobre o *ballooning*, não desvie. Vire tudo à esquerda, Neil! Vire tudo à esquerda!"

"Claro que eu estava tentando virar", Neil riu, "mas a aeronave estava em trajetória balística."

Havia apenas uma coisa a fazer – esperar que o X-15 caísse o suficiente para conseguir um pouco de ar mais pesado; e, quando Neil sentisse a atmosfera, começaria seu trabalho. Mas a essa altura ele disse: "Estávamos saltitando alegremente pelo campo".

Alguns no controle de voo disseram que o erro de Neil era o maior erro de um piloto no programa X-15. Eles estavam profundamente preocupados. Mas Neil não estava. Ele sabia das suas opções. Tinha altitude, velocidade aerodinâmica e muitos lugares para pousar. Ele se concentrou em apenas uma coisa – controlar o avião e descer com segurança. Seus anos de voo criaram nele um impulso inflexível para a perfeição. Que era um estado inalcançável, mas não interferia de maneira alguma em seu impulso, porque Neil respondia apenas a si mesmo. Ele considerava as desculpas como uma fraqueza e álibis dignos apenas de desgosto.

Ele estava por volta de 100 mil pés movendo-se perto de Mach 3 (ao redor de 3.700 quilômetros por hora), quando de repente pôde ver Pasadena. "Já pensou a 'velhinha de Pasadena' do Johnny Carson dando uma olhada neste grande projétil negro?", ele riu alto. "Aposto que ela nunca viu algo no ar como nós."

Ele verificou sua localização. Abaixo, podia ver Lancaster e Palmdale, e as montanhas de San Gabriel estavam sempre à frente. Seu chalé estava lá. Ele questionou em voz alta: "Qual é o próximo, o Rose Bowl?"

Neil pilotou o X-15 em uma inclinação lateral e voltou para Edwards, onde alguns no centro de controle de voo já estavam fazendo apostas sobre onde Neil teria que pousar o X-15. "Que tal Palmdale", um deles riu. "Eles têm uma pequena pista lá."

Mais tarde, Neil diria: "Não estava claro na hora em que fiz a curva se eu podia voltar para Edwards, mas isso não era uma grande preocupação. Havia outros leitos de lagos secos disponíveis". No momento, El Mirage estava à sua direita e logo à sua frente estava o lago seco Rosamond. Mas o melhor de todos eles, o maior – Rogers –, estava à frente. Ele estava em casa, e Neil rapidamente se convencia de que seria capaz.

O chefe, o piloto de testes do X-15, Joe Walker, estava voando atrás. Neil o chamou pelo rádio e avisou:

"Eu tenho o lago do sul à vista, Joe."

Joe Walker respondeu: "Qual é a sua altitude, Neil?"

"Estou em 47 mil."

NASA One juntou-se a conversa.

"Sim, nós verificamos isso", confirmou o controle de voo. "Você já decidiu qual é a sua pista de pouso?"

Neil verificou o solo. Tudo o que ele podia ver era o deserto e Saddleback Butte à sua direita.

"Deixe-me chegar um pouco mais perto. Eu posso ver a base agora", disse ele ao centro de voo.

De repente, Neil teve sua própria seção de aplausos. "Ele vai conseguir", disse um controlador de voo.

"Eu aposto um dólar que não", disse outro.

"Está apostado."

"Temos 42 quilômetros até o lago sul e você está a 64", relatou o NASA One.

"O.k.", Neil reconheceu, enquanto se ocupava em livrar seu X-15 de coisas inúteis que aumentavam o peso. Isso reduziria sua distância de voo livre. Quando terminou, ele ligou o microfone e disse ao controle de voo:

"O pouso será na pista 35, no lago sul, uma aproximação direta. Eu estou a 50 quilômetros, vou usar alguns freios para pousar".

Usando freios aerodinâmicos para reduzir a energia, confirmava-se que o retorno de Neil ao lago sul não seria a opção mais próxima como alguns pensavam, e o piloto de pesquisas, o mais calmo, posicionou seu X-15 para uma aterrissagem segura.

"Eu estou a cerca de 24 quilômetros do final agora", disse Neil ao centro de comando. "Estou a 290 nós."

O companheiro de testes, Henry Gordon, também estava logo atrás. Ele chamou Neil pelo rádio:

"Estou me aproximando à sua direita."

"Certo", Neil reconheceu Henry. "Vou pousar no meio do leito do lago sul", disse ele a Gordon. "Freios estão o.k., 280."

"Rog, abaixe seus flaps agora", Henry disse a ele.

A aproximação do X-15 de Neil foi tão suave quanto uma águia deslizando nas correntes de ar das montanhas.

"Certo, você está indo bem", Henry disse a ele. "Vá em frente e coloque a aeronave no chão." O foguete planador não fez nenhum som quando tocou no deserto e Henry disse:

"Muito bom, Neil."

Isso foi muito legal. Neil Armstrong trouxe seu X-15 tão suavemente que seu nariz mal beijou o deserto seco antes de deslizar em uma parada de manual.

Neil tinha acabado de acumular a missão de resistência mais longa do X-15 (12 minutos e 28 segundos), e o voo de maior distância (563 quilômetros). Um recorde no projeto.

Haveria mais alguma pergunta sobre as habilidades de voo de Neil? Nós achamos que não.

DIAS DE TREINAMENTO

O Projeto Mercury avançou com o lançamento de Scott Carpenter. Foi o segundo voo orbital do projeto, enquanto Neil Armstrong aguardava em Edwards. Ele estava olhando para o telefone quando finalmente tocou.

"Oi, Neil, aqui é o Deke. Você ainda está interessado no grupo de astronautas?"

"Sim, senhor", assegurou o diretor de operações da NASA.

Deke era outro homem de poucas palavras.

"Bem, o trabalho é seu", ele disse a Neil. "Vamos começar imediatamente, esteja aqui até o dia 16."

"Sim, senhor, eu estarei."

Neil e outros oito haviam sido chamados por Deke. Eles seriam anunciados como os Gemini Nine. Neil trocou seus dois carros por uma caminhonete usada. Ele precisava de um veículo maior para transportar os pertences da família. Ele e Janet embalaram as coisas grandes e a mobília e enviaram para armazenamento em Houston.

Ainda havia pontas soltas para serem amarradas, então Janet ficou para trás por alguns dias.

Neil levou Ricky consigo na caminhonete e, dois dias depois, Janet seguiu em um voo comercial. Ela chegou a Houston no mesmo dia que Neil e Ricky, e pelos próximos meses os Armstrong viveriam em um apartamento mobiliado. Eles esperavam que sua nova casa fosse concluída em El Lago – um projeto habitacional construído para atrair astronautas. Ficava a poucos minutos do novo escritório de Neil.

Os Gemini Nine foram oficialmente anunciados como o segundo grupo de astronautas da NASA em 17 de setembro de 1962. Eram Neil Armstrong, Frank Borman, Charles "Pete" Conrad, James Lovell, James McDivitt, Elliot See, Tom Stafford, Ed White e John Young. Alguns se tornariam lendas. Outros dariam suas vidas. Nenhum seria esquecido.

Neil pensou em seu grupo respondendo ao convite para voar até a Lua. Seus antecessores, o Mercury Seven, foram notáveis em converter "carne enlatada" em um programa espacial humano e de sucesso.

O que a NASA tinha no Gemini Nine eram pilotos de teste, bem formados e experientes para o trabalho. O que Neil viu foi *paixão*, como a maioria dos primeiros membros da NASA, que estavam dispostos a trabalhar muito.

Deke Slayton agora tinha quinze astronautas sob seu comando. Ele colocou os novos pilotos em treinamento, e imaginou que, quanto mais eles testemunhassem dos dias restantes do Projeto Mercury, mais bem preparados estariam para voar na mais robusta, na maior e mais avançada Gemini. Os Nove seriam os que desenvolveriam as manobras de voo e os procedimentos necessários para essa ponte até a Lua.

Então, em 3 de outubro de 1962, os novatos se reuniram na base da plataforma de lançamento Mercury-Atlas. Eles assistiram a Wally Schirra e sua espaçonave Sigma 7 entrarem em órbita. Os Nove agarravam-se em todos os relatórios de Schirra enquanto o astronauta do Mercury exibia suas habilidades. O terceiro americano a orbitar a Terra permaneceu por seis órbitas – nove horas –, passando por sua checagem de dados e de engenharia com uma eficiência que deixaria um robô verde de inveja.

Os Gemini Nine ficaram tão impressionados com o voo de Wally que ansiosamente saltaram para a extenuante visita aos empreiteiros do Gemini. Eles passaram semanas se familiarizando com o lugar e a forma como suas espaçonaves Gemini e os foguetes Titan II estavam sendo construídos e testados. Uma vez que estivessem seguros com o equipamento, dariam início ao programa de treinamento individual.

A boa notícia foi que o treinamento para o Gemini Nine não seria em nada parecido com o do Mercury Seven. Eles não teriam que se sentar sem as calças em um bloco de gelo e assobiar enquanto comessem salgadinhos. Não precisariam ser isolados de todos os ruídos em uma sala à prova de som, ouvindo apenas as batidas de seus corações.

"Não creio que a comunidade de medicina e fisiologia de voo soubessem muito sobre o que eles precisavam na época", Neil me diria, acrescentando:

"Havia suposições generalizadas de que seres humanos não poderiam sobreviver no espaço – por uma infinidade de motivos. Eu acho que eles testaram tudo, não esqueceram de nada", ele sorriu, perguntando: "Você já sentiu a necessidade de reter um enema completo no cólon por cinco minutos?"

Rimos juntos e Neil tinha mais uma coisa a dizer. "Isso não foi divertido."

Armstrong estava contente em passar seus dias de treinamento de astronauta com exercícios familiares que ele havia experimentado em treinamento de voo naval, contanto que pudesse estudar à noite. "A NASA sentiu que deveríamos saber a diferença entre uma aeronave e uma espaçonave", explicou Neil, "especialmente o que faz com que você fique em órbita.

"Eu tinha estudado mecânica orbital na Universidade do Sul da Califórnia, e nenhum de nós achou os novos estudos um fardo."

Eles agarraram-se aos livros e, junto aos acadêmicos, Neil e seu grupo foram convocados para várias outras disciplinas de treinamento.

Para se certificar de que eles sabiam como tudo funcionava, o Gemini Nine passou o tempo vasculhando as instalações de lançamento do Cabo Canaveral, na Flórida. Os coordenadores pensaram que seria bom se eles aprendessem como foguetes e espaçonaves eram lançados, e como sair de uma dessas coisas se houvesse um problema. Eles também aprenderam isso, mas primeiro tiveram que aprender a não perturbar as cascavéis e os porcos selvagens que haviam transformado grande parte do complexo de lançamento em suas casas.

Quando já estavam habituados à plataforma de lançamento, eles retornaram ao Controle da Missão, em Houston, para saber como seriam rastreados e vigiados durante o voo.

No entanto, mal estavam acostumados a dormir novamente em suas próprias camas, foram para o Centro de Desenvolvimento Aeronaval de Johnsville, Pensilvânia, para o treinamento na "Gôndola".

A Gôndola era uma enorme centrífuga, uma maquete do *cockpit* do Gemini. Esse é o lugar onde os astronautas experimentaram reentradas simuladas da órbita da Terra. Durante essas centrifugações, os médicos os monitoravam em uma televisão de circuito fechado – uma delas simulava uma reentrada com força G. Neil estava pronto para isso. Nenhum deles tinha experimentando algo parecido com estar em uma centrífuga. Quando sentiu a força da tremenda desaceleração, Neil pôde continuar movendo os braços e as pernas até se aproximar de 10 Gs (dez vezes seu próprio peso). Quando a força G aumentou, seus globos oculares se achataram e perderam o foco. Quando a centrífuga passou de 15 Gs, Neil não conseguia mais respirar.

Os operadores pararam a maldita coisa e Neil saiu da gôndola. Ele reviu todas as partes do corpo. Queria ter certeza de que não deixara nenhuma no chão.

Os Nove seguiram para treinamentos adicionais, onde aprenderam a usar roupas pressurizadas e foram expostos a ausência de gravidade, vibração e ruído – e até mesmo à gravidade lunar simulada.

Eles também reaprenderam a usar os assentos ejetáveis e os paraquedas, e a manter afiadas suas habilidades de pilotagem e discernimento ao pilotar uma variedade de jatos que estavam na base da Força Aérea de Ellington, nas proximidades.

Depois foram enviados com os astronautas do Mercury Seven para treinamento de sobrevivência na selva na Base Aérea de Albrook, na Zona do Canal do Panamá.

Eles foram jogados na floresta tropical panamenha em pares; Neil tirou a sorte grande. Seu parceiro era John Glenn e os dois desceram por uma corda pendurada do helicóptero até a floresta, onde construíram abrigo com materiais naturais e buscaram alimento e água.

Receberam a informação de que a área onde foram deixados era ocupada pelos índios chocos, nativos ainda vivendo de modo primitivo. Neil imediatamente fez um sinal de boas-vindas que dizia "Choco Hilton".

"Era tudo menos Hilton", John me disse. "Cada um de nós tinha uma faca e poucas provisões, e pescávamos em um riacho próximo.

"Aprendemos imediatamente a não colocar as mãos embaixo de troncos e galhos caídos", ele disse com ênfase. "É onde moram as cobras letais *fer-de-lance*, junto com lagartos e outras criaturas estranhas que talvez precisássemos cozinhar em fogueiras – ou comer crus."

Neil mostrou um de seus sorrisos largos. "Para provar, cobrimos nossos lagartos e insetos com uma generosa camada de larvas."

Que nojo!

Durante o treinamento na selva Neil e John selaram uma grande amizade que duraria a vida toda. Ambos me disseram que não era o melhor dos lugares – tão úmido que nunca encontravam madeira seca o suficiente para alimentar uma grande fogueira. Passavam a maior parte do tempo tremendo e comendo iguarias da floresta, às vezes cruas.

De brincadeira, cada um oferecia trocar o outro por uma mulher astronauta. Ambos pensaram que seria ótimo se aconchegar no frio úmido com uma colega de quarto. Mas o que conseguiram foi uma dupla de homens muito feios – o cirurgião de voo Bill Douglas e o fotógrafo da NASA, Ed Harrison. Nenhum chegava perto de se assemelhar a uma mulher. Eles apareceram para comprovar que a dupla estava bem. Harrison tirou uma foto para provar que eles estavam vivos.

Tão logo Douglas e Harrison saíram, um membro da tribo choco, com pinturas no corpo, apareceu com uma variedade de bugigangas nativas para negociar.

O nativo admirava a pesada caneta, a que Neil usou para criar o sinal de boas-vindas. Ele e John usaram gestos para pedir que o choco mostrasse suas bugigangas antes de lhe dar a caneta, depois sorriram e acenaram adeus.

Ficaram satisfeitos até Neil e John se perguntarem: "E se a caneta ficar sem tinta antes de sairmos da área com segurança?"

Seriam momentos tensos até a hora de voltar à civilização. Eles seguiram sabiamente o curso do riacho, abrindo caminho pela selva quando necessário até chegarem a um rio.

Lá, eles se juntaram aos outros astronautas e foram obrigados a colocar os coletes salva-vidas. Alguns especialistas em sobrevivência acreditavam que eles deviam passar algumas horas na água aprendendo a flutuar com segurança pelo rio.

"Como é, sem jangadas?", questionaram alguns.

"Você tem uma no seu bolso", ladrou o instrutor de sobrevivência.

Neil e John ficaram quietos e seguiram as ordens. Vestiram os coletes salva-vidas, pularam no rio e começaram a flutuar em direção à área de resgate.

"E as piranhas?", gritou um astronauta preocupado.

"Ao inferno com as piranhas", gritou outro, "que tal os crocodilos?"

Neil riu e fez sinal para John. "Ei, acho que vejo algumas piranhas", disse ele apontando, e acrescentou: "Fique longe dessa área, John."

"Sim," respondeu Glenn, "parece que elas estão comendo um crocodilo."

De repente, todo mundo no rio estava quieto, observando o movimento na água ao redor deles. Neil e John sorriram maliciosamente.

Ambos sabiam que as piranhas carnívoras não eram encontradas nos rios do Panamá, nem os crocodilos. Cobras venenosas como a grande víbora *fer-de-lance*, sim, e pequenos jacarés parecidos com caimãos, além de mosquitos transmissores da malária. Mas a chance de um astronauta ser comido vivo era nula.

A travessia a nado e a flutuação duraram três horas, com todos chegando à área de resgate inteiros.

Neil registrou a flutuação no rio como um dos destaques de seu treinamento antes de todos se separarem em direções diferentes. Seu futuro no voo espacial estava logo à frente. John estava no espelho retrovisor. O presidente Kennedy, preocupado com um herói americano do porte de Glenn, que, afinal, poderia ser ferido ou morto em outro voo espacial, ordenou que ele ficasse em solo.

Uma vez de volta para casa, Neil, de repente, se preocupou com outro voo. A cegonha chegou em 8 de abril de 1963, com seu segundo filho. É claro que os outros astronautas se perguntaram como Neil encontrara tempo para engravidar Janet.

Os Armstrong ficaram todos muito felizes com a chegada de Mark Stephen. O irmão Ricky separou suas luvas, bola e brinquedos para o novo bebê.

Neil se sentiu abençoado. Ele e Janet tiveram uma criança saudável. Neil estava ciente de que sua prioridade era garantir que Janet e os meninos tivessem tudo de que precisassem. Deke e o gabinete dos astronautas deram um passo à frente com essa precaução, e Neil reuniu-se novamente ao Gemini Nine, onde ele e o grupo começaram a treinar em voos parabólicos no "Vomit Comet".

Neil disse: "Deixei um motivo para outro vômito", e todos riram mais de Neil fazendo uma piada do que da própria piada, e voltaram a treinar.

O KC-135 recebeu o nome pouco lisonjeiro de "Vomit Comet" porque o vômito era o que sua ausência de gravidade simulada costumava induzir em alguns astronautas.

Neil apenas sorria. Ele tinha ido "além do topo" em subidas zooms no F-104 Starfighter em Edwards para os mesmos voos de teste com ausência de gravidade. Mas ficou surpreso ao perceber que os voos não provocavam o mal-estar que ele sentia com as mudanças bruscas de gravidade no Vomit Comet.

Como a maioria dos Gemini Nine, Neil suportou quatro dias no Programa de Treinamento de Gravidade Zero na Base da Força Aérea de Wright Patterson, em Ohio. Ele e seus novos colegas foram apresentados à flutuação em gravidade zero; cambaleando, girando e voando através da cabine, empurrando paredes; usando ferramentas usadas no espaço, comendo e bebendo na ausência de gravidade.

Mais tarde, os novos astronautas participaram do treinamento de segurança e sobrevivência na água na Escola Naval, em Pensacola, na Flórida. Os aviadores navais Armstrong, Conrad, Lovell e Young já haviam estado lá. A novidade para todos os Nove era aprender a se manter à tona enquanto aguardavam o helicóptero de resgate.

Neil achou fácil e confortável a transição de piloto de pesquisas para astronauta. Ele reconheceu as semelhanças e apreciou as diferenças.

"Estávamos procurando o melhor método que pudéssemos encontrar para fazer algo que nunca havia sido feito", disse Neil. "Ser astronauta é diferente, mas as habilidades, a engenharia e o equipamento são realmente similares."

Os companheiros astronautas respeitavam as habilidades de Armstrong como piloto, engenheiro e astronauta, enquanto a maioria admirava sua inteligência. O que os levou a pensar sobre a personalidade de Neil.

"Neil é quieto e pensativo", disse Frank Borman, "e quando ele diz alguma coisa, você sente que deveria ouvi-lo."

"Éramos farinha do mesmo saco", acrescentou Alan Shepard. "No entanto, Neil é diferente. Ele está sempre tentando entender exatamente o funcionamento dos sistemas – ele quer conhecer muito bem as condições e o lugar onde está voando."

"Neil é a pessoa mais amável que você pode conhecer", disse John Glenn. "Ele é descontraído, um cara legal, um cara do interior como eu. Não acho que temos alguém aqui com os braços abertos como ele, e seu senso de humor me mata de rir.

"Está mais para um humor britânico do que do interior dos Estados Unidos", acrescentou Glenn. "Como na vez em que alguém lhe disse: 'Passei pela sua casa ontem à noite, Neil'. E Neil respondeu: 'Obrigado'."

Dave Scott, que voaria com Armstrong na Gemini 8, não tinha nada além de elogios ao companheiro. "Ele é lento em tomar decisões em terra, mas é o piloto mais rápido que eu já vi no *cockpit*. É fácil trabalhar com ele, é muito inteligente – muito legal sob pressão."

Os astronautas que voariam para a Lua com Neil também tinham algo a dizer: "Neil é um indivíduo muito reservado", disse Mike Collins. "Ele é mais atencioso do que a maioria e, em um mundo de pensadores e realizadores, a maioria dos pilotos de teste tendem a ser realizadores. Neil está bem ao lado dos pensadores."

"Neil é certamente reservado, intenso e pensativo", disse Buzz Aldrin, que caminharia na Lua com Armstrong. "Ele não diz coisas que poderiam ser desafiadas mais tarde por causa de sua espontaneidade. Em outras palavras", Buzz riu, "fique de boca fechada até que você saiba do que está falando."

O consenso entre os que conheciam Neil era que ele levava muito tempo para chegar a uma decisão em solo e, quando tomasse uma decisão, seria certeira! Mas, diriam os astronautas, no *cockpit* não existiria piloto mais rápido. Ele poderia analisar um problema e corrigi-lo imediatamente. Aquele era Neil Armstrong.

A maioria acreditava que as credenciais do Gemini Nine eram mais impressionantes do que as do Mercury Seven. Neil Armstrong não tinha sido apenas um astronauta no primeiro grupo Man In Space Soonest, ele havia pilotado o avião-foguete X-15; Tom Stafford, Frank Borman e Jim McDivitt tinham sido instrutores na escola de pilotos de testes da Força Aérea; e John Young tinha conseguido dois recordes mundiais em velocidade de subida (Vx) – todos eram os melhores pilotos de manche e de leme.

O mais relevante é que o Gemini Nine pertencia ao mesmo departamento que o Mercury Seven, e em uma viagem ao Cabo, onde estavam se preparando para enviar Gordo Cooper em órbita para um recorde de um dia e meio de voo na Mercury, os novos astronautas criaram um grande plano. Eles decidiram mostrar respeito e amizade aos veteranos.

Henri Landwirth era o amado anfitrião da nova área espacial.

Nascido na Bélgica, ele passou grande parte de sua infância em um dos campos de concentração de Hitler antes de seguir para os Estados Unidos com apenas duas camisas, duas calças e um par de sapatos, um guarda-roupa que durou apenas o suficiente para que conseguisse um emprego na cozinha de um hotel em Miami.

Ele lavou os pratos, as panelas, as frigideiras, enxugou o chão, limpou mesas, fez camas e sorriu agradavelmente para os convidados. Então se tornou um cidadão americano.

Henri aprendeu todo o trabalho que havia no motel e no hotel, e, como recompensa, foi enviado para Cocoa Beach. Ele administrava o Starlite Inn e, quando soube que os astronautas não gostavam de seus alojamentos espartanos no Cabo, por apenas 1 dólar por dia ele se tornou o hoteleiro dos astronautas.

Henri sentia um carinho, um sentimento de proteção por aqueles que voavam pelo espaço, e instantaneamente reconheceu a necessidade de uma de suas acrobacias clássicas para solidificar a irmandade dos dois grupos.

"Vocês precisam mostrar reverência e respeito", disse ele a Neil Armstrong e Tom Stafford. "Mostrem aos caras do Mercury que vocês são um deles. Tragam-nos para o lado de vocês."

"Como poderíamos fazer isso?", perguntou Neil.

"A melhor maneira é convidá-los para uma noite de confraternização", explicou ele. "Hospede-os para um evento inesquecível. Sirva-lhes os melhores vinhos e a melhor comida de suas vidas. Mostre a eles que vocês são das melhores famílias. Vocês são cultos. Refinados. Mostrem a eles o respeito de vocês."

Refinado uma ova, Tom Stafford esbravejou. Sua mãe teve que pedir dinheiro emprestado para a passagem de ônibus, ao mandá-lo para completar sua bolsa de estudos na Academia Naval, e, assim, tornar-se general de três estrelas da Força Aérea. Ele tinha uma pergunta muito mais importante:

"Quem diabos vai pagar por toda essa cultura e refinamento?"

"Ah, o motel vai", assegurou Henri. "Nós vamos cuidar de tudo."

Neil sorriu baixinho. Ele conhecera Stafford muito bem e sabia de seu temperamento.

"Então, está bem", Stafford assentiu de acordo com os outros.

"Deixe-me cuidar disso, pessoal", Henri disse a eles. "Isso será inesquecível. Melhor comida, melhores vinhos importados, os melhores."

Henri se afastou sorrindo para colocar seu plano em ação e Neil olhou para Tom. "Eu sinto o cheiro de uma certa malícia aqui", ele riu.

"Eu também", riu Stafford. "Vamos ajudar Henri a fazer a coisa ficar ainda mais maliciosa."

E foi o que fizeram.

Sob a supervisão direta de Neil Armstrong e Tom Stafford, Henri imprimiu um cardápio em folha de ouro que convidava para uma magnífica refeição de vitela à milanesa com batatas gratinadas, saladas e vinhos importados.

Cada convite foi entregue pessoalmente por duas beldades bronzeadas de Cocoa Beach, que apontaram que seria um evento *black tie* (Henri também alugou os trajes).

Os caras do Mercury apareceram na noite seguinte vestidos com esmero em seus smokings alugados. Mostrando sua alegria, eles agradeceram a Henri e seus anfitriões do Gemini Nine pelo que prometia ser uma grande noite de confraternização.

Os vinhos importados faziam jus aos seus preços. Eles foram servidos, e as palavras partiram imediatamente para o brinde e desejos de felicidades e boa sorte recíprocos.

O astronauta-chefe, Deke Slayton, elogiou o Gemini Nine. Armstrong e Stafford devolveram o elogio, certificando-se de mostrar companheirismo. Era o tipo de união que aqueceria qualquer coração e, com os elogios gerais de cada grupo bebendo o vinho, os dezesseis astronautas sentaram-se para desfrutar da refeição.

Os garçons serviram a refeição na melhor prata de Henri enquanto o silêncio formal tomava conta do ambiente.

Henri preparara um suntuoso banquete de papelão frito e empanado, batatas cruas, e uma salada apodrecendo depois de horas no sol úmido e quente da Flórida.

De repente, o silêncio sóbrio deu lugar a gargalhadas que abalaram as paredes do motel até a piscina.

O Mercury Seven tinha sido – na tradição daqueles que pilotam aviões – alvo de uma clássica "pegadinha". Era apenas o passo necessário para que o Gemini Nine fosse calorosamente recebido no exclusivo clube dos astronautas.

FOGO DOMÉSTICO

Fumaça!

Por que estou sonhando com fumaça?

"Neil, acorde, Neil!"

"Janet!"

Nesse ponto agradável entre o sono e a vigília ele podia ouvi-la. Ela o chamava e ele podia sentir a mão da mulher no seu ombro. Janet o sacudia:

"Acorde, Neil, acorde!"

Ele rolou da cama e colocou os pés no chão. O cheiro era subitamente inegável.

"Fumaça, Neil, é fumaça!"

Neil pulou, ficou de pé, saiu do quarto, mas instantaneamente percebeu que não conseguia enxergar. Seus olhos estavam queimando, havia calor e fumaça espessa, ele enxugou os olhos e espantou a fumaça. Conseguiu ver um brilho da sala de estar e com os olhos latejando e a garganta queimando, gritou: "Janet, ligue para o corpo de bombeiros. Ligue..." Um espasmo avançou em sua garganta e ele teve que tossir e tossir novamente, e finalmente gritou uma segunda vez: "Ligue para o corpo de bombeiros, a casa está pegando fogo."

Neil lutou contra o sufocamento, a tosse e girou rapidamente. Primeiro! O que vem primeiro? Mark! Pegue o bebê! Ele começou a se mover, mas não conseguia respirar, só conseguia segurar a respiração – *Segure-a*, ordenou a si mesmo. *Prenda a sua maldita respiração*, e ele começou a se mexer através da fumaça e o calor e às 3:45 da madrugada entrou no quarto de Mark. Ele enrolou o bebê em seu cobertor e o segurou em seus braços. Lutando contra a fumaça, conseguiu levar Mark de volta para o quarto, mas Janet não estava. Ele podia ouvi-la do lado de fora, ligando para os vizinhos da casa ao lado, Pat e Ed White.

Ed White, atleta de West Point e astronauta, que em pouco mais de um ano se tornaria o primeiro americano a andar no espaço, rapidamente pulou a cerca de 1 metro e meio entre seus quintais, pronto para ajudar.

Neil estava de pé ali, fora da casa, com os braços abertos, entregando Mark a Ed. "Leve o bebê", Neil disse a ele, virando e rapidamente pegando uma toalha. Ele molhou a toalha e desapareceu em sua casa em chamas.

"Ricky", ele gritou enquanto enrolava a toalha em volta do rosto e caiu de joelhos. O inferno estava aumentando e ele começou a se mover para a frente através da fumaça e sob as chamas que estavam se curvando do teto.

"Ricky, onde você está, meu filho?" Ele chamou, sentindo que o seu caminho o levava para o quarto de seu filho mais velho. Se ao menos Ricky gritasse ou fizesse algum barulho, seria mais fácil, pensou ele. Então, de repente, ele temia o pior. E se Ricky não pudesse gritar? E se ele não puder gritar? De repente Neil parecia uma aranha aterrorizada movendo-se sob a fumaça, passando pelas chamas, até que ele finalmente estava na cama de Ricky.

Ele estava bem. Ricky estava bem.

Ele agarrou a criança aterrorizada de 6 anos, enrolou a toalha em volta do rosto e voltou por baixo das chamas, e através do calor e fumaça, até chegarem em segurança do lado de fora.

Janet pegou Ricky. Ed White estava ocupado lutando contra o incêndio com uma mangueira de jardim. Ele passou Mark por cima da cerca para sua esposa Pat, que havia acionado o corpo de bombeiros, e agora a parede da sala estava brilhando em vermelho. Ele podia ouvir o vidro da janela trincando misturado com o som das chamas rugindo, chamas que estavam fazendo a madeira explodir como tiros de pistola, dizendo a Neil que o fogo estava devorando sua casa.

O caminho estava ficando quente sob seus pés e ele ouviu as sirenes chegando, viu os caminhões de bombeiros piscando. Homens encapuzados com máscaras correram direto para a casa em chamas, e Neil gritou: "Eu peguei todos. Não há ninguém lá dentro".

O corpo de bombeiros cuidou de Neil e Janet. Ed e Pat seguiram cada movimento dos bombeiros enquanto os profissionais lutavam contra as chamas por mais de duas horas. Então, quando a noite foi embora e parecia que a última brasa havia se afogado, o sol surgiu e todos puderam ver a bagunça.

Os Armstrong, os White e os outros vizinhos ficaram ocupados. Até mesmo alguns bombeiros ajudaram a resgatar o que poderia ser recuperado e, juntos, levaram tudo para a garagem dos White.

Ed e Pat White hospedaram os Armstrong por alguns dias e vizinhos e pessoas que Neil nem conhecia trouxeram brinquedos para os meninos. Um trouxe um cercadinho para Mark e outro um berço para ele dormir, enquanto outros empilhavam fraldas e coisas das quais disseram que não precisavam mais, e Neil teve a sensação de que acabara de limpar uma lágrima no seu rosto. Os vizinhos e outras pessoas interessadas haviam trazido todos os tipos de coisas de que os Armstrong precisavam até que pudessem levar o que valia a pena para uma casa alugada próximo dali.

Mas Neil não deixava de pensar que o incêndio poderia ter sido uma catástrofe para sua família se eles tivessem se asfixiado antes de Janet acordar.

O seu lado cientista não o deixaria esquecer. Neil tinha que saber o que causou o incêndio. Ele tinha que saber como evitar que isso acontecesse novamente.

Durante suas entradas na casa em chamas para pegar Mark e Ricky, Neil teve a sensação de que o incêndio começara em sua grande sala de estar, com seu pé-direito alto e vigas de catedral. O empreiteiro usara a construção padrão em chapas de gesso acartonado (*drywall*) e os Armstrong fizeram o empreiteiro colocar painéis sobre as chapas.

Depois de algumas semanas, os painéis começaram a deformar, enrolando por causa da umidade, e não se encaixavam mais. Neil chamou o empreiteiro de volta, que admitiu o seu erro, e seus carpinteiros usaram pregos para dar acabamento ao *drywall*. O painel entortado simplesmente caiu, então o empreiteiro colocou painéis selados e os Armstrong acharam que o problema havia sido resolvido.

Depois do incêndio, os inspetores encontraram a causa instantaneamente; um dos pregos que segurava o forro entortado tinha sido empurrado tão fundo na parede que cortou o isolamento de um fio elétrico, criando um curto-circuito em um fio. O pequeno fluxo de corrente elétrica aumentava a temperatura naquele local e, quando houve aumento de calor, os materiais inflamáveis dentro da parede se incendiaram. Infelizmente, às 3:45 da manhã.

Os Armstrong escolheram um empreiteiro diferente, especialista em incêndio, que construiu do telhado para baixo e não do chão ao telhado. Na vizinhança, detectores de incêndio foram instalados na casa dos Armstrong e depois nas dos vizinhos Pat e Ed White, Faith e Ted Freeman, e Marilyn e Elliot See.

Três anos após os Armstrong chamarem os bombeiros para lidar com o incêndio em sua casa, quatro astronautas do bairro seriam mortos. O T-38 de Ted Freeman falhou e caiu na Base Aérea de Ellington, em 31 de outubro de 1964, e os tripulantes da Gemini 9, Elliot See e Charles Bassett, foram mortos quando o T-38 atingiu o teto do edifício onde a Gemini 9 estava sendo construída, a fábrica da McDonnell, em Saint Louis. O astronauta See também fora o piloto da equipe reserva da Gemini 5 de Neil Armstrong, e o astronauta Ed White, amigo e vizinho do Armstrong, daria sua vida na plataforma de lançamento da Apollo 1 em 27 de janeiro de 1967.

Os empreiteiros levaram a maior parte de 1964 para reconstruir a casa dos Armstrong. Eles se mudaram alguns dias antes do Natal, mas o Papai Noel não trouxe nada parecido com a normalidade. Só o tempo poderia lhes trazer isso.

El Lago, a cidade dos astronautas, começou quando os White e os Armstrong chegaram à área de Houston como membros do segundo grupo de astronautas. Ed e Neil compraram três lotes no empreendimento – um dos vários condomínios planejados para abrigar aqueles que trabalhavam no novo e próspero centro espacial.

El Lago era uma comunidade de casas de campo refinadas, e os White e Armstrong dividiam seus três lotes contíguos de modo que cada um teria um lote e meio.

Outros membros do Gemini Nine, os Stafford, Borman e Young, também construíram casas em El Lago, enquanto os Glenn, Carpenter, Grissom e Schirra, do Mercury Seven, moravam nas proximidades de Timber Cove.

Os dois locais eram praticamente uma colônia de astronautas, e seria fortalecida por novos membros do terceiro grupo de astronautas selecionados em outubro de 1963.

O diretor de operações, Deke Slayton, tinha agora trinta astronautas sob seu comando.

Oito dos catorze novos viajantes espaciais eram pilotos de teste. Cinco desses pilotos de teste eram da Força Aérea: Donn F. Eisele, Charles A. Bassett, Michael Collins, Theodore C. Freeman e David R. Scott. Havia dois pilotos de teste da Marinha. Eram Alan L. Bean e Richard F. Gordon, e um dos pilotos de teste restantes, Clifton C. Williams, era do Corpo de Fuzileiros Navais

Os seis restantes eram todos pilotos, e, mais importante, vieram com históricos mais amplos da academia. Edwin E. "Buzz" Aldrin Jr. fez doutorado em astronáutica no MIT. Sua dissertação sobre mecânica orbital seria essencial nas sequências de voo necessárias para alcançar a Lua, e sua dissertação certamente seria útil quando ele e Neil Armstrong caminhassem na superfície lunar em 20 de julho de 1969.

Juntando-se a Buzz nas salas de aula estava o piloto de combate da Força Aérea, William A. Anders, que possuía mestrado em engenharia nuclear. Outro recém-chegado, o aviador da Marinha Eugene A. Cernan, formou-se em engenharia pela Purdue e fez mestrado em engenharia elétrica pela Escola de Pós-Graduação da Marinha dos EUA. Na verdade, Cernan seria o último astronauta a andar na Lua. O ex-aviador naval Roger B. Chaffee também se formou em engenharia pela Purdue. Depois veio Walter Cunningham, um ex-piloto de caça dos *Marines* com mestrado em física pela Universidade da Califórnia em Los Angeles (UCLA), e o ex-piloto da Força Aérea, Russell L. Schweickart, com mestrado em aeronáutica e astronáutica pelo MIT.

Neil não sabia disso na época, mas esse terceiro grupo de catorze astronautas acabara de trazer Dave Scott, que seria seu companheiro de tripulação na Gemini 8, e Buzz Aldrin e Michael Collins, que voariam com ele na Apollo 11.

O final de 1964 também foi a data em que este escritor realmente conheceu Neil.

Como membro do corpo de imprensa do Cabo Canaveral, eu cobri as atividades dele e de outros astronautas da Gemini por dois anos. Mas, além de um breve olá e uma pergunta ou duas, nossa parceria era rara, até que uma tragédia em comum fosse o catalisador de uma amizade que duraria cinquenta anos.

Minha esposa, Jo, e eu tivemos um filho prematuro de sete meses em 22 de novembro de 1964. O hospital local não tomou as devidas precauções. Nosso bebê desenvolveu a Doença da Membrana Hialina e fizemos tudo o que pudemos para ajudar o pequenino a desenvolver seus pulmões imaturos.

Eu precisei comparecer a um encontro com um amigo de longa data, John Rivard, e durante a nossa conversa tive uma imagem mental de Jo sentada em sua cama de hospital, chorando. Ela precisava de mim. "Eu tenho que ir", eu disse, interrompendo John. "O menino acabou de morrer."

"Eu estou péssimo", disse John, acrescentando enquanto eu ia em direção ao meu carro: "Se eu puder ajudar, me avise".

Não havia telefones celulares naquela época – apenas telefones fixos e longas esperas por cabines telefônicas, e coisas assim. Dirigi o mais rápido que pude para o hospital e depois corri pelo corredor até o quarto de Jo.

Ela estava exatamente como eu a tinha visto em minha mente, sentada na cama, o rosto inundado de lágrimas.

"Scott está morto, Jay", ela chorou.

"Eu sei", eu disse, "recebi sua mensagem cerca de dez minutos atrás."

Consolamos um ao outro e Jo permaneceu no hospital mais alguns dias. Nossa filha de três anos, Alicia, estava com os pais de Jo em Orlando.

Na manhã seguinte, eu estava tomando café da manhã em um restaurante local quando Neil Armstrong entrou. Murmurei um alô e fiz sinal para ele se sentar.

Ele percebeu imediatamente que eu estava triste. "Alguém atirou no seu cachorro?", ele me perguntou.

"Está sendo um período difícil para mim", expliquei, contando a ele a morte de nosso filho.

Neil vinha de uma pequena cidade de 6 mil habitantes. Eu nascera em uma menor, com 5 mil. A morte de uma criança era uma tragédia geralmente compartilhada por essas pequenas comunidades.

Neil me contou sobre a perda de sua filha Karen Anne e, apesar da minha tragédia, percebi imediatamente que ter uma filha por mais de dois anos e depois perdê-la era uma dor ainda maior.

Nós dois nos considerávamos céticos, e depois de um tempo estávamos tentando analisar a mensagem que recebi de que meu filho estava morto. Foi telepatia? Foi imaginação? Foi apenas uma coincidência? Foi uma mensagem enviada pelo céu? O que quer que fosse, Neil argumentou: "Há muita coisa que não pode ser explicada hoje. Não pela ciência. Não por qualquer raciocínio científico", disse ele. "Seja grato por ter tido essa experiência".

Daquele dia em diante, Neil confiou a mim informações que eu acredito que ele não confiaria a outros. Entendi que eu não relataria nada sem a permissão dele. Eu nunca traí esse confiança.

Em fevereiro de 1965, Neil recebeu sua primeira designação para um voo. Ele estava fazendo o que lhe foi dito, nunca fez lobby para uma missão e Deke Slayton nomeou-o comandante reserva de Gordon Cooper para a Gemini 5.

O compenetrado estava silenciosamente satisfeito.

A principal missão da Gemini 5 era ficar oito dias em órbita para provar que os astronautas não teriam problemas em viver no espaço por tempo suficiente para voar até a Lua e voltar. "*Eight days or bust*" (algo como "Oito dias ou a ruína") foi o famoso lema da Gemini 5, e uma carroça era o desenho da insígnia da tripulação. Juntou-se a Neil, Elliot, como o segundo membro da equipe reserva.

"Fiquei muito satisfeito por receber uma missão e voar com Elliot", disse Neil. "Quem não teria prazer em ser reserva de Gordon Cooper e Pete Conrad?

"Nos nos tornamos um time muito próximo, e durante meses passamos quase todo o tempo juntos, nos preparando. Passamos muito tempo na fábrica em Saint Louis trabalhando e testando a espaçonave. Então, todos nós sabíamos muito bem quando seríamos enviados para o Cabo.

"Nós nunca perdemos de vista o fato de que tudo estava baseado em derrotar os russos e chegar até o topo", enfatizou Neil. "Por isso que o planejamento foi extremamente importante.

"Do ponto de vista do desenvolvimento de competências, foi muito bom porque os pilotos de reserva aprenderam essencialmente tudo sobre esse voo, não só para que pudessem levar essa informação adiante, mas também para que, quando o voo estivesse realmente em andamento, conseguissem ser úteis no Controle da Missão – não necessariamente trabalhando como CapCom (comunicadores do Cabo), conversando com a tripulação em voo, mas ficando por perto e estando disponíveis para conversar com quem quisesse mais informações sobre as atividades da tripulação, ou se estaria tudo bem se o Controle da Missão pedisse que fizessem isso ou aquilo. Então, havia um papel muito útil para os reservas."

Quanto à sua tarefa específica de apoiar Gordon Cooper, Neil não tinha nada além de elogios para o principal comandante da Gemini 5.

"Gordon e eu trabalhamos bem juntos", disse Neil categoricamente, destacando que ele havia sido designado como membro da equipe de reserva de Cooper para o voo Mercury. Ele ficara muito impressionado com as habilidades de voo do interiorano de Oklahoma – não porque também era um garoto de cidade pequena, mas porque Gordo Cooper tinha o dom.

O problema era que alguns chefes da NASA não se importavam com as brincadeiras de Gordo, como colocar trutas de água salgada na piscina do motel de Henri Landwirth para que ele pudesse pescá-las, dirigir carros de corrida no Daytona Speedway ou juntar-se a Jim Rathmann, vencedor do Indianápolis 500, em 1960, para ser mais esperto e mais veloz que os "Smokies" nas estradas da Flórida.

Neil tinha escutado, antes do voo Mercury ter sido definido, que o diretor de operações Walt Williams foi ao escritório de Deke e disse: "Olha, eu sei que Gordo Cooper é o único cara do Mercury que não voou. Mas talvez seja uma boa ideia considerar Al Shepard para este último voo." Então Williams viu a expressão do rosto de Deke Slayton e sentiu o clima no ar. "Claro, a decisão é sua, Deke."

Deke manteve o controle enquanto assentia com um fraco até-logo a Williams.

Gordon Cooper era muito rebelde para alguns chefes da agência espacial. Seu jeito de sabichão ao voar e sua tendência para quebrar as regras não caíam bem para alguns. Deke julgava Gordo como nada menos do que um piloto fantástico. Ele subiu na hierarquia – fazendo as devidas concessões ao longo do caminho, voando em tudo, desde pequenos J-3 até F-106 – e pertencia à tripulação do Mercury. Se alguém sabia como era ter uma missão conquistada arrancada de suas mãos, esse alguém, com certeza, era Deke Slayton. Ele não ia ficar parado e ver Gordo se dar mal.

E havia algo mais que irritava a noção de equidade de Neil Armstrong.

Havia esses elitistas que desaprovavam o sotaque de Oklahoma de Gordo. "Ele não é nada além de um caipira", riram alguns membros da mídia e do escritório de relações públicas da NASA. Para eles, o fato de que Leroy Gordon "Gordo" Cooper Jr. fosse um dos melhores pilotos da Terra era irrelevante. Eles simplesmente não queriam "moradores de trailers" representando os Estados Unidos no espaço.

Bem, como Neil tinha dito e testemunhado, Gordo Cooper enfrentou esse problema como ele enfrentava todos os seus problemas: de cabeça erguida. Ele pegou o relações-públicas da NASA liderando o ataque às suas origens e o jogou em uma parede do corredor, assegurando-lhe que ele iria acabar com sua arrogância. A única defesa do homem foi "esconder-se atrás das regras e leis elaboradas por outros" e depois fugir. Tremendo de medo, o porta-voz da NASA correu para o escritório de Deke apenas para ouvir: "Se Gordo precisar de alguma ajuda para chutar seu traseiro, eu vou ajudar".

Então, foi isso. O voo era de Gordo e Neil com muita satisfação. Depois de dezenove das 22 órbitas planejadas no voo Mercury de Cooper, a maioria dos sistemas de sua espaçonave foi ao limite e parou de funcionar, e com apenas um rádio alimentado por bateria, e sem energia, o piloto Gordo Cooper voou com sua espaçonave para um pouso à vista do navio de resgate. Neil Armstrong foi o primeiro a dizer que não conhecia nenhum outro piloto que pudesse ter lidado com uma espaçonave tão deficiente como Cooper lidou.

Neil sorriu. "Se eu voar de novo em combate, quero o Gordo Cooper na minha asa."

O treinamento para as tripulações da Gemini 5 era exigente. "Naqueles dias, muitos dos testes aconteceram às 2 horas da manhã", disse Neil. "E nos ajudávamos o quanto podíamos. Nós quatro passamos muito tempo juntos, trabalhando nos detalhes. Eu não diria que nunca fizemos uma piada ou falamos sobre algo fora do projeto. Estávamos 98% focados no trabalho que tínhamos que fazer, mas conseguíamos chegar em casa, de vez em quando."

Neil passava seu raro tempo de folga curtindo a família, conhecendo seu bebê Mark e jogando com Ricky, procurando lances fáceis para um menino de 7 anos de idade, e quando possível, tentando roubar algumas horas para seus voos descompromissados, puro lazer.

Neil não só voou em máquinas com motores, ele também era um piloto de planador de elite. Ele adorava estar sozinho sobre a paisagem plana do Texas, apenas com o som do ar passando por seu *cockpit* – flutuando em correntes térmicas, circulando em arcos amplos.

"Você está apenas flutuando", Neil me disse. "Sem motores. Sem propulsores mecânicos. Você é o falcão flutuando e planando no céu."

Neil estava convencido de que, além da asa-delta, o planador era o mais próximo que um ser humano poderia chegar de voar como um pássaro, e ele adorava isso. Apesar de ter pilotado os jatos mais rápidos de todos os tempos, incluindo o avião-foguete X-15, ele ainda pertencia a um clube de aviação local. Ele ainda gostava de aeronaves lentas e monomotoras, além de planadores.

Um dos amigos do clube de voo de Armstrong foi Bob Button, porta-voz dos astronautas e veterano de combate ferido três vezes. Certa noite, Button, Neil e Jack Riley, outro porta-voz da NASA, decidiram pegar um Piper Tri-Pacer para voar durante a noite. "Queríamos sondar o céu negro e eu tomei o assento do piloto", disse Button. Você consegue imaginar isso? Bob Button colocou Neil Armstrong no assento do copiloto!

Era como se ele substituísse Peyton Manning como *quarterback*. Riley foi dormir na parte de trás.

O tempo era CAVU (Teto e Visibilidade Ilimitada) sem nenhuma daquelas nuvens cúmulos baixas que adoravam pairar em torno de Houston como mariposas gordas. Button manobrou o Tri-Pacer na pista, decolou suavemente e subiu na escuridão. Ao chegarem a 5 mil pés, os três ficaram surpresos ao ver a noite pura absorver toda a luz. De repente, eles foram para o golfo do México, com apenas uma luz fraca e ocasional de um barco pesqueiro de camarão abaixo.

Esta era a paz que os três procuraram. Voaram silenciosamente. Ninguém disse uma palavra. Eles adoravam o distanciamento do burburinho da cidade e saudaram a solidão que durou cerca de uma hora até que não puderam mais ver as luzes de Houston.

Então Neil quebrou o silêncio. "Certo, vamos voltar."

A essa altura, Button tinha o Tri-Pacer no topo de 10 mil pés e era um longo caminho para o pequeno avião monomotor. Button lembrou a si mesmo que não havia necessidade de deixar o carburador acumular gelo e desligar o motor. O gelo do carburador poderia ser um problema para pequenas aeronaves que desciam de tais altitudes, e ele acionou o *carb heat* (um sistema para esquentar o carburador).

Silêncio!

Button tinha acionado o botão errado! Aparentemente, ele acionou o controle de mistura do faminto motor a combustível do Tri-Pacer.

Na frente deles, a hélice desacelerou até que o turbilhão de vento a colocasse em autorrotação. O pequeno avião respondeu, lançando o nariz para baixo enquanto se dirigia para o golfo, indo em direção ao poço de escuridão abaixo; o silêncio repentino acordou Jack Riley.

"Que diabos", ele gritou, saltando do banco de trás tão rápido que quase bateu a cabeça no teto do Tri-Pacer.

Ninguém lhe respondeu. Tudo o que Riley podia ver eram as mãos frenéticas de Button movendo os controles, tentando deixar a mistura de combustível rica (isso significa que uma grande quantidade de ar é misturada ao combustível).

Neil Armstrong, imperturbável, estava sentado em silêncio. Ele calmamente observava Button lidar com o perigo iminente de se tornar um submarino no golfo do México.

Braaaaahh!

Lá estava. Eles deram as boas-vindas ao motor, de repente voltando à vida e ligando a hélice. Button enriqueceu sua mistura de combustível e empurrou o acelerador para a frente. A hélice bateu com força no ar úmido do golfo e, à medida que girava mais e mais rápido, as três almas a bordo ficaram aliviadas ao ver o nariz do avião subir, e sentir o Tri-Pacer carregando-as para o andar de cima.

Em poucos segundos, o Tri-Pacer estava deixando a água escura do golfo para trás, ganhando altitude, e eles puderam novamente ver as luzes de Houston.

Neil Armstrong não disse uma palavra até Bob Button ter todas as suas tarefas aéreas sob controle.

Então, não foi uma bronca de um dos pilotos de teste mais experientes da NASA. Mas ele deu uma sugestão construtiva: "Bob, você precisa ter em mente o que eles ensinam na escola de pilotos de testes." Neil sorriu. "Quando você muda o controle de um avião em voo, mantenha esse controle até que o avião faça o que você quer."

Button não tinha sido atropelado por um caminhão. Ele imediatamente reconheceu o que Neil estava lhe dizendo: que manter o controle em qualquer coisa na vida, até atingir o resultado desejado, é a maneira mais rápida de concluir uma tarefa. Se tivesse mantido a atenção no comando que havia acionado, ele poderia ter imediatamente devolvido o controle à sua posição correta sem causar danos. Fechar a porta do celeiro depois que o cavalo fugiu não resolve.

AS GÊMEAS GEMINI ESTÃO VOANDO

No dia 18 de março de 1965, os Estados Unidos foram pegos de calças curtas, novamente.

Aleksei Leonov entrou no espaço conectado à sua nave russa por um cabo umbilical. Ele flutuou por doze minutos para realizar a primeira atividade extraveicular (EVA) da história – uma habilidade necessária para construir estruturas ou alcançar outros lugares no espaço.

Mas, apesar de ser passado para trás novamente, os Estados Unidos não estavam parados. O país não estava mais cambaleando. Os planos da NASA para alcançar a Lua e aterrissar por lá estavam ganhando força. O Projeto Mercury fora completamente bem sucedido. A primeira nave Gemini de dois lugares estava em sua base, pronta para ser lançada em cinco dias.

Neil Armstrong tinha um papel importante.

Deke Slayton selecionou Gordon Cooper como o principal comunicador da cápsula dos astronautas da Gemini 3 – o CapCom. Ele estava enviando Armstrong para a principal estação de rastreamento da NASA, localizada no estado mais ao sul do país, o Havaí, na ilha de Kauai. Neil estaria como CapCom no meio do Pacífico, o lugar perfeito para ajudar Gus Grissom e John Young a se preparar para a reentrada no maior oceano da Terra.

Essa era uma boa tarefa. Neil já havia estado lá antes com um grupo de apoio formado pelos novos astronautas para o voo final Mercury, pilotado por Gordon Cooper. Ele estudara a história da estação de rastreamento havaiana, no norte das principais ilhas havaianas. A estação ficava escondida nas montanhas da Garden Isle, no Havaí, na fronteira noroeste de Waimea Canyon, descrita pela maioria como o "Grand Canyon do Pacífico".

O cenário era tão deslumbrante que Neil levou Janet. Foi um momento de relaxamento. Janet era uma fortaleza como mãe e esposa – filha de médico, com uma ótima educação por mérito próprio. Neil sabia, desde o momento em que Janet concordou em se casar com ele, que ele fora abençoado. Janet não esmoreceu uma única vez. Neil nunca hesitou em deixar a casa e o seu coração em suas mãos. Não importava aonde a NASA o enviasse, a maneira como Janet lidava com os imprevistos domésticos nunca foi uma preocupação. Janet, feliz, dizendo ao diretor da estação no Havaí, Virgil True: "Estas são minhas primeiras férias em sete anos," trouxe um sorriso de satisfação para o rosto de Neil.

Deus sabia que ela merecia isso.

Virgil True serviria por quatro décadas como diretor da estação havaiana. Ele e Neil tornaram-se amigos e Neil logo aprendeu que a estação ficava apenas 5 graus ao sul do plano orbital de 28 graus do Cabo Canaveral, inclinada em relação ao equador. Sua localização permitia que a base no Havaí rastreasse mais órbitas do que qualquer outra na rede mundial de rastreamento da NASA.

Por essa razão, Kauai foi designada como a estação "primária" e transmitia comandos verbais para espaçonaves em órbita. Estações "secundárias" lidavam com informações de radar e telemetria, mas, como a maioria das pessoas na NASA, Neil não conseguia tirar da cabeça a primeira EVA de Alexei Leonov. Seus pensamentos continuavam voltando para o amigo e vizinho Ed White.

White fora designado para o assento direito da Gemini 4. Jim McDivitt, no comando, voaria no esquerdo. Em dois ou três meses eles deveriam acompanhar a Gemini 3 em órbita. Seu plano de voo exigia que pressurizassem seus trajes espaciais e, então, despressurizassem a Gemini 4. Eles então abriram a escotilha de Ed White e ele poderia se mover. Isso exporia a maior parte de seu corpo e de seu traje ao espaço. Esse foi o primeiro passo da NASA a dominar a atividade extraveicular.

O melhor palpite de Neil era que, com os russos vencendo-os até a primeira EVA, os chefes da NASA fariam com que Ed fizesse uma caminhada no espaço. Neil estava ciente da franqueza do diretor de voo, Chris Kraft, quando elogiou os russos, admitindo para o público que a Atividade

Extraveicular "foi uma tremenda surpresa". Neil sabia que os russos estavam advertindo seus cosmonautas de que estavam indo para a Lua, e que isso era bem conhecido por sua agência. Ele podia visualizar os planejadores de voo organizando uma EVA completa para Ed, mas também sabia que não aprenderia os detalhes reais até que estivesse em casa e conversasse com Ed pela cerca compartilhada no quintal.

Dentro da NASA, haveria uma preocupação ainda maior com a chegada da Rússia à Lua, caso soubessem os detalhes dos planos para os cosmonautas Pavel Belyayev e Aleksei Leonov – a tripulação que acabara de realizar a primeira EVA.

Logo após o retorno dos cosmonautas, o comandante da missão Pavel Belyayev começou a treinar para um voo circunlunar, um laço ao redor da Lua, que seria feito em cerca de dois anos e meio. O astronauta Alexei Leonov foi designado para o treinamento do grupo para ir à Lua e possivelmente pousar. Na verdade, Leonov se tornaria o comandante do programa de pouso lunar dos soviéticos e seria promovido ao posto de general. Ele e o cosmonauta Oleg Makarov estavam planejando acompanhar Belyayev na Zond, uma espaçonave maior que estava sendo construída. Seria o primeiro voo circunlunar de dois homens.

Os russos estavam mais conscientes do valor da propaganda sobre voar ao redor da paisagem lunar primeiro, mesmo que não conseguissem pousar. Eles sabiam que, se Belyayev conseguisse completar um voo sozinho, então poderiam reivindicar e, sem dúvida, receber todo o crédito por ter alcançado a Lua primeiro.

Os soviéticos concentraram-se nos planos de superar os americanos novamente, enquanto a NASA avançava na contagem regressiva para a primeira Gemini. Neil esperou em sua posição de CapCom. Ele queria estar pronto para ajudar Gus e John quando eles aparecessem.

A contagem regressiva da Gemini 3 seguiu como planejado. A nova espaçonave entrou em órbita e começou a primeira de três viagens programadas ao redor da Terra. O plano de voo exigia que a tripulação extraísse o máximo dos dois novos assentos – explorasse todos os seus sistemas. Gus e John fizeram exatamente isso. Eles testaram cada uma das partes e comandos da Gemini, incluindo disparar o primeiro grupo de foguetes propulsores. Isso mudou sua órbita. Realizaram manobras essenciais para ir à Lua, para o encontro de naves espaciais, e para o acoplamento. E rapidamente chegaram à conclusão de que voar na nova espaçonave dupla era uma delícia.

Então, quando Gus e John chegaram ao Havaí, ouviram uma voz amiga: "Molly Brown, este é o CapCom do Havaí".

O comandante Gus Grissom havia mudado o nome da Gemini 3 para Unsinkable Molly Brown ("Inafundável" Molly Brown) depois que sua primeira espaçonave Liberty Bell 7 afundou. Ele não queria repetir a experiência nesta missão. Gus pigarreou e respondeu: "Olá, Havaí, esta é Molly Brown, e Neil você não vai acreditar como é o controle desta gracinha. Voa na medida".

"Isso é ótimo, Gus. Eu não posso esperar até chegar a minha vez", ele disse, antes de entrar em todos os números e níveis de combustível de que precisavam para manter seu voo. Então Neil disse-lhes: "Tudo parece bem em solo. Nos vemos na próxima vez. *Aloha*".

"*Aloha*, Neil." Gus acenou e a Gemini 3 varreu o Pacífico, indo em direção aos 48 estados próximos.

As manobras da Gemini 3 estavam trazendo a Lua para um pouco mais perto, e, quando Gus e John chegaram ao Havaí novamente, eles realizaram um teste final de disparo dos foguetes de sua nova espaçonave antes de se preparar para a reentrada e o mergulho.

Mas, primeiro, a Gemini 3 teve que completar sua última viagem ao redor da Terra. Ela voou pelo outro lado do mundo, descendo pela Austrália antes de começar sua escalada pelo Pacífico, tendo como objetivo final o Havaí. Gus e John sorriram quando ouviram a estática de uma transmissão recebida.

"Olá, Molly Brown. CapCom do Havaí."

"Havaííí, Molly Brown. Tudo pronto para queimar", Gus disse a Neil, significando que o disparo final de seus foguetes de manobra estava pronto.

"Entendido", Neil reconheceu. "Estamos bem. O Havaí tem contato com radar. Nos dê um sinal quando você começar."

"Preparando-se para disparar", Gus respondeu. "Mark."

"Temos o início da combustão", Neil disse a ele.

"Isso é bom", disse Gus, relatando:

"Há 90, 70, 60, 50, 40, 20 a 10 por cento a caminho."

"Havaí, nave comando."

"Mark", gritou Gus. "Fim da explosão."

"Bom show", gritou Neil. "Você parecia bem, acompanhado do chão", ele acrescentou rapidamente, enquanto Gus e John voavam para longe e se dirigiam para uma perfeita reentrada e aterrissagem.

Com o sucesso do lançamento inaugural da Gemini 3, a NASA aumentou sua programação e colocou o Projeto Gemini em potência máxima.

Deke Slayton disse ao comandante da Gemini 4, Jim McDivitt, que seu colega de tripulação Ed White realizaria a primeira EVA completa dos Estados Unidos. Ed e Jim juntaram-se aos especialistas e elaboraram um plano.

Seis semanas depois, a Gemini 4, no primeiro voo do novo Centro de Controle da Missão de Houston, entrou em órbita. Em sua quarta viagem ao redor da Terra, Ed White abriu a escotilha e saiu para sua própria caminhada espacial.

Neil, de volta a Houston, não queria perder um único segundo dos quatro dias de Ed White e Jim McDivitt no espaço. E não perdeu. Ele podia ver facilmente o que estava acontecendo quando Ed pisou fora do azul do Pacífico segurando um dispositivo com oxigênio pressurizado. Isso disparava jatos cronometrados; era um propulsor a jato que o empurrava na direção que ele queria e parava seu movimento quando necessário.

Neil imediatamente percebeu o quanto Ed se divertia e não conseguiu esquecer a incrível visão de seu amigo no espaço.

Ed White estava começando a entender sua incapacidade de mover o próprio corpo quando de repente se assustou. O mais estranho satélite já lançado flutuou diante dele. Era uma luva térmica que ele havia deixado em seu assento. Ela se afastou e começou sua própria órbita, e Ed repreendeu-se com uma palavra: "Descuidado."

Então, nem um pouco consciente de que os doze minutos planejados para sua aventura externa haviam passado rapidamente, era hora de voltar à Gemini 4. Ele estava ficando sem a luz do dia, mas estava se divertindo muito.

Gus Grissom era da CapCom no novo Centro de Controle da Missão, a mais de 40 quilômetros a sudeste de Houston, e sabia que a euforia que White mostrava era semelhante à perigosa "embriaguez das profundezas".

Grissom, na voz de comando firme de um astronauta veterano do Mercury, disse ao andarilho espacial brincalhão: "Gemini 4, volte para dentro". Nem Grissom nem White sabiam o quanto seus destinos estavam entrelaçados.

O tripulante e comandante de Ed White, Jim McDivitt, repetiu a ordem: "Eles querem que você volte agora".

O divertido astronauta ainda hesitou. "O que o diretor de voo diz?", ele perguntou.

"O diretor de voo disse para voltar", ladrou Chris Kraft.

"Isto é divertido! Eu não quero voltar", White riu, dando mais uma cambalhota antes de dizer ao Controle da Missão: "Certo, eu vou entrar."

Relutante, Ed começou seu retorno à Gemini 4, mas rapidamente descobriu que apenas mover seu corpo até mesmo 1 polegada na sua órbita independente, sem ajuda, não era nada fácil. Ele precisava de apoio. Precisava de propulsores ou de um cordão para puxar. Caso contrário, simplesmente drenaria sua energia e seu corpo começaria a superaquecer.

Ed White conseguiu voltar, mas havia acabado de descobrir uma grande dificuldade que confundiria os futuros astronautas.

A Gemini 4 retornou depois de quatro dias orbitando a Terra e, em agosto, a Gemini 5, com Gordon Cooper e Pete Conrad, bateu o recorde da 4, ficando oito dias no espaço. Seus reservas Neil Armstrong e Elliot See estavam no lançamento da 5, no Cabo Canaveral, e imediatamente partiram para um voo rápido em seu T-38 para o Controle da Missão de Houston.

Armstrong e See passaram os oito dias da Gemini 5 no Controle da Missão, no conforto do ar-condicionado, comida quente e refrescos prontos, enquanto Cooper e Conrad passaram os mesmos oito dias dentro de sua espaçonave, levemente maior que uma cabine telefônica. Eles provaram que seres humanos podiam ficar o tempo suficiente no espaço para voar até a Lua e voltar, e, quando os astronautas da Gemini 5 retornaram, os jornais publicaram uma charge dos dois de mãos dadas no convés do navio de resgate com a legenda: "Estamos comprometidos".

O Gemini 5 foi um desses voos divertidos e três semanas após sua reentrada Deke Slayton tornou oficial: ele encurralou Neil Armstrong e disse que ele comandaria a Gemini 8.

Neil assentiu, sorrindo.

Deke então disse a ele que o outro tripulante seria Dave Scott, graduado em West Point e o primeiro membro do terceiro grupo de astronautas a voar.

Deke não recebeu nenhuma objeção de Neil quando o próximo grupo de astronautas, um pequeno grupo de seis cientistas, foi anunciado: Owen Garriott, Edward Gibson, Duane Graveline, Joseph Kerwin, Curt Michel e Harrison Schmitt. Schmitt se tornaria o único cientista a alcançar a Lua.

Os astronautas Frank Borman e James Lovell superaram o recorde da Gemini 5 ao passar duas semanas dentro dos cubículos da Gemini 7. Lovell diria mais tarde: "Foi como passar duas semanas trancado no banheiro masculino".

A monotonia da missão de Borman e Lovell foi interrompida no décimo primeiro dia por visitantes da Terra.

Wally Schirra e Tom Stafford estavam voando na Gemini 6. Eles a conduziram até perto da Gemini 7 e "pisaram do freio". Eles pensaram que ficariam por um tempo e Schirra e Stafford começaram a manter a posição com Borman e Lovell. Foi o primeiro encontro de naves no espaço.

"Temos companhia", relatou Lovell.

"Há muito tráfego aqui", brincou Schirra.

"Chame um guarda de trânsito", riu Borman.

Os astronautas americanos usaram os foguetes das espaçonaves para realizar uma aproximação e as duas Gemini orbitaram a Terra juntas, em formação, dando voltas ao redor e circulando uma a outra em uma série de movimentos. Wally Schirra disse ao Controle da Missão que ele se aproximou a uma distância de apenas 6 a 8 polegadas, recuou e voltou a voar.

Schirra era o único membro dos "brincalhões" do Mercury Seven no grupo, e, ao tirar sua Gemini 6 de perto da Gemini 7, ele e Tom Stafford abalaram o Controle da Missão quando Stafford relatou que tinha visto um OVNI.

Apenas alguns dias antes do Natal e quando os assustados controladores de voo interrogaram Stafford sobre o Objeto Voador Não Identificado que ele havia relatado, a resposta foi tranquila, em seu tom monocórdio e casual de Oklahoma: "Bem, parece para mim, Houston", ele começou a explicar enquanto Schirra era ouvido ao fundo tocando "Jingle Bells" em sua gaita, "uma espécie de trenó. Está descendo do polo Norte com um velho alegre vestido com um traje vermelho dirigindo um monte de renas. Ele parece estar indo na sua direção, Houston. É melhor dizer a todas as crianças que o velho Noel está a caminho."

Este repórter pegou a fita UFO Gemini 6 "Jingle Bell" e fez uma reportagem completa de véspera de Natal em todas as redes da NBC, enquanto os Estados Unidos aproveitavam as férias. Com o encontro das duas naves espaciais, outro marco foi alcançado na estrada do país para a Lua. Mas ninguém havia acoplado naves no espaço. Essa façanha ainda estava por vir. Isso agora cabia a Neil Armstrong e Dave Scott.

A tripulação da Gemini 8 tirou alguns dias de folga e aproveitou um pequeno jantar de Natal antes de voltar ao treinamento de 24 horas, sete dias por semana.

O encontro entre as Gemini 6 e 7 não estava nos planos originais da NASA. Originariamente Schirra e Stafford seriam seguidos e acoplados com um foguete Agena não tripulado. Mas o Agena explodiu a caminho da órbita, e os oficiais da agência elaboraram o engenhoso plano de lançar, primeiro, a missão de duas semanas da Gemini 7, e, depois, enviar a Gemini 6 no encalço.

Agora o próximo passo cabia a Neil Armstrong e Dave Scott. Eles adoraram o desafio. Passaram uma grande parte de suas horas de treinamento no simulador de acoplamento e Neil sentiu que o simulador era uma boa representação do que poderiam esperar.

"Dave e eu pensamos em nossa missão como sendo um grande voo, com grandes objetivos", disse ele. "E com Dave Scott como copiloto", acrescentou ele, "eu acreditava que não teríamos nenhum problema."

Neil não poderia estar mais satisfeito com seu companheiro de tripulação. Ele conhecia Dave de Edwards, mas não tão bem. Ele o conhecera melhor em Houston e achara-o muito simpático e bom no que fazia.

"Dave era aplicado e estava trabalhando duro", disse Neil. "Senti confiança em sua capacidade de lidar com suas responsabilidades e, além disso, passei muito tempo aprendendo sobre a espaçonave Gemini com o comandante reserva da Gemini 5.

"As diferenças eram aquelas coisas simples", acrescentou Armstrong com um sorriso. Eles iriam encontrar-se e acoplar com um foguete Agena "vivo" e Dave Scott tinha uma mochila extraveicular na parte de trás da espaçonave para uma caminhada espacial mais longa do que a de Ed White, e eles fizeram mais experimentos.

A tripulação da Gemini 8 teve treinamento intenso até o lançamento, até que estivessem confiantes para a partida.

GEMINI 8

Neil Armstrong e Dave Scott passaram pelas escotilhas da Gemini 8 às 8h38 da manhã do dia 16 de março de 1966.

A espaçonave apertada de dois lugares seria a casa deles pelos próximos três dias, então se ocuparam em ligar os monitores de saída e abrir as comunicações com o Controle da Missão, garantindo que tudo de que precisassem estivesse a bordo. Eles dormiriam com seus trajes, e em seus assentos. Sem chuveiro; apenas toalhas molhadas. Verificaram duas vezes para se certificar de que pelo menos tinham suas escovas de dentes.

No mesmo momento, na plataforma do Atlas/Agena, a contagem regressiva para o lançamento do foguete com o qual iriam acoplar em órbita estava indo bem. Eles foram informados de que seriam capazes de ver o Atlas/Agena decolar enquanto retornavam a Houston; Janet estava ocupada com o cerco que se fechava do lado de fora da casa de Neil.

Um grupo de fotógrafos, equipes de televisão, radialistas, redatores de jornais – todos os tipos de mídia – havia se reunido e estava esperando. Eles esperavam que Janet saísse para conversar, contar como ela se sentia, quais eram suas emoções. Todos os sentimentos estavam presentes, de orgulho a medo... que Neil pudesse ser morto?

Essa não era a primeira situação apreensiva de Janet Armstrong. Ela havia aguardado lançamentos e decolagens antes, quando Neil voou no X-15, e em outros jatos de alta velocidade para testes cruciais. E agora ela estava à espera de novo, dizendo a si mesma que isso fazia parte da sua escolha. Este era o papel da esposa de um piloto de testes, Janet tinha escolhido espontaneamente esse papel, e faria o que se esperava dela.

Janet ficaria dentro de casa e esperaria o lançamento, lidando privadamente com seu próprio nervosismo. Ela e os filhos, Rick e Mark, assistiam à televisão e escutavam o radiotransmissor da NASA. A agência tinha instalado o aparelho, para que eles pudessem ouvir e aplaudir cada palavra entre o Controle da Missão e Neil.

Sabendo que sua família estava segura durante o voo de três dias dele e de Dave, sem ter que lutar contra as multidões e a mídia no local de lançamento, Neil ficou à vontade. Mas sua mãe, pai, irmã, irmão e outros membros da família eram outra realidade. Estavam na estrada no momento, com alguns membros da família de Dave, cantando e muito animados. Eles estavam indo para as arquibancadas reservadas aos familiares para ver o lançamento quando, de repente, se assustaram.

Eram 10h00 da manhã, horário do leste dos EUA, o foguete Atlas/Agena subiu de sua plataforma de lançamento no que parecia ser uma interminável coluna de fogo, e o motorista rapidamente parou o ônibus.

Os aplausos irromperam quando alguns saltaram pela porta do ônibus. Eles gritaram, desejando que a missão ao foguete-alvo da Gemini 8 fosse um sucesso.

Eles assistiram com os dedos cruzados até que o rastro de fogo do Atlas/Agena se tornou apenas um ponto de luz no céu da Flórida.

Paul Haney, comentarista da NASA no Controle da Missão, relatou: "Quando Neil Armstrong ouviu que o Agena tinha entrado em combustão e estava apresentando bom desempenho, foi-lhe dito: 'Parece que temos um foguete em órbita lá em cima para você'.

"Neil respondeu com: 'Belo show.' "

Em seus assentos, Neil e Dave estavam prontos. Seu alvo para o encontro e o acoplamento agora estava em uma órbita entre 298 e 289 quilômetros, o mais próximo possível de uma órbita circular, como poderiam esperar para um veículo não tripulado.

"Lindo, vamos pegar esse", Neil disse a Dave.

'Pode apostar", seu parceiro concordou.

Com o lançamento do Atlas/Agena no tempo previsto, a missão teve um ótimo começo. "Agora, se pudermos ser precisos com o nosso lançamento", Neil argumentou, "isso significaria que poderíamos voar durante a nossa missão da maneira como tínhamos feito no simulador."

Até então os números estavam sorrindo e a contagem regressiva estava em um caminho seguro.

Houve apenas um pequeno problema. Um pouco de resina havia colado um dos mecanismos do arnês de Dave e Neil havia chamado John Wayne e a cavalaria. O astronauta Pete Conrad, seu substituto, e o líder da base, Guenter Wendt, foram até a sala e esfregaram e limparam o mecanismo até conseguirem soltar a resina. A partir de então, a contagem regressiva foi tranquila, com a tripulação verificando as posições de todos os interruptores em seus consoles, relatando constantemente a condição de sua espaçonave ao Controle da Missão, testando os foguetes propulsores da Gemini e se assegurando de que os médicos também estivessem a postos.

De repente, eles se encontraram em um intervalo de cinco minutos e 54 segundos no T menos três minutos. Esse atraso em sua contagem regressiva era para alinhar seu plano orbital com o alvo Agena.

Eles estavam quase lá e Neil instintivamente checou seu arnês mais uma vez quando ouviu o diretor de lançamento dizer: "Estamos retomando a contagem; T menos três minutos e contando".

Neil recostou-se e travou seus ganchos no fundo do assento. Ele e Dave ouviram os controladores de lançamento de um console para o outro, declarando que estavam prontos: "Vamos lá!"

"A ignição é aos quarenta minutos e 59 segundos", disse Jim Lovell, CapCom, e Neil sentiu o Titan II ganhando vida através de gemidos e rangidos sutis. Os fluidos estavam se deslocando. As pressões estavam aumentando. Propulsores estavam sendo testados. O foguete de dez andares, logo abaixo, se preparava para colocar a Gemini 8 em órbita a velocidades superiores a 27 mil quilômetros por hora.

"Aqui é o diretor de lançamento. Temos autorização para lançamento no T menos um minuto e 47 segundos e contando."

Neil lançou um olhar para Dave. Ele estava sorrindo.

Dentro da casa dos Armstrong, familiares e amigos encararam a imagem de televisão do foguete com a Gemini 8, e abraçaram o radiotransmissor da NASA ouvindo atentamente o comentarista, Jack King, no controle de lançamento:

> Agora chegando em T menos 90 segundos, marque T menos 90 segundos e contando. Todos os sistemas com boa aparência durante esta fase final da contagem regressiva, e, em zero, os dois motores irão acender e acumular cerca de 195 toneladas de empuxo, imediatamente antes do lançamento. Quando o veículo acumular 77% desse empuxo, nós conseguiremos a decolagem. Isso ocorrerá cerca de quatro segundos após a ignição...
> Agora T-menos um minuto e contando enquanto passamos pelas nossas verificações finais; T menos cinquenta segundos e contando, se tudo der certo, o Gemini 8 entrará em órbita a 1.015 milhas náuticas atrás do Agena; T menos quarenta segundos e contando. . .
> A tripulação está relatando enquanto monitora as várias atividades durante a fase final. Agora T menos trinta segundos e contando; T menos vinte segundos e contando. . .
> quinze. . .
> 5, 4, 3, 2, 1, temos ignição.

Ninguém precisava dizer a Neil Armstrong que seu foguete estava vivo. Chamas e estrondos rolaram sobre a base e ele e Dave sentiram sua fúria explosiva. Quatrocentos e trinta mil quilos de estocada de seu primeiro estágio estavam se esforçando contra os enormes parafusos de fixação, quando seus dois motores ganharam força total. Três segundos depois, Neil ouviu algo como tiros de fuzil atravessarem o estrondo e soube que os parafusos de segurança haviam sido rompidos. Imediatamente sentiu movimento.

Eles estavam a caminho. A única surpresa? Neil não acreditava em quão suave estava sendo a decolagem e ouviu o CapCom Jim Lovell dizer-lhe: "Bom lançamento, 8."

"Entendido", respondeu Neil.

Eles estavam no canal de áudio do diretor de voo e Neil imediatamente sentiu o Titan se mover. Ele e Dave estavam agora em órbita e Neil disse ao Controle da Missão em Houston: "Tudo como programado e a manobra de inclinação está em trinta segundos".

"Câmbio, manobra de inclinação, Lovell respondeu, acrescentando: "Mark. Cinquenta segundos. Você parece muito bem, 8."

"Câmbio", disse Neil enquanto continuavam a ganhar velocidade, e olhou diretamente para cima através de sua janela para o mais azul dos céus da Flórida. Eles já estavam sentindo a força G, e ele estava sendo empurrado mais e mais fundo em seu assento enquanto observava nuvens brancas e plácidas se espalhando como se estivessem sendo perseguidas pelo Titan II trovejante, empurrando-o e a Dave cada vez mais para o alto. De repente, soube que estavam atravessando o Max-Q, uma súbita intrusão das pressões mais fortes da atmosfera em seu voo suave, que o fez lembrar de quando ele tinha 12 ou 13 anos andando em sua velha bicicleta sem para-lama, naquela estrada esburacada, se apresentando para seu trabalho no aeroporto local.

Seu foguete estava agora tremendo e torcendo seus membros como aquela velha bicicleta, e ele conseguiu dar uma risada rápida, lembrando-se de como seu cão Skip conseguia correr e pular latindo para tudo, fazendo com que ele sacudisse ainda mais o guidão.

Ele amava aquele cachorro. Ele o amava enquanto permanecesse fora dos arbustos e não precisasse tirar os espinhos que espetavam seus braços e mãos ao liberar as patas e pernas de Skip.

Isso era puro prazer e, agora, ser sacudido pelo Titan II também era puro prazer. Ele lutava contra forças que o espremiam, e Neil ouvia o rugido do motor e os estridentes sons de ar que passavam e desapareciam com as velocidades supersônicas, enquanto o céu passava do azul para o negro. De repente, Neil percebeu que era como estar em seu X-15 em abril de 1962.

Ele havia alcançado quase 65 quilômetros de altitude naquele dia e reconheceu o local e. . . "Gemini 8, aqui é Houston". Jim Lovell interrompeu os pensamentos de Neil. "Você tem *Go* [autorização] do solo parar o escalonamento."

"Entendido", reconheceu Neil .

Os dois astronautas estavam prontos. De repente, uma folha de fogo lavou sua espaçonave com uma sacudida pesada. Por apenas um instante poderia ter sido uma má notícia, mas ambos os pilotos reconheceram que o segundo estágio havia começado. Eles sabiam que o segundo estágio era disparado enquanto ainda estava ligado ao primeiro, e o golpe repentino de mais de 45 toneladas de impulso flamejante separou os dois estágios.

Não foi de todo agradável e eles pegaram seus respiradores e esperaram terminar a inclinação, esperaram o nariz da Gemini 8 descer, e, de repente, Neil só conseguia ver o céu negro.

"Você tem orientação?"

"Câmbio, nós temos orientação", Neil disse ao Controle da Missão. "Zero de inclinação e um grau de guinada direita."

"Câmbio, sua orientação parece boa."

"Pitch... guinada de cerca de um quarto de grau", Neil disse a Lovell.

"Câmbio, seus dados estão parecendo corretos aqui no solo, 8."

"O segundo estágio foi muito bom, Controle da Missão."

"Gemini 8", Jim Lovell disse a eles, "você tem *Go* do solo."

Neil Armstrong e Dave Scott estavam agora relaxados e curtindo o passeio. Estavam acima da média em todas as exigências de voo e o nariz de sua espaçonave se inclinou dando-lhes uma visão inacreditável do horizonte; eles aproveitavam tudo enquanto olhavam para o mundo de seus assentos ao lado dos deuses. O céu diante deles era o mais negro que já tinham visto, com uma faixa fina de azul e branco ao longo do horizonte.

Observaram enquanto as águas do Atlântico, cobertas por camadas de nuvens, deslizavam abaixo deles e ouviam Jim Lovell dizer-lhes: "8, vocês atingiram 80% da velocidade desejada. Você está agora a mais de 157 quilômetros de altura e isso parece bom".

Neil e Dave se entreolharam com sorrisos largos e movimentos de cabeça e começaram seus procedimentos para o segundo estágio e a separação, seguidos do primeiro disparo dos foguetes propulsores da Gemini 8. Neil dispararia os propulsores. Dave iria informá-lo com os números. Eles necessitavam de um pouco mais de impulso da própria espaçonave para alcançar a órbita de que precisavam, para perseguir e acoplar com o alvo Agena.

A casa dos Armstrong esperava, assim como milhões de pessoas que assistiram ao voo da Gemini 8 na televisão, e ouviram o comentarista da NASA Paul Haney dizer:

Temos o segundo estágio, aproximadamente cinco minutos e quarenta segundos [*de voo*]. Cinco minutos e cinquenta segundos, em cerca de dez segundos, a tripulação deve iniciar seus propulsores. A dinâmica do voo confirma novamente que ele está indo bem e Lovell está passando essa informação para a tripulação. Seis minutos e cinco segundos de voo, e Armstrong avisa que eles completaram sua queima [disparo de foguetes], e eles estão livres do segundo estágio. Seis minutos e quarenta segundos de voo e até agora não ouvimos nenhum número na órbita, mas acreditamos que será muito próximo do valor planejado.

O milagre era real. Duas contagens regressivas perfeitas seguidas de dois lançamentos perfeitos – tudo em um dia, enquanto Neil Armstrong e Dave Scott orbitavam a Terra a mais de 28 mil quilômetros por hora – entrando em órbita a 161 por 272 quilômetros, suas altitudes mais baixas e mais altas. Isso era reconfortante para os controladores de voo que tinham requerido uma órbita de 161 por 270 quilômetros, e a busca da Gemini 8 por seu alvo de acoplagem havia começado.

Os astronautas fizeram sinal de positivo, um para o outro, e Neil sentiu-se como se fosse um estranho nesse novo mundo. Ele não acreditava estar naquele lugar incrível onde o conceito de para cima e para baixo já não existia. Ele estava flutuando no limbo, com apenas seu arnês segurando-o em seu assento, enquanto objetos soltos flutuavam na cabine da Gemini 8; olhando pela janela, diante dele, podia dizer que o sol estava em baixa altitude no seu horizonte.

Neil agora podia ver a costa oeste do norte da África, onde as nuvens escondiam a maior parte até Casablanca. De lá, ele podia ver pontos de referência, todo o caminho até o estreito de Gibraltar e, para o outro lado, as areias esculpidas pelo vento do grande Saara. O sol refletindo baixo pelo deserto dizia que ele estava prestes a ver sua primeira noite no espaço.

O crepúsculo era simplesmente lindo e, nos cinco ou seis minutos seguintes, Neil observou a lenta, mas contínua, redução da intensidade da luz nas brilhantes camadas laranja e azul que pareciam ser cobertores protegendo a Terra sob a totalidade do céu negro do Universo. E então, aos 34 minutos de voo, toda a luz diminuiu para a perfeição do escuro, e a noite estava sobre eles. De repente, puderam ver fogo brilhante vindo dos foguetes propulsores da Gemini 8 enquanto disparavam; mas não foi o único fogo. Muito abaixo, estrondos cuspiam raios de ferro que criavam seus próprios padrões irregulares e dançantes, e Neil apagou as luzes da cabine da espaçonave para se aclimatar ainda mais à escuridão.

Ele estava simplesmente maravilhado, como estivera na infância, vendo tantas estrelas. Elas pareciam mais ricas e definidas e a Via Láctea era – meu Deus, era a Via Láctea! – inacreditável. Tudo era tão definido e nítido em torno deles; a incandescência da Terra, mesmo em seu lado escuro, brilhava suavemente ao longo da espaçonave com a luz dos incêndios florestais e as colunas das queimas de petróleo e poços de gás natural de Lagos, na Nigéria. Na própria atmosfera, relâmpagos contínuos dançavam ao longo de suas nuvens, permanecendo com elas como estrias de meteoros que queimavam caminhos ferozes através das camadas protetoras de ar denso da Terra.

Acima de Neil e Dave estava seu sistema solar, sua magistralmente detalhada Via Láctea, e além havia grandes galáxias, densos grupos de estrelas e buracos negros. Ao longo de suas fronteiras estavam explodindo estrelas, sendo esmagadas pela mais poderosa gravidade do Universo, e além – sim, além – estava o Universo primitivo a 10, 11, 12 bilhões de anos-luz de distância, onde apenas os céus mais claros e mais escuros poderiam ser encontrados. Quando voltaram os olhos para o seu próprio sistema solar – mais notável para Neil em seus dias de astronomia –, lá estavam os planetas, pendurados ali como faróis distantes na escuridão constante.

Neil Armstrong nunca iria admitir isso para ninguém, mas os deuses estavam realmente recebendo-o em sua linda casa.

GEMINI 8: O ACOPLAMENTO

Uma vez em órbita, os astronautas da Gemini 8 estavam obedecendo a uma sequência exigente de manobras de voo para se encontrar com seu alvo Agena. Havia pouco tempo para vistas turísticas, mas Neil Armstrong não queria perder as ilhas do Havaí, assim como seus lugares preferidos em Edwards. Ele e Dave Scott queriam roubar tempo suficiente para ver suas casas perto de Houston, e uma hora e doze minutos após o lançamento eles estavam fazendo sua primeira passagem pelo quinquagésimo estado dos EUA com Neil olhando para baixo, para ver Molokai, Maui e a Grande Ilha. Mas, quando Oahu apareceu, estava coberta de nuvens de chuva até a estação de rastreamento em Kauai.

Ele sorriu.

"Havaííí, aqui é a Gemini 8", chamou. "Nós temos você à vista. Este parece ser um bom dia."

"Está lindo o tempo aqui, Neil, exceto pela nossa chuva diária, já prevista."

"É você, Virgil?"

"Câmbio."

"Como dizem, Virgil, está sempre chovendo em algum lugar no Havaí."

"Entendido."

"Não posso parar agora, mas nos vemos em breve."

"Nós estaremos aqui, Neil."

"Vamos para a atualização", Neil pediu, e ele e Dave pegaram seus números e moveram-se rápido. Um disparo crítico de cinco segundos com os propulsores dianteiros da espaçonave foi o primeiro.

A queima de seus propulsores iria mantê-los aproximando-se de seu alvo Agena e, assim que conferiram os números no computador, Dave Scott olhou para baixo e gritou: "Estamos passando pela área de Los Angeles agora. Dá para acreditar nisso?"

Deus, ambos eram imaturos nestas coisas de voo espacial, Neil pensou rindo para si mesmo. Eram uma dupla de turistas rindo em camisas havaianas. Ele simplesmente não conseguia conter sua própria emoção.

"Ei, olhe todos esses barcos!", ele gritou antes de mover os olhos para o continente. Ele estava razoavelmente seguro de poder ver o leito do Rogers Dry Lake; mas poderia ver o chalé? Ali. . . deveria estar por ali, ele passou sete anos no deserto. . . recordações. . . tantas, mas agora não era hora para pensar no passado.

Ele voltou para suas funções e, em menos de sete minutos, estavam na área de Houston. Ele e Dave fizeram de tudo para ver suas casas – muitas nuvens; não havia tempo suficiente para procurar.

Já haviam completado uma hora e 34 minutos de voo. Era hora da próxima queima e Neil acionou os propulsores da Gemini 8. Eles queimaram por cinco segundos e a velocidade orbital da espaçonave diminuiu ligeiramente. Mas, de repente, houve outro problema! Quando a queima foi concluída, demorou alguns segundos para o impulso residual se dissipar, o que alterou as leituras do computador, dificultando a mudança exata da velocidade orbital.

As pessoas que operavam o computador em solo começaram a trabalhar no problema, enquanto a tripulação, pelos 47 minutos seguintes, operaria o computador da Gemini 8 no "modo de recuperação". Continuar a aproximação era o dever dos dois. A Gemini 8 estava agora abaixo do Agena. Isso significava que a espaçonave viajava a uma distância menor do que o alvo, movendo-se mais rapidamente ao redor da Terra.

Neil e Dave estavam tentando alinhar seu radar com o transponder do Agena. O transponder tinha uma função – responder ao sinal da Gemini.

A última fase não poderia começar até que eles tivessem a localização segura do radar e, às três horas, 48 minutos e 51 segundos de voo, o Controle da Missão estava de prontidão para falar com a tripulação na estação de rastreio de Tananarive (hoje, Antananarivo).

Tananarive fica na República Malgaxe, na ilha de Madagascar, na costa leste da África. Jim Lovell abordou os astronautas, perguntando:

"Você tem a localização precisa do Agena?"

"Afirmativo", Neil deu a boa notícia. "Nós temos informações precisas do radar. Apenas um segundo e eu darei a você nosso alcance atual."

"Câmbio", Lovell sorriu.

"Estamos indicando um alcance de 254 quilômetros e uma elevação de cerca de 4 graus."

"Entendido, parece bom e estou vendo cerca de três minutos e nove segundos até que você queime."

Sobre Tananarive, Neil Armstrong estava pronto para disparar seus propulsores novamente. A órbita pela qual eles estavam se movendo para alcançar seu alvo era elíptica, e Armstrong conduziu a nave espacial e disparou seus foguetes. O disparo circularizou sua órbita em um plano mais preciso com o Agena, e a Gemini 8 continuou a se aproximar de seu alvo. Neil e Dave tinham o radar dando a eles alcance e posição, e sabiam que veriam o Agena em algum momento, mas quando e onde?

Entao, com quatro horas e 48 minutos de missão, Neil disse-lhes para aguardar: "O.k., nosso alcance visual do Agena está em 122 quilômetros", ele relatou. "Pelo menos temos algum objeto à vista. Ou algo parecido com o que poderia ser o Agena."

"Assegure-se de ser o Agena, ou Sírius, a 122 quilômetros", confirmou Houston.

"Sim", respondeu Neil. "Pode ser um corpo celeste."

Eles seguiram em frente. Não tinham certeza se estavam vendo o Agena, mas sem dúvida ele estava lá fora. Eles queriam ficar no escuro durante a maior parte de sua abordagem até cerca de 16 quilômetros, quando o Agena entraria novamente na luz do dia e eles poderiam vê-lo como um enorme farol contra o negro do Universo. Então, Neil chamou: "O.k., acho que estamos vendo o Agena", ele relatou. "O alcance é de 90 quilômetros. Vou dar uma segunda olhada com o sextante."

Ao mesmo tempo, silêncio. Quinze minutos se passaram sem nenhuma palavra da tripulação. Alguns controladores de voo estavam ficando nervosos, mas o comunicador da espaçonave, Jim Lovell, hesitou em contatar os astronautas porque essa era uma das partes mais difíceis do voo.

"Ambos os tripulantes estão bastante ocupados", explicou Lovell. "Dave está fazendo os cálculos para a abordagem final e Neil está controlando os propulsores."

Não antes de Lovell concluir seu relatório, Neil estava de volta. "Certo, indo para a escuridão em... vamos ver, 05:02. Nós perdemos o contato visual com o Agena, e a ACQ [aquisição] acendeu imediatamente. O alcance era de 72 quilômetros." Ele fez uma pausa. "É muito difícil de ver, mas parece uma estrela de sexta magnitude, eu diria."

Os controladores de voo olharam um para o outro enquanto a Gemini 8 se movia nas profundezas do lado escuro da Terra. O encontro dos astronautas com a missão de acoplamento, até agora, tinha sido moleza. A caça de Neil e Dave pelo seu alvo, o Agena, estava sendo melhor do que a maioria previra e, com a distância entre as duas naves diminuindo rapidamente, eles se prepararam para a ofensiva final.

"Certo, em breve vou começar a reduzir um pouco a velocidade", disse Neil a Dave. "Estamos dentro de 15 K?", perguntou ele.

"Dentro de 15 K", Dave assegurou a ele (15 K equivale a 15 mil pés ou 5,26 quilômetros).

O navio de localização *Coastal Sentry Quebec* reportou ao Controle da Missão da Gemini 8 que o intervalo até o alvo Agena era de cerca de 14 mil pés e vários controladores de voo levantaram os polegares, indicando que as coisas estavam indo muito bem.

A luz do Agena! Estava à frente. Neil e Dave estavam fixados em seu brilho e Neil Armstrong reduziu a distância entre as duas espaçonaves, no ritmo lento de cerca de 1 metro e meio por segundo, uma velocidade que qualquer corredor poderia melhorar.

Esse era o ponto crítico da missão. Agena estava tão perto. Não havia tempo para perder a concentração. Mova-se devagar e com segurança; reduza no momento preciso para manter a posição.

As manobras foram as mais críticas e exigentes, mas isso não impediu Houston de pedir mais contato com a tripulação. "Os pilotos estão agindo com frieza absoluta", disse o Controle da Missão ao *Coastal Sentry*. "Você poderia pedir que falassem um pouco mais sobre a situação deles?"

Estavam de volta ao lado iluminado, mas Neil e Dave não estavam falando; eles estavam se concentrando, sempre se assegurando de que respeitavam todos os protocolos e orientações, já que em órbita estavam muito sozinhos em seu trabalho. Eles não estragariam as coisas agora, perdendo o foco em brincadeiras com a equipe no solo. Não quando... De repente, eles não estavam mais sozinhos!

Estava ali mesmo!

Posicionado bem em frente à Gemini 8 estava o Agena. Ele era imenso. Era robusto. Era lindo. Era fruto da Terra. Neil sorriu para Dave. "Isto é inacreditável", disse ele. "Inacreditável!"

"Eu também não posso acreditar", Scott concordou, batendo no ombro de Armstrong e dizendo: "Excelente trabalho, treinador!"

"É preciso dois para dançar o tango", assegurou Neil a Dave.

Eles haviam completado sua quarta órbita pelo lado escuro e agora podiam ver uma brecha na escuridão, seguida por um sopro de luz que cresceu rapidamente em uma agitação turbulenta de cores, um dia vívido e brilhante.

O sol atravessou metade do elegante e longo foguete Agena. Estava suspenso na escuridão total do Universo. A incandescência da Terra alcançou seus azuis e brancos quentes para dar as boas-vindas a Neil e Dave. A tripulação da Gemini 8 sentiu um tremendo orgulho dos muitos que construíram e lançaram a nave espacial Gemini e o foguete Agena – dos que os enviaram nessa caçada e perseguição. Eles eram gratos e sentiam-se honrados por todas aquelas mãos no Cabo Canaveral, no Controle da Missão, no chão das fábricas do Agena e da Gemini, que tornaram isso possível.

Mas o maior prêmio ainda estava por vir – o acoplamento –, e de repente eles ouviram o chamado do Havaí: "Gemini 8, aqui é o CapCom do Havaí."

Dave Scott, sabendo do trabalho árduo que Neil dedicava ao encontro, sorriu e disse: "Está falando com eles".

Armstrong assentiu. "*Aloha*, Havaí, estamos mantendo a posição."

Um aplauso veio da estação e Neil continuou, dizendo ao Havaí e a Jim Lovell no Controle da Missão que o Agena parecia bem, as antenas estavam todas na posição correta, e o TDA (Adaptador de Acoplamento) não tinha um arranhão, nem aparentava nenhum desgaste. Eles estavam em boa forma para o acoplamento.

Os dois astronautas ficaram satisfeitos em ter Jim Lovell como CapCom. Ele, com Frank Borman, tinha voado na última Gemini fazia três meses – registrado duas semanas a bordo da Gemini 7, e Lovell certamente tinha sólidos conhecimentos sobre a espaçonave onde estavam voando.

Eles voaram para longe do Havaí novamente, mas desta vez contavam com um parceiro. Eles voariam em formação com o Agena através do Pacífico e da América do Sul e, do outro lado do continente, encontrariam seu próximo contato com a Terra, o navio de rastreamento *Rose Knot Victor.*

O comentarista da NASA, Paul Haney, disse ao público e à imprensa: "O plano de voo daqui exige que o acoplamento real ocorra sobre o *Rose Knot Victor*, ancorado na costa da América do Sul. O *Rose Knot Victor* deve receber a espaçonave às seis horas e 32 minutos do voo. Agora nós temos seis horas e 8 minutos de voo. "

Vinte minutos. Essa era a informação que ele tinha e Neil disse a si mesmo para rever os procedimentos, para revisar tudo o que ouviram de Wally Schirra e Tom Stafford. Apenas três meses antes, haviam voado no primeiro encontro, decidindo muitas coisas enquanto estavam na Gemini 6 bem perto da Gemini 7 – pisar nos freios, manter a posição, voar ao redor, circulando um ao outro em uma série de movimentos imitando o sinal do infinito, e aproximar de 6 a 8 polegadas antes de recuar e voar de novo. Agora era tarefa de Dave Scott e Neil Armstrong terminar o trabalho.

Eles estavam prontos? Pode apostar!

Neil e Dave começaram a avançar em direção ao alvo. A Gemini 8 já havia se movido para um raio de 20 metros do Agena e, enquanto avançavam pelo Pacífico, Neil Armstrong disparou seus propulsores de foguete enquanto Dave Scott entoava as distâncias e elevações. O disparo dos propulsores diminuiu a distância entre a espaçonave e o passivo Agena, 1 polegada por vez. Cada vez mais próximos, chegaram ao enorme adaptador de acoplamento na extremidade traseira de seu foguete de destino, alinhando-se perfeitamente com o adaptador em forma de funil. Quando estavam a menos de meio metro, Neil acionou a aerofrenagem. Ele combinou precisamente a velocidade e a posição da Gemini 8 com as do Agena. Agora eram um só em todos os sentidos. Apenas ainda não estavam acoplados.

Os astronautas da Gemini 8 estavam espiando o nariz da espaçonave no anel de acoplamento. Os sensores e travas que protegiam o encaixe esperavam. Então, eles ouviram:

"Gemini 8, é o *Rose Knot Victor.*"

". . . cerca de 1 metro e meio", Neil disse calmamente ao navio de rastreamento.

"Entendido, aguarde alguns minutos aqui."

"Está acoplado?", perguntou o Controle da Missão.

"Negativo, ele ainda não está acoplado", disse *Rose Knot Victor* a Houston, e depois o navio rastreador monitorou e estudou todos os sistemas da Gemini e do Agena.

"Certo, Gemini 8, parece bom aqui do solo. Tudo parece bom para o acoplamento."

"Câmbio."

Neil Armstrong tocou lentamente o nariz da Gemini 8 no adaptador do Agena. Os sensores reconheceram a espaçonave. A tripulação ouviu e sentiu motores elétricos rangendo. As travas fecharam-se. A Gemini 8 e o Agena eram um só.

"Voo", Neil falou diretamente com o diretor de voo, John Hodge. "Estamos acoplados! Foi realmente suave."

Em Houston, no Controle da Missão, eclodiu a barulheira e agitação: tapinhas nas costas, apertos de mão, ovações, assobios, gritos, aplausos e sorrisos largos enquanto charutos eram distribuídos por Deke Slayton. O centro de controle mostrou as novidades pela rede de transmissão da NASA para a maior parte do mundo. Os pilotos espaciais americanos haviam conseguido o primeiro acoplamento entre duas espaçonaves.

"Você não poderia sentir a emoção que sentimos aqui", disse Dave Scott, acrescentando: "Só para sua informação, o Agena permanece muito estável, e, até o presente, não estamos tendo nenhuma oscilação perceptível."

O comentarista da NASA, Paul Haney, estava de volta:

Aqui é o controle da Gemini em Houston às seis horas e 44 minutos de voo. De acordo com as melhores estimativas, o acoplamento ocorreu às seis horas e 34 minutos de voo. Podemos verificar isso mais tarde por meio de telemetria, mas essa é a estimativa do diretor de voo. Os pilotos ainda têm cerca de duas horas de trabalho à frente antes de desligar a energia durante a noite e suspender suas atividades após este dia movimentado e bem-sucedido. Este é o controle da Gemini, Houston.

De volta à Gemini 8, a tripulação e as naves acopladas saíram do contato de rádio com o Controle da Missão. Pela frente estava uma das zonas mortas da rede de rastreamento mundial. Nenhuma transmissão sendo recebida. Nenhuma transmissão sendo enviada.

Nos 21 minutos seguintes, a Gemini 8 e seu parceiro Agena, formando uma única e longa espaçonave de mais de 13 metros, voaram sobre as águas do oceano Índico e da baía de Bengala, onde algo deu errado.

Não havia como dizer a ninguém. Era um problema apenas de Neil Armstrong e Dave Scott.

De repente, a sobrevivência era a prioridade.

COUNTDOWN

GEMINI 8: A EMERGÊNCIA

Estava silêncio na rede mundial de rastreamento espacial da NASA. Neil Armstrong e Dave Scott, com os méritos do primeiro acoplamento de duas naves espaciais, estavam terminando o dia quando Bill Anders entrou no Controle da Missão. Era a primeira missão real de Anders como astronauta – aliviando seu veterano colega Jim Lovell.

Anders veio a bordo no terceiro grupo de astronautas da NASA. Ele havia elaborado estratégias fazendo lobby pelo CapCom; a experiência o colocara um pouco mais perto das tarefas da tripulação. Não tinha a menor ideia de que, em menos de três anos, se juntaria a Jim Lovell e Frank Borman como um dos três seres humanos que orbitariam a Lua pela primeira vez.

No momento, a Gemini 8 estava sem contato por rádio, e, em algum lugar do outro lado do mundo, Lovell, o CapCom do primeiro turno do voo, disse ao novato: "Você deve ter um turno tranquilo. A tripulação está se preparando para encerrar por hoje".

Anders sorriu quando o astronauta veterano e cansado se virou e foi embora, deixando-o em sua estreia como babá da tripulação espacial.

Ele agora estava sozinho diante do console do CapCom, examinando as fileiras de controladores de voo, cada um com um monitor, um atrás do outro, cada um mantendo uma vigilância contínua sobre a tripulação e a espaçonave. Esta operação de Controle da Missão fora orquestrada pelo diretor de voo, no comando da CapCom.

O astronauta novato reconheceu o diretor de voo, John Hodge, com um olhar e um sorriso. Hodge também era novo. Ele estava completando seu primeiro turno e seu sorriso em resposta parecia dizer a Anders que ele também o faria.

Hodge estava prestes a ser substituído pelo experiente Gene Kranz, que em pouco mais de três anos seria o diretor de voo responsável pelo primeiro pouso de Neil e Buzz Aldrin na Lua. Kranz tinha aparecido para acompanhar o acoplamento e, como Hodge estava no console do diretor de voo havia onze horas, os dois decidiram entre si que o segundo turno de Kranz, e de outros controladores de voo, deveria começar imediatamente.

O novato Bill Anders e o pessoal do segundo turno tomaram seus assentos no Controle da Missão. Muitos da primeira equipe ficaram por perto para garantir que ninguém tivesse problemas em entrar no ritmo.

Sobre a China, a espaçonave acoplada Gemini 8/Agena voou sozinha pela noite adentro. Eles não tinham estações em solo para conversar e Neil preparou a espaçonave para seu primeiro período de sono. Dave continuou manobrando o Agena com seus foguetes de controle de altitude. Ele virou as espaçonaves acopladas 90 graus para a direita. Essa manobra de guinada era uma das várias que foram programadas para determinar se o sistema de controle do Agena poderia preservar a Gemini 8 de algumas de suas tarefas de controle. Se pudesse, economizaria combustível. Mas essa virada de 90 graus levou cinco segundos a menos do que o minuto inteiro esperado. Essa manobra mais curta levou Dave a checar os instrumentos de sua cabine. Havia alguma coisa errada. Algo estava fora do lugar. A estabilidade do Gemini/Agena estava visivelmente prejudicada. "Neil, estamos em uma inclinação lateral", disse ele. "Eu tenho 30 graus na minha *8-ball*."

A *8-ball* é um instrumento de observação no painel do *cockpit* de um piloto que mostra um horizonte artificial e o grau de inclinação lateral da espaçonave para a esquerda ou a direita. O instrumento tem esse nome "*8-ball*" por conta da bola oito no jogo de bilhar. A "bola" é mantida no lugar por um movimento giroscópico, um giroscópio mantém um objeto fixo no lugar, e, se o giroscópio falhar, a *8-ball* cairá – não mais dando ao piloto um horizonte artificial e uma indicação da inclinação da espaçonave. Armstrong rapidamente pensou que a *8-ball* de Scott havia caído, mas quando ele checou seu próprio instrumento, estavam idênticos. Sua *8-ball* mostrou que estavam rolando sobre si mesmos, e ele fez alguns esforços para reduzir o ângulo de inclinação, provocando rajadas curtas nos propulsores de manobra da Gemini.

No começo, parecia que Neil havia tido sucesso. Ambos os pilotos estavam convencidos de que seu foguete-alvo era o culpado, porque podiam facilmente ouvir os propulsores da Gemini quando disparavam. Eles estavam no nariz da Gemini. Neil diria mais tarde sobre os propulsores, toda vez que disparavam: "Era como uma pistola – *crack, crack, crack* – e não estávamos ouvindo nada, demoramos para perceber que os propulsores só estalavam quando eram disparados. Enquanto estavam em ignição, ficavam em silêncio".

O que Neil e Dave não sabiam era que, se um propulsor estivesse queimando continuamente, não seriam capazes de ouvi-lo. Então, eles esperaram por quatro minutos. Não houve êxito.

Novamente começaram a girar sobre si mesmos, mais rápido, e Neil pediu a Dave que desligasse todos os controles do Agena.

Dave tinha o painel de controle do Agena ao seu lado, mas teve pouco sucesso na ação. Enviou comando após comando, alternou os controles, reprocessou-os, e o rolamento (balanço rotacional ao redor do eixo longitudinal da aeronave) continuou aumentando. Neil ficou preocupado que o estresse e a tensão do rolamento violento pudessem separar a espaçona ve acoplada, possivelmente acendendo os 1.800 litros de combustível do Agena. Era exatamente do que ele precisava: uma bola de fogo acima da China. Mao Tsé-tung, o presidente do Partido Comunista Chinês, ficaria furioso. Neil teria que usar os propulsores de manobra da Gemini 8 para se soltar, afastar-se do Agena, mas isso poderia romper a coisa toda e encher sua órbita com pequenos pedaços e... E, Deus, seria como o Sol caindo do céu! Instantaneamente ficou claro. Ele tinha uma escolha. Se o combustível do Agena não explodisse, eles logo desmaiariam por conta da força centrífuga do crescente rolamento; e, se iam morrer de qualquer maneira, ele raciocinou, seria tudo ou nada. Vamos dar o nosso melhor.

"Vamos nos desacoplar", Neil disse a Dave, que imediatamente concordou, e, de repente, as mãos de Neil tornaram-se mágicas. Ele estava disparando rajadas dos propulsores de manobra da Gemini e lutou, e lutou até que Scott estivesse convencido de que Neil havia estabilizado o suficiente a espaçonave acoplada para desacoplar. Então, Dave gritou: "Vamos lá", e pressionou o botão de desacoplamento quando Neil deu aos propulsores uma rajada longa e forte.

"Vamos lá", gritou Armstrong, e imediatamente veio um estrondo dos motores que acionavam as travas e as naves acopladas se soltaram com a Gemini 8 arrancando para trás. Era como duas pessoas de frente uma para a outra e cada uma usando as mãos para se afastar. Para cada ação há uma reação oposta, Neil sabia, o que diminuía sua preocupação com a distância entre eles e o Agena. Sem resistência no espaço, a Gemini 8 e seu foguete-alvo continuariam se movendo e se separando, cada um em sua órbita, e...

O que é isso? A Gemini 8 estava começando a girar mais rápido. Instantaneamente os astronautas perceberam que o problema não estava no Agena, mas na Gemini 8. Agora aumentava o seu giro, tornando-os ainda mais atordoados, e a mente analítica de Neil Armstrong chegou ao limite. Apesar do crescente caos, ele percebeu que o giro de sua espaçonave era um desastre anunciado. A Gemini 8 parecia um dilema descontrolado que continuaria crescendo até que as forças centrífugas rasgassem tudo, e ele e Dave não só perderiam o foco, como também a visão e a consciência.

Para estabilizar sua espaçonave, o comandante da Gemini 8 reconheceu que precisava de um sistema de controle independente. Um mais forte que seus propulsores de controle de altitude, e isso só poderia vir do RCS (Sistema de Controle de Reentrada) da Gemini 8.

O RCS tinha dois pares de compostos hipergólicos para foguetes. Eles eram mais poderosos do que os propulsores de controle de altitude problemáticos da espaçonave, mas eram uma parte separada da espaçonave por um motivo. Um sistema de controle independente e novo era indispensável para posicionar a Gemini 8 corretamente para seu retorno à Terra. Sem isso, Neil e Dave simplesmente não chegariam em casa. Eles queimariam durante uma reentrada fora de controle.

O manual diz que, uma vez que você ativa seus dois RCS, A e B, deve pousar na primeira oportunidade. Mas Neil também sabia que eles só tinham uma chance. Usar os foguetes de controle de reentrada da Gemini 8. Ele estava pensando, de novo, que ele e Dave iriam morrer de qualquer maneira, então, que diabos, com suas chances sendo quase nulas, ele tentaria o que tinha à mão.

Ambos os astronautas estavam abalados, no limite da perda de consciência, e quando tentaram disparar seus propulsores de reentrada nada aconteceu. Depois de desligarem o sistema e tentarem novamente, os propulsores responderam, e Neil estava ocupado tentando estabilizar a Gemini 8 quando eles entraram em contato com o navio de rastreamento *Coastal Sentry Quebec*.

James Fucci, o CapCom da tripulação, estava agitado porque não conseguia um sinal, sem saber que a espaçonave estava rolando.

"Gemini 8, aqui é o CapCom", falou Fucci. "Verificação. Está na escuta?"

"Temos sérios problemas aqui", disse Dave. "Estamos girando e desacoplados do Agena."

"O.k., nós temos uma indicação de 'nave espacial livre' aqui", disse Fucci à tripulação. "O que parece estar causando o problema?"

"Estamos rolando", disse Armstrong.

O Controle da Missão em Houston estava ouvindo e, de repente, a sala estava totalmente desperta e alerta.

O novato CapCom Bill Anders conseguiu uma palavra:

"Câmbio."

"Gemini 8, CSQ."

"Aguardem", Neil disse ao navio de rastreamento.

"Câmbio."

Aqueles que ouviam na rede de transmissão da NASA não estavam cientes de quão perigosa era a situação a bordo da Gemini 8, e ficaram parados enquanto Neil lutava para salvar sua espaçonave, disparando seus propulsores de reentrada, fazendo tudo o que podia para recuperar o controle, com Dave respondendo rapidamente a tudo o que ele perguntava.

Eles estavam tentando de tudo e a equipe de solo ficou parada; depois de 37 segundos de silêncio, Dave disse a eles:

"Certo, estamos recuperando o controle da espaçonave lentamente, no RCS. "Câmbio, entendido", Bill Anders reconheceu, e os polegares subiram, em sinal de positivo, no Controle da Missão.

"Estamos pulsando o RCS bem devagar aqui, então não estamos controlando muito o rolamento", disse Neil à equipe de solo. "Estamos tentando eliminar nossa taxa de rolagem."

"Certo, tudo bem", reconheceu Anders. "Mantenha-se nisso."

"8, CSQ", James Fucci chamou no *Coastal Sentry Quebec*. "Quanto dos RCS você usou? Você está apenas com um?"

"É isso mesmo", Neil confirmou rapidamente, sabendo onde o navio rastreador estava querendo chegar. "Estamos com um, tentando poupar o outro para a reentrada."

CapCom Bill Anders notou uma pitada de um "posso fazer" na voz de Neil e disse ao astronauta:

"Está tudo bem."

E estava.

Uma vez que o disparo dos propulsores de reentrada estabilizou a Gemini 8, Neil e Dave começaram a disparar e conferir seus propulsores um de cada vez. Quando acionaram o controle para o número 8, sua espaçonave começou a rolar novamente. Eles haviam encontrado o culpado.

A emergência da Gemini 8 tinha todas as luzes acesas no Houston Manned Spacecraft Center (hoje, Johnson Space Center), com aquelas no Controle da Missão brilhando ao máximo. Cada pessoa que estava lá dependia de cada palavra que vinha do controle da Gemini:

> Estamos com oito horas e três minutos de voo da Gemini 8. E, em vista do problema encontrado às sete horas de voo, conforme relatado anteriormente, o diretor determinou o término do voo na área 7-3. Nós planejamos trazer o voo para baixo na 7ª órbita, na 3, o que chamamos de 3ª zona, que fica a aproximadamente 805 quilômetros a leste de Okinawa, no extremo oeste do Pacífico. Nossa situação lá fora é a seguinte – um destróier chamado *Mason* está a cerca de 260 quilômetros de distância neste momento, ele está seguindo em direção ao ponto, que deve se aproximar muito do... bem, pode estar um pouco atrasado, chegar lá depois do pouso em si. A primeira estimativa que tenho sobre o tempo de retorno é de dez horas e quatro minutos da missão, ou seja, daqui a duas horas. A aterrissagem deve ocorrer de 25 a 26 minutos depois. Além do *Mason*, um C-54 foi enviado da Base Aérea de Tachikawa no Japão; está indo direto ao ponto de recolhimento. Outro C-54 está avançando ao ponto de Okinawa. Outro local é citado para mim como ponto de aterrissagem, e está a 1167 quilômetros ao sul de Yokosuka, no Japão. As condições meteorológicas lá fora são: tempo parcialmente nublado, visibilidade de 16 quilômetros, e o pouso será feito em plena luz do dia. É meio-dia e meia na área 7-3.
> Aqui é o controle da Gemini às oito horas e seis minutos de voo.

Viajando de costas, apenas com um azul desvanecido no horizonte, Neil e Dave estavam prontos para começar sua reentrada de emergência na escuridão total.

Sobre o mar da Arábia, Neil Armstrong acertou os freios da Gemini 8. Ele disparou seus quatro retrofoguetes, iniciando uma reentrada nunca antes realizada durante a noite escura sobre a Índia, Mianmar e, então, ao nascer do sol, sobre a China e o mar da China Oriental. Durante toda a reentrada, eles não teriam contato com nenhuma estação de rastreamento ou navio. Eram apenas os dois astronautas. Eles só tinham um ao outro.

Na casa de Neil, Janet Armstrong olhou para o radiotransmissor da NASA. O locutor retransmitiu as transmissões dos astronautas, juntamente com as explicações do comentarista da missão. Ao seu lado estava o fotógrafo mundialmente renomado da revista *Life*, Ralph Morse. A revista *Life* tinha um contrato com os astronautas para contar sua história – uma maneira inteligente de os viajantes espaciais aumentarem seu salário acima do nível militar, e suas famílias ficarem agradecidas.

As fotografias de Ralph Morse, alguns dos trabalhos mais impressionantes do mundo, não eram apenas renomadas; Morse desfrutou da reputação de sujeito muito simpático. Ele era um amigo para a maioria e Janet encontrou conforto com Ralph em sua casa. Ela precisou de apoio durante a reentrada com risco de morte de Neil e Dave. Uma reentrada em uma atmosfera do mais puro breu.

Janet tentou desesperadamente não perder uma única palavra do controle da Gemini:

> Os pilotos estão em uma contagem regressiva às cegas através de Kano, estação da Nigéria, e Neil Armstrong, que não havia dito nada que levasse aos retrofoguetes, voltou com um tom muito tranquilizador: "Nós temos os quatro retrofoguetes, todos os quatro dispararam". Uma torcida eclodiu aqui no centro de controle, e tenho certeza de que todos podem entender o porquê. O contato daqui é pela estação de Kano. Armstrong, após a manobra, passou a relatar que tudo estava em condição estável e parecia estar procedendo satisfatoriamente. Queremos enfatizar novamente que praticamente não há comunicação esperada agora, por algum tempo. Vamos tentar alcançá-los através do *Coastal Sentry Quebec* em HF (ondas curtas) depois que eles emergirem do blecaute, mas esse sinal, na melhor das hipóteses, será limitado. Provavelmente nossa primeira informação oficial virá através de uma dessas aeronaves C-54 manobrando na área leste de Okinawa.
>
> Aqui é o controle da Gemini, Houston.

Neil e Dave se mexeram em seus assentos para acomodarem-se com conforto enquanto sua espaçonave avançava para a atmosfera. O calor aumentava. O Gemini 8 oscilou ligeiramente em sua reentrada, automatizada e meticulosamente controlada por computador. Qualquer desvio de seus protocolos estabelecidos poderia ter sérias repercussões e, em seguida, Neil teria que assumir o controle manualmente e realizar a reentrada cheia de perigos.

"Eu continuo pensando que nos esquecemos de alguma coisa", disse ele a Dave. "Mas eu não sei o que é."

"Até onde sei, fizemos tudo", assegurou-lhe Dave.

De repente, durante a reentrada, os dois astronautas foram envolvidos pelo que parecia ser uma bola de fogo devoradora. Tudo o que eles podiam fazer era monitorar os sistemas de sua espaçonave enquanto ela escavava um túnel ionizado através do ar espesso.

Nesse invólucro de ionização não havia sinais de rádio, e Neil e Dave viajavam como um meteoro em chamas. Mas, apesar da apreensão, eles estavam bem enquanto observavam a brilhante gota laranja aumentar – suas chamas queimando seu caminho através da atmosfera.

O tempo todo Janet e Ralph estavam se esforçando para ouvir qualquer relatório através da transmissão, e os do Controle da Missão estavam se sentindo igualmente impotentes. Simplesmente não havia como se comunicar com a Gemini 8, não havia como conversar com Neil e Dave. Os que estavam em solo, de certo modo, estavam sozinhos como os dois astronautas.

Todos esperavam, e os astronautas da Gemini 8 sentiam seu peso aumentar enquanto entravam em plena desaceleração da reentrada. Com a espaçonave que desacelerava veio um movimento mais suave, oscilando de um lado para o outro, e, de repente, Neil e Dave estavam a 50 mil pés. A reentrada infernal estava quase acabando, eles estavam desfrutando de um dia radiante, com seu peso normal, enquanto seus paraquedas-piloto foram acionados, estabilizando a espaçonave para o paraquedas principal se abrir e derrubá-los com segurança no Pacífico, a 772 quilômetros a leste de Okinawa.

Uma aeronave de resgate lançou três paraquedistas da Marinha, que assumiram suas posições ao lado da flutuante Gemini 8, e, o Controle da Missão relatou: "Os nadadores fizeram contato com a tripulação. Os astronautas relatam que tudo a bordo está bem e dizem que sua condição está boa. Neil e Dave estão de pé em seus lugares, acenando e sorrindo".

Janet Armstrong ficou de pé e começou a bater palmas e a rir. "Graças a Deus", disse ela com um sorriso largo. "Graças a Deus." Ser a esposa de um piloto de testes não era tão fácil.

Neil e Dave realizaram a reentrada com grande habilidade. Eles tiveram que encerrar seu voo com Neil dizendo à mídia: "Estamos desapontados por não podermos completar a missão, mas concluímos uma parte dela, e o que fizemos não trocamos por nada".

Durante semanas, a equipe da Gemini 8 foi submetida a vários interrogatórios e avaliações com chefes e grupos de apoio da Gemini – cada grupo com um interesse especial.

Repetidas vezes Neil e Dave contaram tudo o que sabiam e responderam aos questionamentos. Por que Neil não fez isso? Por que Neil não fez aquilo?

John Glenn achou sem sentido a análise do desempenho de Armstrong a bordo da Gemini 8. "Você nunca vai ouvir uma crítica de mim", disse Glenn enfaticamente. "Eu não acho que alguém tenha sido um piloto tão experiente quanto Neil na época. Ele avaliou quando a situação estava ficando além de seu controle, e avaliou certo."

Juntando-se a Glenn na defesa de Armstrong estavam dois dos principais gerentes da NASA, o diretor de voo Chris Kraft e o diretor do Manned Spacecraft Center, doutor Robert Gilruth.

"A abordagem de Armstrong foi tão boa quanto a de qualquer astronauta", disse Kraft, um veterano diretor de voo. Ele rapidamente acrescentou: "Neil relatou calmamente a emergência, e quando soubemos que a equipe estava sendo jogada para lá e para cá, começando a sofrer com a visão turva, essa era claramente uma situação ameaçadora à vida no espaço. A pior situação que já encontramos".

"Dr. Gilruth e eu primeiro pensamos que Neil estava tendo problemas com o manche. Nunca nos ocorreu que ele tinha um propulsor avariado. Se tivéssemos tomado conhecimento sobre o problema quando ainda estavam acoplados, teríamos dito a eles para fazer exatamente o que fizeram: 'Saia dessa coisa!'"

"A taxa de rotação subiu para 550 graus por segundo", Kraft continuou. "Essa é a taxa na qual você começa a perder a consciência ou a capacidade de operar. Neil Armstrong percebeu que eles estavam com sérios problemas e usou todo o potencial da Gemini para tentar parar o rolamento, e, então, descobriu que a única maneira de se recuperar era ativar o sistema de controle de altitude de reentrada. Essa foi verdadeiramente uma decisão fantástica por parte de um ser humano em tais circunstâncias, e realmente provou por que temos pilotos de testes nessas espaçonaves. Se não fosse pelo bom voo de Neil, provavelmente teríamos perdido a tripulação."

A maioria dos altos executivos da NASA, como Kraft e Gilruth, ficou satisfeita com o desempenho de Neil e Dave, mas para Neil e Dave a primeira preocupação foi saber: o que Deke achou? Deke Slayton era o chefe imediato deles, e os dois sabiam que o seu futuro no espaço estava nas mãos dele.

Logo que Deke assimilou os fatos da emergência da Gemini 8 em sua cabeça, chegou à conclusão de que as habilidades de Neil Armstrong de raciocinar, pensar, lidar com emergências, voar em qualquer coisa, desde aviões dos irmãos Wright até foguetes, e o grande apoio proporcionado por Dave Scott, fizeram com que os dois se tornassem os principais candidatos a pousar os módulos lunares da Apollo na Lua.

Neil comandaria a Apollo 11 e Dave comandaria a Apollo 15, um fato que Deke manteria para si até o momento certo, e ele os colocou de volta no fluxo das coisas, dizendo a Neil e Dave que ajudassem aqueles que tentassem resolver problemas da EVA durante voos espaciais.

Dave Scott permaneceu desapontado por não ter conseguido testar sua planejada caminhada espacial de duas horas. Ele esperava resolver alguns dos problemas da EVA, que apareceram pela primeira vez quando Ed White teve muita dificuldade em voltar para a Gemini 4.

Ele e Neil se juntaram à equipe do Projeto Gemini e, um ano depois de Ed White ter feito a primeira caminhada no espaço, o astronauta Gene Cernan estava pronto. Para a frustração de Dave, Cernan seria o segundo americano a caminhar no espaço.

Dois meses e meio depois da Gemini 8, Tom Stafford da Gemini 9 e Gene Cernan chegaram à órbita em 3 de junho de 1966, e Cernan começou sua caminhada espacial preso a um cabo umbilical de quase 8 metros. Ele estava ansioso para experimentar a liberdade que Ed White experimentara em sua caminhada espacial. Mas Cernan não a encontrou. White saíra apenas para pular e voar por alguns minutos. Cernan tinha saído para trabalhar. Ele tinha deveres específicos, e logo descobriu que ele era pouco mais do que uma preguiça desajeitada subindo em um poste engordurado.

Os planejadores da missão instalaram na parte de trás do compartimento de equipamentos da Gemini 9 uma mochila chamada AMU (Unidade de Manobra do Astronauta). Anexados a um longo cabo de 38 metros, os jatos da mochila permitiriam que Cernan manobrasse ao lado da Gemini 9.

No entanto, o astronauta logo aprendeu que ele não podia realmente "voar" no espaço. Uma vez longe de sua nave mãe, ele se encontrou em uma órbita independente, e mudar isso foi um trabalho árduo. Cernan não estava tendo uma experiência gloriosa. Ele só podia se mover cerca de 1 centímetro de cada vez. Ele fez tudo o que pôde para apertar as mãos enluvadas em algo que o prendesse à espaçonave. Mas, sem os apoios adequados, ele continuava escorregando do casco elegante da Gemini 9 e tendo que lutar para fazer o caminho de volta. Ele precisava de um propulsor a jato como o que Ed White usara. Cernan poderia usar sua mochila se pudesse chegar até ela, mas a caminhada de 5 metros até o compartimento traseiro de equipamento da Gemini 9 estava se mostrando impossível. Ele pensou que levaria apenas alguns minutos e agora estava tentando chegar lá havia quase uma hora.

Ele estava desajeitado, frustrado e lutando, totalmente exausto, mas o astronauta que seria o último a caminhar na Lua finalmente conseguiu.

"É um mundo estranho aqui fora", ele transmitiu por rádio a Tom Stafford no assento do comandante da Gemini 9, acrescentando:

"Uau!"

"Descanse", Stafford disse a ele.

Cernan não precisou ser orientado duas vezes. Ele estava grato por apenas ter pendurado alguns equipamentos na parte traseira de sua espaçonave. Depois de um breve descanso, começou a tentar movimentar o corpo, em sua roupa pressurizada, em direção à mochila, para que pudesse caminhar ao redor. Isso seria uma verdadeira manobra em uma EVA, mas, apesar de todos os seus esforços, o problema continuou sendo a mochila.

O trabalho de se deixar levar com a mochila exigia mais do que deslizar em cabos simples. Ele precisava fazer conexões elétricas e outras, e

Cernan descobriu que cada movimento consumia mais tempo do que planejara. Quando achou que tinha um dos procedimentos de conexão da mochila sob controle, ele flutuou da espaçonave. Ele não tinha onde ficar de pé – nada para segurá-lo no lugar. Não havia como manter uma base sólida. Havia alguns pontos de apoio, e apoio para as mãos, mas eram totalmente inadequados. Ele precisava de posições que lhe permitissem alavancar. Em pouco tempo ele estaria sobrecarregando severamente a própria central de comando em seu peito, que circulava oxigênio através de seu traje e também removia a umidade excessiva de seu corpo. Ele transpirava. A viseira do capacete ficou embaçada por dentro e o acúmulo de vapor congelou, e ele suportou calor excessivo, transpiração e gelo ao mesmo tempo. Mal conseguia enxergar através da viseira – uma situação potencialmente letal para um homem que, aos poucos, se transformava em um boneco de pano inchado no vácuo, a apenas alguns metros da segurança da cabine de sua nave espacial.

"Temos problemas", disse Tom Stafford ao Controle da Missão. "A viseira de Gene está embaçando de uma maneira muito ruim." Então ele falou apenas para Cernan no canal da tripulação da Gemini 9.

"O quanto a situação está crítica, amigo?"

"Eu realmente estou com o visor muito embaçado, Tom", Gene disse a ele. Stafford não gostou do som da voz de Gene.

Stafford chamou novamente o Controle da Missão. "O visor do piloto está embaçado e estou tendo dificuldade em entendê-lo. Ele parece desorientado. Se a situação não melhorar..." O comandante da Gemini 9 de repente ficou quieto e respondeu ao Controle da Missão com sua própria decisão de comando. "Não é possível entrar na Unidade de Manobra do Astronauta (AMU)! O piloto está com o visor embaçado!"

"Nós confirmamos, não vá", concordou o Controle da Missão, e agora o problema de Gene Cernan era descobrir como, diabos, voltar para dentro. Ele começou a tentar voltar para o seu lugar na Gemini 9, cuidadosamente, mão sobre mão, escorregando, lutando em cada centímetro do caminho. Ele só era capaz de ver através de pequenas partes de sua viseira, onde sua respiração tinha derretido o gelo.

"Ele está com problemas", disse um cirurgião de voo no Controle da Missão. O coração de Gene Cernan estava a 180 batimentos por minuto. De repente, Tom Stafford sentiu um calafrio quando recordou uma conversa muito particular que teve com Deke Slayton antes do lançamento. "Olhe,

Tom, o que Gene vai fazer lá é muito arriscado. Se ele estiver do lado de fora e acontecer algum problema..." Deke fez uma pausa. "Se por algum motivo a espaçonave estiver com problemas, com falta de combustível, ou algo assim, e bem, se não houver chance de trazê-lo de volta..."

A voz de Deke vacilou, depois as palavras voltaram: "Não há nada escrito sobre isso. Nenhuma regra da missão, mas, bem, acho que você entende. Se esse tipo de coisa acontecer, você precisa fazer o que é necessário."

Ninguém em solo estava mais preocupado com Gene Cernan do que Janet e Neil Armstrong. Janet e Gene foram colegas de turma em Purdue. Tom Stafford, como comandante, nunca saberia o que ele teria feito se tivesse que mandar seu amigo e companheiro para a morte certa.

Ele estava muito grato por não ter que tomar essa decisao. Ele nunca ficou tão aliviado como estava ao ver Gene Cernan lutando, se agarrando e lutando através de sua escotilha, puxando seu corpo exausto de volta para seu assento na Gemini 9.

Quando finalmente estavam com a espaçonave fechada e a salvo, o terceiro homem a andar no espaço, o segundo americano, estivera do lado de fora batendo um recorde de duas horas e nove minutos, e isso tinha sido completamente infernal.

Após a Gemini 9, tanto Mike Collins na Gemini 10 quanto Dick Gordon na Gemini 11 tiveram problemas para manobrar para longe de suas espaçonaves. Collins, que usou um propulsor a jato para se aproximar do foguete-alvo, Agena, disse aos planejadores de voo: "Eu descobri que a falta de um apoio é um grande impedimento. Eu poderia agarrar-me ao Agena, mas não podia dar a volta para o outro lado, aonde queria ir. Isso é realmente um problema". Gordon, como Cernan, ficou muito aquecido e suado e sua viseira também embaçou. "Eu estou exausto", disse ele, decidindo interromper a caminhada.

Até agora, o programa Gemini é considerado um grande sucesso. Foi o voo espacial no seu melhor, desenvolvendo sistemas necessários para alcançar a Lua. Apenas a EVA foi um problema. A sensação de impotência dos astronautas ao se mover fora de suas naves espaciais deixou os chefes da NASA em um dilema. "Como podemos enviar astronautas para a Lua, se...?"

Deke Slayton, Neil Armstrong, Tom Stafford e Gene Cernan – todos os que trabalhavam na EVA – sabiam com certeza que tinham apenas uma chance. Eles tinham um voo na Gemini 12.

Esse era o lado negativo. A boa notícia era que o veterano astronauta Jim Lovell comandaria a Gemini 12 e Buzz Aldrin, que tinha uma das mentes científicas mais preparadas do corpo de astronautas, tentaria a última EVA do Projeto Gemini.

Aldrin formou-se em terceiro na sua turma da West Point com um diploma em engenharia mecânica e recebeu o título de Ph.D. em ciência da astronáutica do MIT. Aldrin não era apenas inteligente e educado, era um inventor. Ele construía a partir da experiência dos outros. Aldrin falou longamente com Cernan, Collins e Gordon, e escutou atentamente. Fez muitas perguntas e entendeu o recado. Reuniu dispositivos especiais, como correias de pulso e outros tipos de correia, muito parecidos com os usados pelos lavadores de janelas. Para os apoios dos pés, ele montou um par de "chinelos dourados". Ele os prenderia no chão da estação de trabalho que colocara no compartimento de equipamentos da espaçonave. Lá, ele levava cada trabalho importante para ser feito, como se estivesse levando serviço para casa, para sua oficina na garagem.

Quando se tratava de mover-se facilmente do ponto A para o ponto B, Buzz usava apoios de mão portáteis que ele podia bater no casco da Gemini ou no casco do Agena para manter seu corpo sob controle. E, para ter certeza de que nunca se encontraria sem a ferramenta necessária, colocou várias delas nos bolsos e as mantinha seguras dentro de seu traje espacial.

Aldrin assentiu para Lovell e, em 11 de novembro de 1966, a Gemini 12 entrou em órbita. Ela alcançou seu foguete-alvo Agena, e uma vez acoplada, Buzz Aldrin, que faria o primeiro pouso na Lua com Neil Armstrong, de uma vez por todas, baniu os monstros da EVA.

Primeiro Buzz levou o que ele aprendeu e reconheceu que movimentos em órbita são estranhos aos nossos sentidos. Uma órbita circular é como tentar andar na plataforma de um carrossel. Uma linha reta não é o que parece. Se você se mover perpendicularmente à linha do satélite para o centro da Terra, as forças são pequenas e as manobras são fáceis. Se você se deslocar de qualquer distância para longe, ou diretamente para a superfície da Terra, as forças podem ser perceptíveis; embora a movimentação para dentro possa ser boa, a para fora certamente não é. A física é simples, e Aldrin provou ser tão hábil que mais parecia estar dando um passeio pelo espaço do que atacando de frente os problemas que tinham frustrado e ameaçado os astronautas anteriores. Ele apagou as dúvidas da NASA sobre as chances de pousar astronautas na superfície lunar.

Aldrin desceu o nariz da Gemini em direção ao Agena como um nadador sem peso, trabalhando quase sem esforço ao longo de um trilho de quase 2 metros que havia fixado no lugar quando estava do lado de fora. Em seguida, passou o final de uma linha de 30 metros do Agena para a Gemini, para um experimento posterior, o trabalho que deixara Dick Gordon em uma situação exaustiva. Buzz não mostrou nenhum sinal de problemas na respiração, transpiração ou aumento da frequência cardíaca. Quando ele falou, sua voz era nítida, aguda e clara. O que ele fez pareceu incrivelmente fácil, mas foi o resultado direto de seu estudo incisivo dos problemas e do equipamento que trouxe da Terra. Ele também fez questão de se mover em períodos cuidadosamente cronometrados, descansando entre as tarefas principais e mantendo seu esforço físico reduzido. Quando chegou ao posto de trabalho na parte traseira de sua nave, colocou os pés em seus "chinelos dourados" e fixou o corpo ao veículo com a corda da cintura.

Buzz engatou equipamentos diferentes na Gemini 12, desmontou outros equipamentos, deslocou-os e recolocou-os. Ele usou uma "chave inglesa espacial" exclusiva para soltar e apertar os parafusos com habilidade, e sem esforço. Ele cortou fios, conectou fios e uma série de tubos.

O Controle da Missão alternava entre cada palavra trocada por Aldrin e Lovell e perguntava:

"Buzz, como funcionam os chinelos?"

"Eles são ótimos, ótimos", Buzz sorriu. "Eu não tenho nenhum problema para posicionar meu corpo."

Neil Armstrong não acreditou quando ouviu Aldrin lançar as bases do projeto de uma EVA bem-sucedida. Neil disse baixinho: "Buzz, você pode voar comigo a qualquer momento", e ele voaria.

No final, o doutorado de Aldrin em astronáutica no MIT resolveu o procedimento crítico de que os astronautas ligados à Lua precisariam para chegar ao seu destino.

Em dez voos e vinte meses, o Projeto Gemini havia alcançado o primeiro lugar na feroz competição dos Estados Unidos com os russos.

Os cosmonautas ainda estavam se movimentando desajeitadamente em órbita em comparação com as travessuras livres das tripulações das Gemini. Nenhum cosmonauta havia dominado o encontro de naves espaciais. Nenhuma espaçonave russa havia sido acoplada a outra. Eles haviam realizado apenas uma EVA e estavam longe das habilidades de EVA que Buzz Aldrin acabara de demonstrar à ciência.

A Apollo era a próxima missão. Os Estados Unidos estavam em alta, agindo rapidamente para cumprir a promessa do presidente Kennedy de enviar um ser humano à Lua antes do final da década de 1960.

Mas, apenas alguns dias depois da temporada de férias, a NASA aprenderia que estava indo rápido demais. Os Estados Unidos pagariam um preço terrível e doloroso para serem os primeiros na Lua.

TRAGÉDIA DO VOO ESPACIAL EM SOLO

Com a conclusão bem-sucedida do Projeto Gemini, o futuro da NASA parecia brilhante, mas não foi exatamente assim. O burburinho nos corredores da Apollo podia ser ouvido quando os astronautas Gus Grissom, Ed White e Roger Chaffee estavam embarcando em sua plataforma de lançamento em direção à primeira versão, cheia de problemas, da espaçonave Apollo. Era para ser um teste importante, mas foi precipitado.

Ao mesmo tempo, cinco astronautas, incluindo Neil, estavam se reportando à Casa Branca para cumprir seus protocolos. O presidente Lyndon Johnson convidou Neil, Gordon Cooper, Scott Carpenter, Jim Lovell e Dick Gordon para testemunhar a assinatura de um tratado internacional, um com um nome muito longo e complicado demais para ser lembrado. Foi simplesmente chamado de "tratado de não reivindicação".

O acordo também foi assinado simultaneamente em outras capitais mundiais, incluindo Londres e Moscou. Declarava simplesmente que aqueles que assinavam concordavam em não reivindicar nenhum território na Lua, em Marte ou em qualquer outro corpo celestial. Também garantia o retorno seguro e cordial de qualquer *Homo sapiens* voando pelo espaço que pousasse de forma inesperada dentro das fronteiras de outro país – uma cláusula que Neil recebeu calorosamente, lembrando que a trajetória de pouso da Gemini 8 poderia ter derrubado ele e Dave Scott na China.

Depois de todos os protocolos e encontros oficiais, Neil e os outros astronautas participaram de uma recepção no Salão Verde da Casa Branca. Cada astronauta segurava um copo de vinho – ou algo um pouco mais forte

– e sorria com demonstrações de gentileza. Eles se acotovelaram com muitos dos funcionários e pessoas influentes de Washington, incluindo dignitários estrangeiros, como o embaixador russo Anatoly Dobrynin. Então, Neil observou o diplomata russo deixando a recepção apressadamente depois de ser abordado por um assistente, que sussurrou algo em seu ouvido.

O mesmo tipo de conversas silenciosas estava se espalhando pelo Salão Verde da Casa Branca – especialmente entre os altos escalões da NASA. Neil deu pouca atenção a elas, satisfeito em ver a recepção terminar precisamente às 18h45 como prometido.

Scott Carpenter partiu para o aeroporto, enquanto Neil e os outros astronautas seguiram com seus táxis para o Georgetown Inn. Eles chegaram por volta das 19h15, indo diretamente para seus quartos, onde encontraram a luz vermelha de mensagem do telefone piscando.

Cada um tinha uma ligação urgente. A mensagem comunicou um número para que telefonassem. A pessoa que atendeu no Escritório do Programa Apollo disse a Neil que houve um incêndio na base 34 e, muito provavelmente, a tripulação da Apollo 1 não havia sobrevivido. Os detalhes ainda estavam incompletos e ele e os outros astronautas não deveriam falar com a mídia ou com ninguém. A pessoa sugeriu fortemente que Neil e os outros desaparecessem até novas informações.

Neil olhou para o telefone e depois desligou. Ele tinha ouvido todas as histórias sobre a primeira Apollo ser uma porcaria de má qualidade, e que Gus tinha aguentado uma lata velha com falhas no simulador. Ele rapidamente telefonou para um amigo envolvido no teste.

O amigo disse a ele que, aparentemente, em algum lugar sob o assento de Gus Grissom, havia fios elétricos separados que haviam sido pisoteados muitas vezes por técnicos, e um deles aparentemente estava em curto. Seu isolamento estava gasto e rompido, descascado em uma atmosfera espessa de 100% de oxigênio, e os materiais inflamáveis do fio, expostos a uma fonte de ignição, eram extremamente perigosos.

O oxigênio puro havia sido usado nas espaçonaves Mercury e Gemini sem problemas. Mas a quantidade de oxigênio puro enchendo uma espaçonave tão grande quanto a Apollo era outra história e Neil balançou a cabeça, incrédulo.

Gus Grissom aparentemente havia mudado a posição do seu corpo para buscar conforto.

Seu assento moveu o fio descascado e gerou uma onda de tensão elétrica.

O fio deve ter gerado fagulhas.

As chamas espalharam-se pela Apollo 1, alimentando-se dos ricos materiais inflamáveis carregados de oxigênio que cercavam os astronautas.

A tripulação precisava de um minuto e meio a dois para abrir a escotilha da Apollo 1, mas o incêndio consumiu a tripulação em uma questão de segundos.

"Droga", Neil amaldiçoou. "Morrer em um teste de solo?", ele gritou muito alto. "Já é muito ruim a ideia de morrer durante o voo, mas morrer em um teste de solo?" Neil não escondia seu desgosto. "Inferno, isso depõe contra todos nós. Esse tipo de coisa não deveria acontecer em solo", insistiu. "Devíamos acertar tudo antes de nos expormos a tais riscos."

Ele estava zangado com todo mundo, mas sem ninguém, e pegou o telefone novamente. Tentou ligar para sua esposa. Não houve resposta.

O que Neil não sabia era que o astronauta Alan Bean já havia telefonado para Janet e pedido para ela ir até a casa ao lado e ficar com Pat White. "Houve um acidente no Cabo", disse Al Bean a Janet. "Nós ainda não sabemos as proporções, basta ficar com Pat se você puder, Janet, até que saibamos."

Janet foi até a casa dos White, mas não encontrou Pat. Ela tinha ido buscar sua filha e o filho de Ed, e Janet esperou. Apenas alguns minutos se passaram e Pat, com Bonnie e Eddie, entraram na garagem. Janet disse a ela, tão calmamente quanto podia, que havia um problema e ajudou Pat a carregar os mantimentos que acabara de comprar.

Enquanto isso, Bill Anders, o astronauta vizinho da rua, estava sendo enviado por Deke para dizer a Pat que houve um incêndio na base e Ed, Gus e Roger não conseguiram se salvar. Eles haviam morrido.

Anders não queria a dura tarefa, mas alguém tinha que fazer isso, e ele tocou a campainha. Ele deu a notícia a Pat da forma mais delicada que pôde, e ela ficou perturbada instantaneamente, desabando em seus braços. Janet consolou-a e às crianças e o bairro uniu-se na simpatia e apoio total.

Outros astronautas repetiram o diálogo nas casas de Gus Grissom e Roger Chaffee. Era uma cena que uma família de piloto de testes conhecia muito bem. Fazia parte da vida que eles tinham escolhido e Neil, de volta a seu quarto de hotel, sentia a dor de seu jeito particular.

Ele parou diante da janela do hotel, olhando as luzes da noite iluminando Washington. As instituições e os monumentos do país estavam todos iluminados, mas no momento eles roubavam pouco de sua atenção. Seus pensamentos e dores estavam voltados ao seu bairro, à sua família. Ele queria muito estar com todos lembrando Ed, Gus e Roger.

Neil conhecia Gus Grissom havia muito tempo. Eles eram amigos desde Edwards, e ele crescera perto de Ed White, sendo ele um dos melhores vizinhos e amigos que Neil já tivera. Eles caçaram, pescaram, voaram juntos, possuíam seu próprio avião juntos, e na noite em que a casa de Neil pegou fogo, como ele esqueceria que Ed White fora o primeiro a ajudar a combater as chamas e salvar Janet e seus filhos?

Neil lembrou-se calorosamente de Ed ter enfrentado o grande incêndio da casa apenas com uma mangueira de jardim – descalço. E, quando chegou a hora de reconstruir, Ed estava lá novamente. Empilhando madeira, empurrando um carrinho de mão, até batendo nas unhas com um martelo. Ele se lembrou de Ed empurrando o carrinho de mão cheio de concreto e de ter gritado: "Abaixe o carrinho de mão, White. Vocês, da Força Aérea, não sabem de nada", brincou Neil.

E havia outras risadas – nem todas a seu favor – como as da época do treinamento de resgate de astronautas em água quando Neil se meteu em encrenca. Adivinha quem salvou a Marinha? A Força Aérea, o atlético americano de West Point.

Neil só queria se lembrar das coisas boas sobre Ed, Gus e Roger, mas não conseguia parar de pensar na pior de todas – o modo como eles morreram. Doeu muito e ele se afastou da janela e se dirigiu para a porta. Precisava sair. Pela primeira vez, Neil Armstrong precisava de companhia e foi para o corredor para descobrir o que os outros astronautas sabiam.

Em poucas horas, a tripulação da Apollo 1 estava sendo lembrada em todas as casas dos Estados Unidos. Na casa de Frank Sinatra, as lembranças eram recentes. Dez dias antes de voar para a fábrica da Apollo, na Califórnia, para treinamento em simulador, eles tiveram problemas com um de seus jatos T-38. Os registros oficiais dos T-38 dos astronautas indicavam muitos problemas quando a aeronave se aproximava de Las Vegas, e, com frequência, eles tinham que pousar na Base Aérea de Nellis, nas proximidades, para manutenção. Naturalmente, enquanto seus jatos estavam sendo verificados e recebiam manutenção, os astronautas tinham que assistir a um show na Vegas Strip.

Naquele dia em particular, Frank Sinatra estava se apresentando, e, assim que Gus, Ed e Roger sentaram-se, Frank os trouxe à frente. Eles estavam vestindo suas jaquetas de astronauta e o "Velho Olhos Azuis" apaixonou-se pela jaqueta de Grissom. Ele ficou especialmente impressionado com as insígnias de missão.

Gus sorriu. Ele se levantou, tirou a jaqueta e a deu para Frank. Sinatra ficou tão comovido que chorou ali mesmo no palco.

Naquela noite, dez dias depois, Frank Sinatra estava chorando ainda mais.

A NASA enterrou seus mortos – Gus e Roger em Arlington, Ed em West Point – e voltou sua atenção para as bandeiras vermelhas levantadas pelo incêndio da Apollo 1.

O administrador da NASA, James Webb, recebeu a mensagem: *Consertar e melhorar a Apollo!*

Ele deu o trabalho a Floyd L. Thompson, diretor do Langley Research Center, na Virgínia, que montou uma comissão de revisão tendo como membros os melhores cientistas e os melhores pesquisadores do país.

"Descubram o problema", Thompson disse a eles. "Nós precisamos chegar à Lua."

Neil e os outros astronautas na fila para comandar um voo da Apollo – Wally Schirra, Frank Borman, Jim McDivitt, Tom Stafford, Pete Conrad, Jim Lovell, Alan Shepard e Gene Cernan – estudaram milhares de mostradores, interruptores, transístores e conexões elétricas, eliminando tudo o que pudesse pegar fogo na espaçonave Apollo, na linha de montagem. Eles substituíram tudo com materiais à prova de fogo. Se pegasse fogo, não seria incluído na nova Apollo, e adicionaram um sistema duplo de suporte à vida, que recriava a atmosfera da Terra. Dentro da nova espaçonave, a tripulação podia respirar normalmente e o fogo queimaria normalmente. Instalaram os melhores sistemas de extinção de incêndios disponíveis, e uma escotilha de abertura rápida. Se eles, ou quaisquer outros astronautas, tivessem que combater o fogo enquanto viajavam para a Lua, pelo menos estariam lidando com fogo sob condições familiares.

Para verificar suas descobertas e teorias, os astronautas, membros da diretoria e os pesquisadores construíram uma cópia exata da Apollo 1 e a incendiaram. O teste os abalou tanto que alguns foram para casa e ficaram olhando para as paredes. Eles queriam muito a cabeça dos responsáveis pelas mortes de Gus Grissom, Ed White e Roger Chaffee. A pesquisa deles não foi nada difícil. A incompetência, a inexperiência e o desleixo estavam bem diante de seus olhos, e os astronautas não conseguiam mais engolir.

"Precisamos de alguém sério e linha-dura conduzindo Apollo", disse Neil Armstrong categoricamente. "As mortes de Gus, Ed e Roger nos deram a dádiva do tempo. Nós não queríamos o presente, mas, por Deus, nós o tínhamos. Temos meses para não apenas consertar a espaçonave", acrescentou ele, "precisamos também repensar nossas decisões, planos e estratégias anteriores e mudar muitas coisas para melhor."

Neil e os astronautas estavam lançando o desafio, e George Page da NASA, um veterano dos programas Mercury e Gemini, o aceitou.

"Eu tenho o seu homem", disse Page a eles. "Ele é o cara que arrumou a bagunça do Atlas. Foi ele quem colocou John Glenn, Scott Carpenter, Wally Schirra e Gordo Cooper em órbita."

"Qual é o nome dele?", Neil perguntou.

"T. J. O'Malley", George Page sorriu. "Ele pode fazer as coisas entrarem nos trilhos."

Os rostos de Wally Schirra e Alan Shepard se iluminaram.

"Conhecemos o coroinha", disse Wally. "Por que não?", repetiu Alan.

Page alcançou seu telefone. T. J. estava em Quincy, Massachusetts, trabalhando para a divisão de barcos elétricos da General Dynamics, e o telefone tocou apenas uma vez.*

"O'Malley."

"T. J., aqui é o George."

"Ei, e aí, senhor Page", o comportamento de O'Malley mudou. "Como está tudo no Cabo depois do incêndio?"

"Uma bagunça", disse George Page de forma categórica. "Não, vamos fazer disso uma maldita bagunça."

"Quantas cabeças você mandou para a forca?", O'Malley resmungou.

"Não o suficiente", disse Page. "Se mandássemos todos que deveríamos, íamos ficar sem corda."

* T. J. O'Malley foi meu parceiro de pôquer e criticou minha escrita severamente. Eu fiz várias revisões para ter certeza de que o que escrevi sobre ele era preciso. Acredite, as seguintes conversas neste capítulo entre O'Malley e sua esposa, Ann, assim como com seu amigo, George Page, são literais, palavra por palavra.

"Isso é ruim, hein?"

"Muito ruim, T. J.", ele fez uma pausa antes de implorar. "Nós precisamos de você, velho amigo. Precisamos que você volte e tome conta da espaçonave Apollo."

O'Malley resmungou novamente.

"Que tal?"

"Bem, George", T. J. ficou sério. "Estou esperando uma promoção aqui. Na verdade, estou esperando para amanhã, e..."

"T. J., estamos em uma confusão terrível", interrompeu Page. "Nós precisamos de você", ele implorou novamente. "Os astronautas querem você, o país precisa de você. Se quisermos chegar à Lua..."

"Eu vou pensar durante a noite", T. J. interrompeu desta vez. "Eu lhe dou uma resposta amanhã de manhã, George. Eu prometo."

Os dois amigos íntimos desligaram e George Passou a noite com os dedos cruzados.

Naquela noite, Thomas J. O'Malley se virou para Ann e disse: "Sra. O'Malley, George diz que eles precisam de mim no Cabo. Ele quer que eu vá e veja o que posso fazer com aquela bagunça deixada pelo incêndio na plataforma de lançamento."

"Tom", ela disse carinhosamente, "sem dúvida eles precisam de você, e sem dúvida você seria o homem para o trabalho. Você sempre cuidou de sua família, nós poderíamos apoiá-los, e querido", ela piscou, apontando para o monte de neve no gramado, "é uma decisão sua, mas com certeza é muito agradável esta época do ano em Cocoa Beach."

Thomas J. O'Malley retornou às plataformas de foguete do Cabo Canaveral exatamente um ano depois de sua saída e foi imediatamente contratado como vice-presidente de operações da Apollo pela North American Aviation. Ele recebeu a incumbência de levar os EUA à Lua antes do fim dos anos 1960. A experiência e o conhecimento, de repente, foram levados em conta, e T. J. O'Malley foi trabalhar naquela tarde. Ao amanhecer do dia seguinte, Tom O'Malley sabia duas coisas: George Page estava certo, e ele não tinha certeza de que Page era seu amigo.

A equipe da Apollo estava repleta de militares reformados – coronéis e generais – fazendo pouco mais do que viagens com vouchers para reuniões militares e coisas assim. Cada um estava comprando suas coisas – cada um respondendo apenas a si mesmo. E experiência? Diabos, eles não tinham nenhum.

A coisa toda cheirava a pagamentos a militares por contratos de aviação e aeroespaciais, e nos meses seguintes, enquanto a comissão de revisão investigava, enquanto outros apontavam e protegiam suas próprias costas, T. J. O'Malley calçou as botas e começou a chutar traseiros e anotar nomes.

Os engenheiros aeroespaciais mais qualificados e experientes da North American se ocuparam em redesenhar e reconstruir a Apollo de acordo com as especificações dos astronautas, e Neil ficou ocupado aprendendo a pilotar uma das espaçonaves Apollo redesenhadas. Ele sabia que as mortes de Gus, Ed e Roger lhes tinham dado o tempo necessário e, por Deus, se Neil A. Armstrong tivesse uma chance, eles acertariam pelos três amigos mortos.

Ele também sabia que a tripulação escolhida para voar para a Lua iria nas costas dos astronautas da Apollo 1 e conseguiu esboçar um sorriso. "Obrigado, rapazes", falou baixinho. "Nós vamos terminar isso."

Neil e os outros astronautas não tinham ideia de como os cosmonautas russos estavam prestes a se deparar com sua própria tragédia, perseguindo seus objetivos para também alcançar a Lua.

Menos de três meses após o incêndio da Apollo 1, o cosmonauta Vladimir Komarov entrou na órbita da Terra pela primeira vez com a espaçonave Soyuz. Ele fez um comentário: "Esplêndido".

O cosmonauta sênior da antiga União Soviética julgou sua nova nave como promissora e, após um dia de testes, o plano era que uma segunda Soyuz se juntasse a ele em órbita. As duas naves espaciais, então, acoplariam e seus dois pilotos trocariam de espaçonave. O feito colocaria os cosmonautas russos no mesmo nível dos astronautas americanos – uma habilidade de que a Rússia precisava para alcançar a Lua. Mas, assim que Komarov se instalou, enquanto viajava ao redor da Terra, a novíssima Soyuz apresentou sérios problemas.

Ao contrário da Gemini, dos Estados Unidos, e da futura Apollo, que funcionavam com bateria e célula de combustível, a Soyuz foi construída para extrair sua energia de dois painéis solares.

O painel direito estava acionado. O esquerdo, não. Esse permaneceu fechado. Nada que Komarov fizesse seria capaz de liberar o painel solar.

Na segunda órbita, o Controle da Missão da Rússia, localizado a alguns quilômetros de Moscou, estava em alerta total. A Soyuz 1 estava recebendo apenas metade da energia elétrica necessária. Seus sistemas e controles estavam falhando.

O transmissor de rádio de ondas curtas de Komarov não funcionava mais. Seu rádio de ondas curtas permanecia em operação, mas era muito precário. Ele só podia se comunicar com o Controle da Missão com moderação e recebeu instruções para mudar a altitude da Soyuz em direção ao Sol. O movimento poderia ajudar a atrair mais energia. Isso poderia lhe dar energia suficiente para liberar o painel travado. Mas não deu certo.

Na quinta órbita, a nova Soyuz começou a se desfazer e o Controle da Missão temia pela sobrevivência de Komarov. Seu motor estava falhando. As comunicações entraram em colapso. Ele desligou o sistema de estabilização automática e foi para o controle manual com seus propulsores de altitude.

Os propulsores operavam apenas em jatos fortes. Komarov sentiu a espaçonave se afastando.

Os controladores instruíram o cosmonauta a deixar a Soyuz ir, permitir que ela ficasse à deriva. Ele logo estaria se movendo através de uma série de órbitas durante as quais não seria capaz de manter contato de voz com seus controladores de voo. Entre a sétima e a décima terceira órbitas ele estaria longe das estações de rastreamento, fora de contato.

Esse seria o chamado "período morto" do dia para a espaçonave russa, e o Controle da Missão o instruiu a tentar dormir um pouco. Então, ele saiu do alcance do rádio. As comunicações estariam em um apagão pelas próximas nove horas.

O tempo passou devagar. No final da décima terceira órbita, ouviram a voz de Komarov. Seu relatório provocou calafrios no Centro de Controle. A nave estava inoperante. O controle manual com propulsores de pulverização catódica (*sputtering*), na melhor das hipóteses, era irregular. A Soyuz estava rapidamente se tornando uma assassina cambaleante, com seu piloto preso lá dentro.

As autoridades cancelaram o lançamento da segunda Soyuz. Eles disseram a Komarov que teriam que arriscar para trazê-lo de volta à Terra. Ele teria que disparar seus retrofoguetes para reentrar na décima sétima órbita, e usar toda a sua força e conhecimento para tentar segurar manualmente a Soyuz em um curso estável. Ele teria que manter o controle da altitude através da bola de fogo da reentrada.

Eles não precisavam dizer a Vladimir Komarov o porquê.

O diretor de voo disse em voz alta o que Komarov e todos sabiam. "Ela está fora de controle. A espaçonave está entrando em cambalhotas e o piloto terá dificuldade de parar. Nós devemos enfrentar a verdade. É possível que ele não sobreviva à reentrada."

Enquanto poucos na NASA ouviam uma tradução do serviço de inteligência americano, Neil Armstrong reconheceu imediatamente os problemas do cosmonauta. Ele e Dave Scott tinham enfrentado o mesmo na Gemini 8.

No início de 1958, poucos meses depois de a União Soviética ter lançado o Sputnik, o Presidente Dwight Eisenhower autorizou o desenvolvimento de um projeto de satélite de reconhecimento de alta prioridade operado pela Diretoria de Ciência e Tecnologia da CIA com a ajuda da Força Aérea dos EUA. Ele foi usado para "espionar", e para vigilância fotográfica da União Soviética, China e outras áreas de 1960 a maio de 1972. O codinome do projeto era Corona, mas, para esconder seu verdadeiro propósito, foi dado a ele o nome de Discoverer e divulgado como um programa de pesquisa científica e desenvolvimento de tecnologia.

No Controle da Missão na Rússia, o diretor de voo pegou seu telefone e emitiu ordens. Um carro potente parou diante de um complexo de apartamentos. Dois homens correram para dentro do prédio, voltando momentos depois com uma mulher. O carro voou em direção ao centro de controle.

A mulher era Valentina Komarov, esposa do cosmonauta e mãe de seus dois filhos.

Quando chegou ao Controle da Missão, a Soyuz 1 estava vagando pelo espaço. Komarov ficou indisposto com os movimentos violentos repetitivos. Ele forjou calma em sua voz quando o controle de voo lhe disse que poderia falar em particular com sua esposa.

Eles levaram Valentina para um console separado e se afastaram para garantir sua privacidade. Nesses momentos preciosos, Vladimir Komarov despediu-se da esposa.

Os retrofoguetes da Soyuz 1 diminuíram sua velocidade, mas a reentrada começou com Komarov tendo pouco controle. Ele lutou contra a espaçonave com sua experiência, habilidade e coragem. Avaliou sua posição por giroscópios na cabine. Alinhou a espaçonave corretamente e a manteve firme até que as forças atmosféricas ajudaram a estabilizá-la.

Os primeiros relatos do pouso da espaçonave indicavam que ele tocaria o solo a cerca de 60 quilômetros a leste de Orsk. Parecia que Komarov havia conseguido o impossível, lutando contra sua espaçonave avariada durante todo o percurso da reentrada.

Mas os controladores de voo não haviam testemunhado o que os fazendeiros da área de Orsk viram quando a Soyuz caiu na Terra. Apesar de Komarov ter sobrevivido à reentrada, ele estava lutando contra a sua espaçonave girando descontroladamente por todo o caminho.

O paraquedas principal não estava totalmente aberto. Seu paraquedas reserva caiu de sua espaçonave, imediatamente se contorcendo em um grande pano laranja e branco, seguindo inutilmente atrás da Soyuz.

A uma velocidade de cerca de 645 quilômetros por hora, a espaçonave do cosmonauta Komarov se chocou com o solo. Seu sistema de pouso incluía foguetes de frenagem disparados normalmente logo acima do solo para amortecer o impacto. Mas a Soyuz bateu forte e os foguetes explodiram, engolindo a espaçonave em chamas. Os fazendeiros correram para a espaçonave para jogar terra nos destroços em chamas. Uma hora depois, eles foram capazes de cavar através dos escombros em chamas para encontrar os restos do mais recente herói do voo espacial, Vladimir Komarov.

O programa espacial russo, como sua contraparte americana, experimentou um retrocesso impressionante e ingressou em um período de reavaliação. Tanto a Rússia quanto os Estados Unidos não lançaram outra espaçonave por um ano e meio.

NASA

COMO PERMANECER NA LUA

Após o incêndio na plataforma de lançamento, o Projeto Apollo ficaria parado por um ano e nove meses, tempo necessário para redesenhar e construir um novo equipamento de voo seguro, tempo que Neil sabia que os astronautas deveriam estar treinando para pilotar o que estava sendo reconstruído.

Os projetistas criaram um dispositivo mecânico de voo livre que replicava a gravidade da Lua e, de certo modo, funcionou como os especialistas previam para um módulo lunar.

Veículos com hélices não conseguiam imitar as trajetórias e diminuir as taxas de um módulo lunar, e ele achava que veículos assim seriam uma perda de tempo. O Lunar Landing Training Vehicle (LLTV) era uma engenhoca de aparência extravagante, um veículo de decolagem vertical, semelhante a uma aranha, com quatro patas. Foi imediatamente apelidado de "Flying Bedstead" (algo como "estrado voador"). Em seu núcleo havia um motor turbojato de 4.500 quilos montado em um *gimbal*, um dispositivo que permitia que o impulso do motor girasse livremente em todas as direções, mantendo o LLTV balanceado. Esse mecanismo fazia com que o motor a jato fosse desacelerado para suportar cinco sextos de seu peso, de maneira a simular a gravidade reduzida na Lua.

Por que cinco sextos? Como os pilotos da Apollo pousariam na Lua em um sexto da gravidade da Terra, eles precisavam saber como o módulo lunar voaria nessa baixa gravidade e, para simular essas condições, o LLTV tinha dois foguetes de propulsão de peróxido de hidrogênio com empuxo, que poderia variar de 45 a 227 quilogramas-força. Dezesseis propulsores menores, montados em pares, davam ao astronauta o controle na arfagem, guinada e rolagem, e por segurança havia seis foguetes de reserva de 227 quilogramas-força de empuxo que poderiam assumir se o grande motor turbojato falhasse, e também um dos primeiros assentos ejetáveis zero-zero.

Ora, o que é um assento de ejeção zero-zero? Os dois zeros referem-se à altitude zero na velocidade zero. A unidade de ejeção pode impulsionar um piloto para a segurança de um veículo em solo ou a milhares de metros no ar. Tudo isso era necessário para treinar um astronauta para pilotar o módulo lunar da Apollo, e Neil estava convencido de que se você pudesse construir um simulador que replicasse com precisão todas as condições de pouso na Lua, poderia treinar alguém para pousar com segurança no vizinho mais próximo da Terra.

"Esses engenheiros inteligentes da Bell fizeram exatamente isso", disse Neil, acrescentando: "A única coisa que eles não conseguiram fazer foi treinar sem vento na Terra, pois não há vento na Lua".

Havia outras questões, mas Neil acreditava que o LLTV era apenas uma ideia extravagante. Depois do incêndio da Apollo 1, os principais construtores da NASA, North American e Grumman, se ocuparam em reconstruir e ativar o módulo lunar Apollo enquanto os comandantes de pouso da nave, Neil Armstrong, Pete Conrad, Jim Lovell, Alan Shepard, David Scott, John Young e Gene Cernan, ocuparam-se tentando dominar o voo do "Bedstead".

A habilidade necessária era a mesma acuidade visual e coordenação motora necessárias para equilibrar um prato em um cabo de vassoura com um dedo.

Então, em 27 de março de 1967, dois meses após a morte da tripulação da Apollo 1, Neil fez seu primeiro e segundo voos de teste no LLTV. Mas os problemas técnicos no primeiro pararam as máquinas durante o resto do ano.

No início de 1968, versões melhoradas do LLTV foram levadas para a Base da Força Aérea de Ellington, perto da Estação de Voo de Alta Velocidade, em Edwards. Neil foi o primeiro da fila e, em um mês, seu diário de bordo registrou um total de dez voos de treinamento. Naturalmente, ele foi questionado sobre se voar no "Bedstead" estava se tornando rotina. "Eu não chamaria isso de rotina", respondeu Neil. "Nada sobre voar no LLTV pode ser chamado de rotina. Não é uma máquina que perdoa."

Neil continuou seus voos de treinamento e, pouco depois do almoço, em 6 de maio de 1968, subiu a bordo do simulador lunar e sentou-se na cabine do piloto. Esse seria seu vigésimo primeiro pouso com o LLTV e ele sentia-se seguro. Os técnicos começaram o procedimento de treinamento conectando os anexos necessários de Neil.

Era uma daquelas tardes de primavera do Texas, com muito sol e nuvens fofas, mas naquele dia também havia ventos. As rajadas eram de até 55 quilômetros, e Neil fez uma nota mental. Os ventos poderiam complicar tudo. Alguns dos astronautas da Apollo não gostavam de voar no exigente LLTV, mas Neil se sentia diferente. Ele sabia que, se um piloto pousasse na Lua sem vento, ele precisava saber como fazê-lo antes de chegar lá. Ele tinha pouca disposição para "aprender com a mão na massa".

Ele estava com medo? Na verdade, não. Ele simplesmente acreditava em coragem acima da intimidação. Tinha um apetite por aventuras muito maior do que o amor por não fazer nada, mas certamente manifestava respeito pelo que poderia dar errado e certificou-se de estar preparado. Quando ele voava com o implacável "Bedstead" ou com qualquer outra máquina desafiadora, Neil consciente ou inconscientemente voltava ao sonho – o sonho recorrente de sua adolescência, onde ele estava suspenso no ar. Nenhuma aeronave. Sem asas. Apenas flutuando a milhares de metros – até muito além do céu – e, enquanto segurasse o fôlego, relaxasse e mantivesse o controle, não cairia.

Estranhamente, Neil acreditava que o sonho era real. Isso lhe dava confiança. Não uma confiança arrogante. Não era arrogância. Mais uma vez, acreditava em seu preparo – em sua aguda consciência de quão afiadas e rápidas suas habilidades de voo tinham que ser para pilotar qualquer aparelho implacável, com ou sem asas, que não tivesse sido testado. Ele simplesmente se preparou o melhor que pôde e viveu a vida do piloto de testes.

A bordo do LLTV, o check-up de pré-voo de Neil foi normal e completo. Com uma última puxada no arnês em seu assento, ele, os quatro engenheiros e a equipe de solo do controle estavam prontos. O engenheiro de operações deu a volta, e o som profundo do motor a jato girando cada vez mais rápido em sua inicialização dizia ao pessoal próximo que, por segurança, era hora de se afastar.

Neil aumentou a força e sentiu a elevação do LLTV. Não era exatamente como um helicóptero saindo do chão, havia uma grande diferença: a perda instantânea de energia poderia permitir rapidamente que o veículo de treinamento lunar caísse como uma rocha antes que seus seis foguetes de reserva, de 227 quilogramas-força, assumissem o controle; em um helicóptero, com hélices girando, o pouso seria mais suave.

As posições das mãos nos controles do LLTV eram, na verdade, opostas às de um helicóptero – todas estranhas e diferentes, mas eram controles com os quais Neil se sentia seguro.

Ele se estabeleceu em sua subida, ganhando altitude de modo muito mais lento do que o habitual por causa da luta do veículo contra as rajadas de vento. De repente, entrando no campo de visão, estava o prédio Building One, um centro de referência do Manned Spacecraft Center, que dominava o horizonte do campus. Rapidamente ele voltou seu foco para a subida a quase 140 metros, onde começaria seu voo.

Alcançar a altitude atribuída estava sendo tudo, menos normal. Normal seria uma subida com pouco mais de dois minutos, mas os ventos fortes e as rajadas impediram a subida de Neil. Ele precisou do dobro do tempo para subir. Quatro minutos e 26 segundos, de fato, para chegar a 137 metros, onde ele contaria com os foguetes do LLTV para o pouso na simulação lunar.

Ele usou o sistema de controle automático para definir o impulso do motor a cinco sextos do peso do veículo, e tudo parecia pronto para os quatro engenheiros de teste.

"Você tem uma boa pesagem a 137 metros", disse o engenheiro de operações a Neil.

"Câmbio."

"Venha para baixo."

"Câmbio."

Neil iniciava sua simulação de pouso na Lua, como fez em vinte voos de testes anteriores. Ele estava usando os dois sistemas de controle de altitude para compensar as reações às rajadas. Todos os dados pictóricos e telemétricos informavam que Neil estava fazendo uma descida normal, ainda rápida, e um pouco mais íngreme através da chamada "Curva do Homem Morto" – a fase terminal –, e todos os envolvidos estavam convencidos de que era apenas mais um dia de trabalho de Neil Armstrong.

Mas, de repente, não foi bem assim.

A luz esquerda de "combustível de foguete baixo" piscou uma vez, em seguida piscou de forma constante, mas por causa de sua localização na extremidade superior direita do painel, isso passou despercebido por Neil.

Por um breve instante, o LLTV se acomodou em uma posição pairando a cerca de 10 metros acima do solo quando Neil imediatamente percebeu que algo estava errado.

"Saia do simulador lunar", ordenou o engenheiro de operações, e os reflexos de Neil foram rápidos. Antes que o engenheiro de operações pudesse repetir: "Saia do simulador lunar", Neil apertou o botão de liberação do simulador, avançando o acelerador até 100 por cento. Ele estava subindo instantaneamente cerca de 14 metros por segundo – alcançando altitude e segurança – quando o engenheiro de operações viu a luz que indicava nível baixo de hélio se acender.

"Venha para baixo. Nós estamos com nível baixo de hélio", o engenheiro ordenou.

Neil parou sua subida em 4,22 segundos com seu veículo se aproximando de 60 metros. Nos 7,34 segundos seguintes, o LLTV avançou e se nivelou enquanto Neil reorientava o veículo e a si próprio.

Ele sabia que a perda de pressão de hélio iria desligar seus foguetes de controle, e, tão rapidamente quanto se lembrou disso, a coisa aconteceu. Ele não tinha controle. O LLTV iniciou uma altitude de cabragem (*pitch-up*), e começou a cair, girando em parafuso para a direita. Neil tentou recuperar o controle, mas ele sabia que estava caindo. E que precisava salvar o caro veículo de alta tecnologia. Deke conseguiu o foguete de treinamento lunar com um orçamento baixo, mas Neil também sabia que não poderia rolar a 30 graus. Se fizesse isso, e disparasse seu assento ejetável, o foguete do assento o arremessaria de cabeça no chão.

"Instantaneamente eu estava sem escolhas", ele me contou mais tarde. "Perdi a pressão e o gás para os foguetes de controle de altitude e, quando você perde o controle de altitude, ele diverge, e havia muito pouco tempo para analisar alternativas naquele momento. Foi só porque eu estava tão perto do chão", ele explicou, "abaixo de 30 metros de altitude – momento para uma decisão instantânea, hora de partir – e eu disse ao controle: 'Eu tenho que deixá-lo'."

"Deixar o veículo?", perguntou o engenheiro de operações.

A mão de Neil já estava no anel sob seu assento. Ele o empurrou para a frente e sentiu seu mundo explodir.

Ele e seu assento ejetável zero-zero foram soprados do LLTV e, em um piscar de olhos, um pequeno explosivo abriu a cobertura do seu paraquedas.

Não havia como esperar por um drogue (um pequeno paraquedas usado antes do principal para diminuir a velocidade em queda livre). Não havia tempo para esperar a abertura do paraquedas principal. O desdobramento do paraquedas foi instantâneo. A força do foguete e a pressurização abriram totalmente seu paraquedas em um segundo.

Após a ejeção de Neil, o LLTV avariado levou apenas 2,84 segundos para cair no chão, desmoronando e explodindo em uma violenta bola de fogo.

Neil estava observando a uma distância segura, grato por estar no paraquedas, longe do combustível em chamas e dos metais em fusão. Alguns temiam que um piloto ejetado simplesmente caísse no meio das chamas.

Neil estava agradecido por não ser ele. Ele avaliou que seu paraquedas o estava levando ao longo de um campo de futebol afastado das chamas e em direção a um elevado com vegetação. Voltou a concentrar-se em fazer uma boa aterrissagem de paraquedas juntando os joelhos, as pernas para cima e segurando firmemente as tiras do paraquedas enquanto seus pés atingiam o mato.

Ele rolou até parar no chão 10,34 segundos depois de ejetar, puxando seu paraquedas e arreios antes de avaliar seu corpo e membros. Ele lembrou a si mesmo que era sua primeira ejeção em dezessete anos – desde que se ejetara de seu Panther sobre a Coreia. Exceto por ter mordido a língua, ele perceberia mais tarde naquela noite que o único outro dano que sofreu foi ter pegado carrapatos na vegetação.

Fora isso, Neil se afastou e ficou grato por não ter arranhões quando a ajuda chegou. Ele foi levado de volta à área de testes para um rápido interrogatório com a equipe de solo.

Era 1h45 da madrugada e o imperturbável piloto de testes continuou cuidando de tudo. Ele cuidou de sua língua machucada e levou seu 'Vette de volta ao seu escritório. Estava satisfeito com o que tinha feito e por ter sido treinado para isso.

Neil voltou ao trabalho e, nos dias seguintes, os investigadores descobriram a causa do acidente no LLTV. Era um sistema de propulsão mal projetado que permitia que o propelente vazasse, e a perda de pressão de hélio nos tanques fazia com que os propulsores de altitude parassem de funcionar. Neil não tinha controle sobre isso, e não fez nada que contribuísse para o acidente; enquanto aplaudia Armstrong por suas habilidades de voo e tomada de decisões, Bob Gilruth, diretor do Manned Spacecraft Center, e o diretor de Operações de Voo, Chris Kraft, viram que era apenas uma questão de tempo antes de um astronauta ser morto no treinamento lunar.

Os executivos estavam prontos para eliminar completamente o treinamento com o LLTV, mas Neil, Pete Conrad, Alan Shepard, Dave Scott e Gene Cernan – cinco dos seis comandantes da Apollo, que pousariam na Lua – estavam convencidos de que precisavam do LLTV.

"Esqueça um treinamento seguro em solo", Neil disse aos chefes. "Você nos obrigaria a treinar de verdade apenas uma vez – quando estivéssemos a 60 metros acima da superfície da Lua –, ou preferiria que aprendêssemos acima da Terra, onde temos ajuda?"

O homem que seria o último na Lua, Gene Cernan, apoiou o astronauta que seria o primeiro, e Cernan não adoçou suas palavras: "Treinar com o LLTV significa que você não pode cometer erros. Isso coloca seu traseiro no mundo real. Nós temos que ter isso".

Neil não se entusiasmava facilmente, acreditava no fato de que você tinha que esperar que algumas coisas saíssem erradas, e que precisava se preparar para lidar com o inesperado. "Você espera que essas coisas inesperadas sejam apenas algo com que você se preparou para lidar", ele me disse.

Alguns jornalistas acusaram erroneamente a NASA de exagerar a altitude de ejeção de Armstrong para cerca de 60 metros. Os redatores afirmaram que era mais de 15 metros, com Neil tendo apenas dois quintos de segundo antes do impacto. Neil me disse que ele julgou estar a pouco menos de 30 metros, o ponto em que as regras exigiam que o piloto fosse ejetado se estivesse tendo problemas. O vídeo confirma a avaliação de Neil. Aparentemente, esses redatores estavam confundindo os fatos da primeira ejeção do LLTV com seu piloto de testes Joe Algranti.

Da boca de Neil aos ouvidos deste escritor, dos vídeos, das investigações e das entrevistas com os outros que estavam lá, foi revelado que Neil tinha mais de 15 metros quando se ejetou e seu veículo de treinamento lunar levou 2,84 segundos para atingir o chão. Menos de três segundos, e, o mais importante, nunca houve um acidente no treinamento de LLTV causado por um astronauta.

O treinamento continuou com Neil realizando quase sessenta pousos no LLTV, e depois de ter feito a primeira aterrissagem na superfície lunar ele disse: "O LLTV me deu uma boa dose de confiança – havia uma familiaridade confortável quando pousamos na Lua".

O próximo passo para Neil era a Apollo 8.

Deke Slayton selecionou-o como comandante reserva de Frank Borman e Edwin "Buzz" Aldrin como piloto reserva do módulo de comando, de Jim Lovell. Mas Mike Collins, que voaria para a Lua com Neil e Buzz na Apollo 11, teve que se afastar para uma cirurgia no pescoço. Deke transferiu o astronauta Fred Haise como terceiro membro da equipe de reservas da tripulação da Apollo 8.

O plano da missão pedia que a Apollo 8 tivesse como exemplo a primeira missão da tripulação da Apollo em direção à órbita da Terra. Esse voo, apelidado de Apollo 7, estava no calendário para outubro – a menos de sete meses.

Um ano e dois meses se passaram desde o incêndio da Apollo 1 e o lançamento agendado da Apollo 7 parecia promissor. Neil fez um balanço do fato de que meio bilhão de dólares havia sido gasto na reformulação exaustiva e na reconstrução da Apollo, incluindo uma escotilha que um astronauta poderia abrir em três segundos. A nova espaçonave incluiu o uso extensivo de materiais resistentes ao fogo, um sistema elétrico reprojetado, melhor proteção para sistemas de dutos e o uso de um sistema atmosférico com uma combinação de nitrogênio e oxigênio, para quando a espaçonave estivesse no solo.

Neil estava ciente de que o que aconteceu com a Apollo também poderia acontecer com o módulo lunar, um fato não esquecido pela construtora Grumman Aircraft. A equipe da Grumman também fez extensivas mudanças nesse veículo e, embora Neil não soubesse disso na época, Grumman estava construindo o único veículo espacial que transportaria seres humanos sem nunca passar por um fracasso. Na verdade, seria o bote salva-vidas que mais tarde salvaria os três astronautas da Apollo 13.

A equipe da Grumman rapidamente ganhou o respeito da indústria e Neil, lembrando-se de seu amigo Gus Grissom, que aguentou condições precárias no simulador da Apollo 1, falava com frequência sobre os esforços antes da montagem.

Neil diria: "Estou convencido de que teríamos perdido mais vidas de várias maneiras antes de chegarmos à Lua e talvez nunca tivéssemos chegado lá se não fosse pela Apollo 1. Descobrimos muitas coisas erradas. Nós as consertamos uma por uma. O incêndio nos obrigou a encerrar o programa e refazer tudo, e chegamos lá por Gus, Ed e Roger."

Em 11 de outubro de 1968, o foguete Saturno 1B retumbou de sua plataforma de lançamento e impulsionou a Apollo 7 e sua tripulação, com três astronautas, até sua órbita.

Na metade do percurso, o comandante de voo, Wally Schirra, tocou seu microfone e disse ao Controle da Missão: "Ela está deslizando como em um sonho".

Schirra, da Apollo 7, Walter Cunningham e Donn Eisele passaram onze dias no espaço. Eles testaram os novos sistemas da Apollo, conduziram experimentos e transmitiram as primeiras imagens ao vivo do espaço para fascinar o público ao redor do mundo, enquanto provavam que a nova Apollo funcionaria no espaço mais do que o necessário para um voo de ida e volta para a Lua.

Os Estados Unidos estavam de volta à estrada para a superfície lunar, mas a Rússia não estava parada. Os Estados Unidos tiveram seu supermíssil balístico, o Saturno V. A Rússia teve seu supermíssil balístico N-1. O Saturno V estava como previsto; o N-1 estava cercado de falhas.

Os agentes da inteligência dos Estados Unidos estavam vigiando de perto os russos e Neil tinha amigos entre esses agentes. Ele foi um dos primeiros a ser informado quando os russos prepararam um esquadrão de foguetes R-7 menores. Eles deveriam lançar uma frota de naves-tanques na órbita da Terra. Os cosmonautas seguiriam e reuniriam as naves-tanques, e as juntariam em uma única composição de uma das novas naves Soyuz e cinco veículos abastecidos. Essa composição seguiria seu caminho para a órbita lunar, deixando os americanos para trás no percurso até a Lua.

Então, Vladimir Komarov morreu na Soyuz 1, atrasando os planos soviéticos.

Os russos se reorganizaram. Eles começaram a modificar a espaçonave Soyuz para que ela pudesse carregar um ou dois cosmonautas em uma única volta ao redor da Lua. Sem pousar. Mas, aos olhos da maioria das nações, eles teriam de fato deixado os americanos para trás, e depois seguido para outros projetos, como construir uma estaçao espacial, dizendo: "Poderíamos ter pousado se quiséssemos".

Os russos recrutaram seu reformulado módulo lunar Zond e o carregaram com tartarugas, moscas e minhocas e, em novembro de 1968, enviaram os seres vivos em um voo ao redor da Lua e os trouxeram de volta vivos.

Neil e seus amigos da inteligência acreditavam que esse voo era o ensaio geral da Rússia para a primeira viagem da história, realizada por um cosmonauta, de ida e volta ao redor da Lua. A NASA também.

HELLO, LUA

Um Thor-Agena levantou-se da Base da Força Aérea de Vandenberg, na Califórnia, levando outro espião de fotorreconhecimento em sua missão de vigiar o que estava acontecendo no local de lançamentos da Rússia. Na manhã seguinte, os analistas estavam olhando para outro foguete Proton soviético na sua plataforma de lançamento. Ele estava esperando para ser equipado com uma espaçonave Zond.

O tempo era limitado.

Como haviam feito com o módulo lunar Zond, carregado com tartarugas, moscas e minhocas, os russos estavam agora em condições de enviar um único cosmonauta em um voo circunlunar em dezembro ou janeiro.

Os principais executivos da NASA estavam em um dilema. Eles viram o fracasso diante de si.

O administrador da NASA, Jim Webb, disse ao presidente Lyndon Johnson que era hora de os Estados Unidos entrarem no jogo, de considerar colocar os astronautas no primeiro voo tripulado do foguete Saturno V e enviá-los para a Lua a bordo da Apollo 8.

Alguns especialistas zombaram do plano. A maioria argumentou a respeito e Webb disse ao presidente, no final do seu mandato, que era consenso entre os engenheiros da NASA que eles haviam corrigido os problemas menores do Saturno V e que não havia necessidade de um teste adicional não tripulado. Era hora de voar.

Os Estados Unidos perderam tempo com um teste do Redstone, que se revelou inútil, o que permitiu a Yuri Gagarin derrotar Alan Shepard no espaço. Deke Slayton e os astronautas da NASA não estavam dispostos a ver uma repetição daquele showzinho de marketing e aparências. O módulo lunar não estaria pronto para seu primeiro teste de voo antes de quatro ou cinco meses, mas eles tinham uma Apollo perfeitamente apta. Deke voltou-se para o comandante da Apollo 8, Frank Borman, dizendo depois: "O filho da mãe quase deu piruetas quando eu disse a ele que era uma possibilidade a Apollo 8 chegar até a Lua".

Deke riu. "A resposta de Borman foi um enorme *sim*", e então Deke contou ao comandante reserva da Apollo 8, Neil Armstrong.

Neil assegurou ao chefe que, com o sucesso da Apollo 7, a ideia de enviar a Apollo 8 para a Lua era um golpe de mestre genial. Ele havia conversado com seus amigos da inteligência e Neil disse a Deke: "Não devemos apenas ir, devemos colocar a Apollo 8 em órbita ao redor da Lua também. Isso mataria os planos de um voo circumlunar."

Deke assentiu. Ele gostou do conselho de Neil.

Cada segundo de tempo era essencial. Em 11 de novembro de 1968, o novo administrador da NASA, Thomas Paine, aprovou o plano. Ele telefonou para a Casa Branca e o presidente Johnson deu a sua bênção. Foi a maior aposta em voos espaciais desde então.

A Apollo 8 foi preparada para o lançamento em 21 de dezembro de 1968, e Neil se viu com a equipe principal. Frank Borman, Jim Lovell e Bill Anders começaram a se vestir enquanto Neil se apressava para a plataforma de lançamento e subia a bordo da espaçonave destinada à Lua. Era o trabalho do comandante reserva monitorar a sequência de pré-lançamento de dentro da cabine. Ele estava lá para verificar e definir todos os botões e interruptores.

Quando a equipe principal e elegante chegou à sala branca, Neil apertou as mãos dos astronautas e recuou para o Centro de Controle de Lançamento, onde se juntou a sua equipe de apoio, Buzz Aldrin e Fred Haise. Os três ficaram atentos diante dos grandes pontos de observação ao longo da grande janela de frente para a plataforma e voltaram os ouvidos para os alto-falantes e para a voz do comentarista de lançamento Jack King.

"Dez, nove, oito, sete, seis", e o Saturno V estava vivo, em ignição.

Mas não foi a lugar nenhum. Neil sabia que o foguete gigante era composto por milhões de peças e sistemas. Os computadores do Centro de Controle de Lançamento funcionavam à velocidade da luz checando e verificando novamente cada parte antes que o maquinário mais potente pudesse se mover.

Mas seu som não ficou estável.

Seu rugido estrondoso ganhou vida com a ignição do Saturno V e abriu caminho pelo centro espacial, golpeando tudo em seu caminho. O amplo edifício do Controle de Lançamento não foi poupado.

O tsunami estrondoso abalou as janelas do centro de operações, deformando a que estava na frente de Neil e da equipe, que por um momento pensaram que tinham sido engolidos. Eles pensaram que todo o vidro se quebrara e recuaram conforme as partes do teto recém-construído caiam, com outros entulhos da construção.

Mas as janelas ficaram firmes e Neil podia ver facilmente que os poderosos motores do Saturno V estavam queimando ainda mais forte, exigindo que fossem liberados, e Jack King relatou: "Todos os motores funcionando... Três, dois, um, zero!"

E, então, aconteceu. Parafusos explosivos dispararam e os braços gigantes de sustentação do Saturno V soltaram suas garras.

"Temos decolagem, decolagem da Apollo 8 – destino, Lua."

Nem Neil nem qualquer outro entre a enorme plateia em torno da plataforma de lançamento conseguia tirar os olhos da grandiosidade de tudo aquilo: o Saturno V se moveu. Aquela máquina, a maior que já havia sido criada, alcançou o céu, seguiu adiante entre chamas e bradou, ensurdeceu e subjugou todos aqueles que assistiam; o trovejar vibrou em seus corpos, agitou suas roupas, pressionou suas peles, e sacudiu as moedas em seus bolsos. Neil Armstrong de repente soube que mal esperava pelo dia em que alçaria voo com aquele lindo filho da mãe.

Pássaros fugiram de seus poleiros. Os animais fugiam assustados com o som impressionante e penetrante. Ele abalou e estremeceu, e tomou altitude até que não ecoasse mais como um trovão, não mais produzisse estrondo. Ele se transformou em uma série de explosões desconexas e agora causava danos. Isso provocava uma dor terrível nos ouvidos, estremecia o corpo, mas era estimulante e valia os danos enquanto a grande plateia encarava a massa ofuscante de fogo.

Cada vez mais alto, a Apollo 8 subia, deixando para trás seu som ensurdecedor enquanto alcançava a órbita como uma lança de fogo de mais de 250 metros de comprimento. A massa de espectadores podia apenas olhar intensamente o grande objeto flamejante, vê-lo se transformar em uma bola laranja, observar como o vermelho aparecia ao longo de suas bordas ardentes, e cada um buscou uma última visão enquanto a carruagem de fogo desaparecia por sobre o Atlântico. Neil Armstrong soube que, se alguém pudesse amar um produto da engenharia, com certeza seria esse.

A bordo, Frank Borman, Jim Lovell e Bill Anders tinham acabado de passar para a região de pressão dinâmica máxima, deixando todo o som da nave espacial para trás. Estava estranhamente quieto agora. Se os astronautas não estivessem escutando o zumbido dos equipamentos de controle, poderiam pensar que estavam em um simulador em solo.

Mas com certeza não estavam.

Algo estava aumentando a pressão crescente em seus assentos, transportando-os mais e mais rápido para o espaço, e tudo estava funcionando. No momento em que se aproximaram da velocidade necessária para orbitar a Terra, eles queimaram e descartaram o primeiro e o segundo estágios do foguete. Agora, tudo de que precisavam era um empurrão de seu terceiro estágio S4B para começar a dar voltas em redor da Terra, o que eles conseguiram, e o Controle da Missão começou a checar e verificar novamente todos os sistemas da Apollo 8. Eles tinham que ter a maior certeza possível de que passaram ilesos pelos rigores do lançamento e que estavam em órbita, e tudo estaria bem para a jornada mais longa jamais realizada por seres humanos.

As verificações e testes duraram quase duas órbitas da Terra. A Apollo 8 estava preparada. Então, a tripulação disparou o estágio S4B novamente.

A explosão de energia do último estágio do Saturno V aumentou a velocidade dos astronautas para mais de 11 mil quilômetros por hora. O foguete em ignição provocou o que os navegadores do espaço chamavam de inserção translunar, e a nova velocidade da Apollo 8, de mais de 38 mil quilômetros por hora, escapou à gravidade da Terra. A espaçonave com uma tripulação de três pessoas estava livre para atravessar o vácuo até a Lua. Pouco tempo depois, Jim Lovell enviou uma mensagem ao Controle da Missão. "Diga a Conrad que ele perdeu o recorde."

Pete Conrad e Dick Gordon atingiram uma altura de 1.368 quilômetros em sua ágil espaçonave Gemini 11. Mas a Apollo 8 ainda estava subindo e, quando estabilizou, o novo recorde seria de cerca de 386.242 quilômetros.

Dentro do Controle de Lançamento Neil havia monitorado todos os acontecimentos a bordo da espaçonave destinada à Lua. Mas agora estava na hora de ele e a equipe de apoio se mexerem – de volta ao Controle da Missão para testemunhar que a Apollo 8 havia se tornado a primeira espaçonave tripulada a entrar em órbita ao redor da Lua. Ele, Buzz e Fred com suas esposas embarcaram em um avião Gulfstream da NASA, para o voo de volta a Houston. Quando chegou em casa, Neil tomou banho, trocou de roupa e dirigiu-se ao Controle da Missão para ficar de prontidão, se necessário.

Ele estava lá em sua atribuição de comandante reserva da Apollo 8. Se algum dos controladores de voo precisasse saber a qualquer momento o que a tripulação deveria fazer, ele estaria lá para isso. Se não precisassem dele, ele ocuparia um lugar que ficava fora do caminho na grande sala cheia de consoles.

Deke Slayton viu Neil e achou que seria um bom momento para falar sobre sua próxima missão. Ele se aproximou e puxou uma cadeira.

"Tem um minuto, Neil?"

"Claro, chefe, a qualquer hora."

"Estive pensando sobre sua próxima tarefa."

"Isso é ótimo."

"Há muitos 'ses', 'es' e 'poréns'" – disse Deke categoricamente – "mas estamos pensando em você comandar a Apollo 11."

"Isso não me deixaria irritado", Neil sorriu.

Deke inclinou-se para a frente e, num quase sussurro, explicou que não havia como saber como seria a missão da Apollo 11. Mas, se o voo atual da Apollo 8 para orbitar a Lua fosse um sucesso, se o módulo lunar pudesse ir bem em seu primeiro voo com a Apollo 9, e se a Apollo 10 pudesse retornar à órbita lunar e seu módulo lunar descer até 13,5 quilômetros da Lua, então, a Apollo 11 poderia ser a primeira a pousar.

Neil não ficava atordoado facilmente, mas ficou, por um longo momento. Apenas olhou para o diretor de operações da tripulação de voo e processou tudo o que ele havia lhe dito. "Obrigado, Deke, obrigado pela sua confiança," disse ele oferecendo-lhe a mão. "Se você decidir confiar em mim para a Apollo 11, farei o melhor possível."

"Eu sei que faremos, Neil", ele assegurou, acrescentando: "Isso vai abalar as estruturas".

Deke se afastou e Neil refletiu sobre a possibilidade impressionante de sua tripulação ser a primeira a pisar em outro lugar que não a Terra. Mas certamente Neil não havia se esquecido, apesar do que acabara ouvir, de que o fato era que o maravilhoso produto da ciência, tecnologia e engenharia que levaria a ele e a sua tripulação à Lua estava, naquele exato momento, se movendo entre a Terra e a Lua – o Módulo de Comando Block II, criado a partir das cinzas da Apollo 1. Ele estava repleto do conhecimento aprendido com o erro de avaliação da NASA.

Os três astronautas que viajavam dentro de um pequeno mundo em forma de cone faziam isso sob os olhos atentos do maior público da história. Mais de 1 bilhão de pessoas estavam sintonizadas em seus rádios e televisões, recebendo notícias e imagens nunca antes vistas.

Transmissões ao vivo de uma Terra ao longe entrou nas casas, vindas da nave espacial, e sua tripulação tornou-se guia de turismo.

Enquanto isso, nas estepes do Cazaquistão, Zond estava em sua plataforma de lançamento. O desapontamento substituiu a habitual rodada festiva de brindes com vodca e conhaque.

Lev Kamanin, principal assessor dos burocratas da agência espacial do Kremlin e filho do chefe de treinamento dos cosmonautas, escreveu em seu diário: "Para nós, este dia está obscurecido pela sensação de oportunidades perdidas e, com tristeza, hoje os homens que voam para a Lua são Borman, Lovell e Anders, e não Bykovsky, Popovitch ou Leonov."

Apesar de ter dito isso, o sentimento de Kamanin não expressava o fim dos esforços russos para alcançar a Lua. Apesar dos fracassos com seus grandes foguetes, os cosmonautas continuariam tentando.

As horas no voo da Apollo 8 passavam – dia um, e agora dia dois –, mas não o assombro e a admiração. Armstrong sabia que os astronautas estavam fascinados, incapazes de tirar os olhos do que estava lá fora. De repente, perceberam que uma esfera surgia muito distante – uma visão impressionante da Terra. Não eram vastos horizontes se curvando suavemente, mas uma Terra mais definida – um mármore azul com dominantes mares azuis e nuvens brancas, abundantes florestas tropicais e montanhas elevando-se acima de sua superfície.

Do meio do caminho entre as suas casas e a Lua, a Terra parecia-lhes perfeitamente redonda, uma esfera impressionante, e a Apollo 8 continuava a deslizar silenciosamente para longe da vista, deixando os astronautas em um Universo totalmente escuro pela primeira vez. Nenhuma luz da Terra, nem da Lua – até mesmo o Sol havia se escondido –, e Borman, Lovell e Anders tinham a mais clara e mais distinta visão possível de sua própria Via Láctea e de centenas de galáxias com suas nebulosas e aglomerados estelares, alguns tão brilhantes quanto distantes.

O dia seguinte seria véspera de Natal. Borman, Lovell e Anders estavam se aproximando da Lua, o que parecia impossível. Eles haviam deixado a Terra impulsionados pelo maior foguete dos Estados Unidos, a mais poderosa máquina de energia já construída, para ganhar altitude e se afastar do profundo poço gravitacional de seu planeta; era um monstro de aço, gelo e fogo no qual nenhum homem havia voado. E eles estavam arriscando tudo para voar em órbita ao redor do satélite natural da Terra.

Foi uma aposta como poucas outras conhecidas na história.

A Apollo 8 deslizou através de uma região onde a gravidade de um corpo celeste é prevalente, aquele ponto em seu voo onde a gravidade da Lua teria uma atração maior do que a da Terra distante. No Controle da Missão, Neil e Deke Slayton pegaram um café fresco e sumiram em uma das salas dos fundos do centro de controle.

"Mike Collins se recuperou bem da operação no pescoço", Deke começou:

"Como você se sentiria em ter Collins e Buzz Aldrin na sua equipe?"

"Não há problema nisso", assegurou Neil. "Eu tenho trabalhado nestes últimos meses com o Buzz na equipe reserva da Apollo 8 e tudo correu bem."

"Nenhum problema?"

"Nenhum."

"Eu poderia disponibilizar Jim Lovell."

Neil ficou um pouco surpreso. Ele sabia que alguns tinham dificuldade em lidar com Buzz, mas não ele. E não havia ninguém melhor do que Jim Lovell e Mike Collins, e isso deixaria uma pergunta no ar: "Quem voaria o quê?" Mike seria o piloto do módulo de comando e Jim pousaria na Lua, ou Lovell, o mais experiente piloto de módulo de comando do corpo, permaneceria com esse módulo deixando para Mike Collins a função de piloto do módulo lunar?

Neil perguntou a Deke:

"Jim Lovell não é o comandante?"

"Sim, definitivamente", concordou Deke.

"Eu não gostaria de interferir com Jim comandando seu próprio voo."

"Entenda... só queria lhe dar opções", disse Deke. "Vamos pensar sobre isso durante a noite."

"Boa ideia, chefe", Neil assentiu, lembrando-se rapidamente de que a experiência deveria ser sua principal consideração para uma equipe.

Buzz Aldrin tinha acertado precisamente com a EVA na Gemini 12 e Mike Collins estava no topo de sua carreira pilotando o módulo de comando da Apollo, mas nesse momento Jim Lovell estava à frente do módulo de comando da Apollo 8.

Mais tarde, Neil me diria: "Se trocássemos demais as coisas, mexendo muito nas equipes, poderíamos ter feito inimigos.

"E havia personalidades – sempre personalidades, e foi aí que eu fiquei devendo", Neil riu, fazendo piada consigo mesmo.

Com a Lua se aproximando, os astronautas da Apollo 8 estavam esperando a decisão do Controle da Missão sobre se iriam ou não entrar na órbita lunar.

Os três astronautas não sabiam se iriam passar o Natal circulando a Lua ou fazendo uma única viagem ao redor do lado mais distante. De qualquer forma, o voo deles já era um sucesso estrondoso. Isso abriu as portas para a exploração humana do nosso sistema solar, era grandioso. Todos na NASA, assim como os bilhões de pessoas pelo mundo acompanhando pelo rádio e pela televisão, queriam que a Apollo 8 fosse até o fim.

Neil sabia que no módulo de serviço de astronautas estava o SPS (sistema de propulsão do módulo de serviço), o maior foguete da Apollo 8. Seria necessário para reduzir a velocidade deles e colocá-los na órbita lunar, e, depois, entraria novamente em ignição para trazê-los para casa em segurança. A pergunta no Controle da Missão era: "A órbita lunar é a coisa mais segura a se fazer?"

Neil sabia: o que os responsáveis pela tomada de decisões deveriam considerar era crítico não apenas para a missão, mas também para as vidas dos três homens. Para deslizar a Apollo 8 para a órbita lunar, o grande SPS teria que disparar a todo o vapor por exatamente 247 segundos. Após o desligamento, a tripulação usaria seus propulsores de controle de altitude para apontar o nariz de sua espaçonave na direção do voo. Se o motor em ignição hesitasse ou falhasse antes disso, os astronautas voariam ao longo da Lua em um caminho que não os devolveria à Terra. Se o foguete queimasse por muito tempo, a Apollo 8 colidiria em algum lugar da paisagem lunar.

Se a ignição do SPS não fosse ligada, ou se o Controle da Missão decidisse não ir para a órbita lunar, a Apollo 8 estaria perfeitamente segura. Ela giraria em torno do outro lado da Lua, curvando-se no limite de sua órbita como se fosse um bumerangue celestial, e, sem usar uma gota de combustível de foguete, os astronautas estariam a caminho de casa. Essa seria a "Trajetória de Regresso Livre" inserida nos computadores da Apollo 8 antes de sair da Terra.

Neil recostou-se na cadeira, sabendo que esse era o "momento da verdade" no Controle da Missão. Ele também sabia que todos os monitores do centro de controle estavam "verdes".

Os astronautas Frank Borman, Jim Lovell e Bill Anders estavam prontos para qualquer emergência. Eles estavam prestes a desaparecer atrás de um corpo celestial de 3 mil quilômetros de largura – voar através do lado da Lua voltado para longe da Terra, onde os sinais entre a Apollo 8 e o Controle da Missão seriam bloqueados por mais de vinte minutos.

O CapCom, Jerry Carr, recebeu a ordem. Era seu trabalho dar aos astronautas a resposta e todos cruzaram os dedos para ouvir. "Dez segundos para prosseguir", disse ele à Apollo 8. "Vocês irão até o Fim."

A voz de Jim Lovell estava incrivelmente calma. "Vamos vê-la do outro lado, Houston."

Com essas palavras, a Apollo 8 desapareceu atrás da vizinha mais próxima da Terra.

Neil escutou. No entanto, não havia mais nada para ouvir. A missão simplesmente ficou calada. Nenhuma comunicação. Nenhum sinal de telemetria. Não havia como saber se os três astronautas continuavam a existir. O que o Controle da Missão não sabia, até que a Apollo 8 surgisse de trás da Lua, é que, no exato momento programado por seu plano de voo, Jim Lovell tinha disparado o maior foguete da Apollo 8, por 247 segundos, o que ele chamaria de "os quatro minutos mais longos da minha vida".

Foi um momento esplêndido e memorável, 69 horas e quinze minutos após o lançamento, e, quando a ignição foi concluída, a Apollo 8 havia entrado na órbita lunar.

O Controle da Missão só desconfiava de que isso tinha acontecido, e os controladores de voo continuaram com o suspense, contando os minutos e segundos antes de a Apollo 8 emergir do outro lado da Lua.

O CapCom Jerry Carr só conseguiu manter a sua chamada persistente: "Apollo 8... Apollo 8... Apollo 8..."

Parecia uma eternidade, mas, então, a intensa espera acabou. Fones de ouvido e alto-falantes estalavam, e Neil ouviu a voz de Jim Lovell, calmo como sempre: "Vá em frente, Houston".

Essas palavras – chegando exatamente no instante em que deveriam – provocaram uma confusão de aplausos, assobios, tapinhas nas costas uns dos outros e gritos no Controle da Missão.

A telemetria da Apollo 8 exibia números no grande painel de visualização. Estava em uma órbita de 96,5 por 271,1 quilômetros acima da Lua. Mais tarde, na terceira viagem ao redor da superfície lunar, o grande foguete da nave disparou novamente e lançou os astronautas na desejada órbita quase circular, de 97,6 por 96 quilômetros.

Mas o público entusiasmado ao redor do mundo não queria números. Queria saber como era a Lua.

"Essencialmente cinza, sem cor", relatou o guia turístico lunar Jim Lovell. "É como gesso ou uma espécie de areia acinzentada de praia."

Em suas duas primeiras transmissões, os astronautas enviaram vídeos da órbita lunar, da paisagem selvagem e maravilhosa, com crateras enormes. "Parece um lugar vasto, solitário e ameaçador, uma extensão de nada", disse Borman, enquanto Lovell via a distante Terra como um "grande oásis".

O terceiro membro da tripulação, Bill Anders, acrescentou: "Você pode ver que a Lua foi bombardeada através das eras por inúmeros meteoritos. Cada centímetro quadrado está cheio de marcas".

Lovell acrescentou: "A vasta solidão impõe respeito e faz você perceber exatamente o que existe lá na Terra".

A véspera de Natal de 1968 foi extraordinária não apenas para Neil e Deke, e os outros no Controle da Missão, mas também para os bilhões de espectadores que haviam se reunido diante de seus aparelhos de televisão. Eles estavam tendo uma visão maravilhosa, nunca antes vista, da Lua se movendo silenciosamente abaixo da órbita lunar da Apollo 8, quando Bill Anders falou: "Para todas as pessoas na Terra", ele começou sobriamente, "a tripulação da Apollo 8 tem uma mensagem que gostaria de enviar a vocês". Ele fez uma breve pausa e começou a ler os versículos do livro do Gênesis: "No princípio, Deus criou o céu e a terra... Quando Bill terminou a leitura do quarto versículo, Jim Lovell leu os quatro seguintes com Frank Borman concluindo: "E chamou Deus a terra seca de Terra e a reunião das águas de mares. E Deus viu que era bom".

A Lua, com sua visão do distante e suave mármore azul de vida, tornou-se o anfitrião dos poetas, e Borman assinou: "E, da tripulação da Apollo 8, fechamos com boa noite, boa sorte, um Feliz Natal, e Deus os abençoe a todos e a cada um de vocês em nossa boa Terra".

Neil conteve suas emoções pensando: "Espero que minha mãe tenha visto isso". Ela teria gostado, disse a si mesmo levantando-se da cadeira.

Seus pensamentos voltaram para as questões do momento. Se o que ele e Deke estavam conversando acontecesse, ele estaria lá em breve, possivelmente na própria Lua, e Neil saiu para encontrar Deke. Haviam combinado se reunir.

Os dois se encontraram um canto afastado, novamente na parte de trás do Controle da Missão. Quando cada um deu a sua opinião, Neil ficou contente por Mike Collins e Buzz Aldrin servirem com ele na Apollo 11. Jim Lovell, Bill Anders e Fred Haise seriam seus reservas.

"Eu anunciarei as equipes no próximo mês", disse Deke a Neil Quando o encontrei mais tarde, Neil me disse que provavelmente comandaria a Apollo 11.

"Não me surpreende nem um pouco", eu balancei a cabeça, sorrindo. "Você é obviamente o piloto mais qualificado. Mas o que eu considero mais importante é que você tem o caráter e o treinamento para lidar com isso."
"Talvez", disse ele. "Foi uma questão de sorte."

Eu sabia que aquele homem que estava diante de mim nunca fez lobby para realizar o primeiro pouso. Ele nunca buscou mais reconhecimento do que seus colegas astronautas recebiam, e só pude olhar para ele. Fiquei espantado por aquele homem humilde realmente acreditar que só fora selecionado porque era o próximo da fila.

Eu entendi por que outros astronautas acreditavam nisso, mas para mim não havia dúvida de que o grande impulso que comandava essa seleção tinha sido a consciência dos chefes da NASA sobre a devoção de Neil ao voo do LLTV até que ele dominasse a aterrissagem na Lua, além de sua incessante necessidade de prever situações. Ele simplesmente precisava estar preparado para o inesperado.

"Isso é extraoficial", eu disse a Neil. "Como você sabe, Deke e nosso homem Harold Williams são amigos de pesca, e ele disse diretamente a Harold que queria você primeiro, e se você tivesse que abortar a missão ele sabia que Conrad poderia lidar com o trabalho na Apollo 12, ou então Jim Lovell poderiam fazer isso na 13."

Neil me deu um sorriso que dizia talvez sim, ou talvez não, e fiquei ali admirando sua imparcialidade genuína. Eu disse a ele sinceramente: "Neil, você é bom demais. Você é a pessoa mais atenciosa que já conheci, e pode não achar que é especial, mas todo mundo acha. E, caramba", levantei a minha voz, "se você precisar de mim para interferir, apenas me avise."

Neil assentiu e me deu o maior elogio da minha vida. "Eu gostaria de ter você como meu homem de confiança a qualquer momento", ele sorriu.

"É só pedir", eu disse, sabendo que a melhor parte era que ele estava sendo sincero.

No início da manhã do dia de Natal, a Apollo 8 passou pela sua décima e última órbita ao redor da Lua e ficou novamente fora de contato com o Controle da Missão. O disparo dos foguetes ou os iniciaria em sua jornada de volta para casa ou os deixaria encalhados na órbita lunar. No momento marcado, Borman, Lovell e Anders sentiram seu grande foguete SPS ganhar vida, criando um longo fluxo de chamas e uma ampla nuvem de fogo atrás do motor. No segundo 304, o motor desligou, bem na marca.

O tempo arrastou-se enlouquecedoramente para um mundo em espera.

Finalmente, a voz de Jim Lovell veio com pura alegria: "Saibam, por favor, que Papai Noel existe", disse ele. "A ignição foi boa."

Foi melhor que boa. Depois de vinte horas na órbita lunar, a Apollo 8 estava se dirigindo diretamente à Terra através de seu pioneiro caminho lunar, descendo a estrada matemática que tinha que ultrapassar para chegar a um ponto a 400 mil pés acima da Terra – o ângulo e a altitude exatos para retornar com uma velocidade maior do que qualquer ser humano jamais voara até então.

Dois dias e meio depois de deixar a Lua, a gravidade da Terra estendeu a mão e arrastou Borman, Lovell e Anders de volta à sua atmosfera, com a Apollo 8 tornando-se um meteoro feito pelo homem. As temperaturas subiram até aquelas nas superfícies das estrelas e, mergulhando para baixo, os astronautas sabiam que suas vidas dependiam de quão bem sua espaçonave havia sido construída.

A Apollo 8 trocou sua velocidade pelo calor. Quanto mais quente o fogo que fluía do escudo térmico, mais lenta a espaçonave, e de repente eles estavam em segurança a 3 quilômetros da ilha Christmas, no Pacífico. E três grandes paraquedas voavam, plenos.

O mundo aplaudiu. Os astronautas retornaram com uma ovação trovejante. O caminho para a Lua estava aberto.

OS DESAJUSTADOS

Os comentários na NASA giravam em torno de quem seriam os dois primeiros "visitantes lunares" escolhidos. Todos os olhos se voltavam para Deke Slayton e, em 4 de janeiro de 1969, ele ligou para o escritório de Mike Collins e Buzz Aldrin. Neil já estava lá.

"Vou direto ao ponto", começou o diretor de operações de tripulação de voo. "Neil irá comandar a Apollo 11 e gostaríamos que você, Mike, fosse o piloto do módulo de comando." Ele desviou os olhos para Aldrin. "Buzz, gostaríamos que você lidasse com o módulo lunar e conduzisse os experimentos.

"É possível que vocês façam o primeiro pouso na Lua", acrescentou sobriamente. "Queremos que vocês treinem com esse objetivo."

Collins e Aldrin sorriam como cavalos nos pastos do Tennessee, enquanto o estoico Neil Armstrong, há muito devoto de Zenão de Eleia, um aluno de Parmênides que não se sentia afetado pela alegria ou pelo pesar, permanecia sem expressão. Nem Collins nem Aldrin tinham a menor ideia de que Deke e Neil haviam se reunido durante o voo da Apollo 8.

"Mike, você, Jim Lovell e John Young estão na linha de frente quando se trata de lidar com o módulo de comando", continuou Deke. "Você cuidará apenas do retorno de sua tripulação para casa", ele disse sorrindo, "e, se eu fosse Neil e Buzz, manteria você feliz".

Todos riram e Mike disse: "Vou manter os fogos acesos em casa, chefe".

Deke assentiu, voltando-se novamente para Aldrin. "Buzz, sua caminhada EVA na Missão Gemini 12 foi um clássico, nos livrando de muitos problemas. Esse foi um ótimo trabalho e estamos convencidos de que você pode fazer o mesmo como piloto do módulo lunar da Apollo 11."

"Você terá o melhor de mim, chefe", Buzz assentiu.

"Bom, nós queremos que você conheça todos os parafusos e arruelas daquele módulo lunar (LM), e se ele tiver qualquer problema, mostrar qualquer sintoma, eu quero que você esteja pronto para 'curá-lo'."

"Eu estarei, Deke", Buzz assegurou-lhe mais uma vez.

"Enquanto comandante, Neil vai tomar todas as decisões, perguntando, é claro, por sua opinião. Ele terá um conhecimento pleno do funcionamento das duas espaçonaves, e Neil percorreu um longo caminho para dominar o pouso de um módulo lunar, principalmente com o LLTV, e Buzz", Deke pigarreou, "nós queremos que você use aquele diploma do MIT para agradar os meninos da ciência com seus experimentos. Você vai conduzi-los, e os caras da ciência gostariam que eles lhes dessem trabalho por décadas – nós queremos que eles repitam seus dados para todos os cientistas interessados na Terra".

"Sim, senhor."

"Não vamos decepcionar você, chefe", disse Mike, assegurando o cumprimento da promessa.

"Vai ser um ótimo voo, seja lá como for a missão", acrescentou o recém-nomeado comandante da Apollo 11. "Estaremos prontos, Deke."

O diretor de operações da tripulação de voo apertou a mão de cada um deles, acreditando que tinha uma equipe forte para fazer o primeiro pouso na Lua.

O alto-comando da NASA estava em total concordância com a decisão de Deke. Os garotos no topo – considerando a época todos eles eram garotos – tinham certeza de que, se Neil fosse o primeiro na Lua, ele não desmereceria essa honra por todo o mérito que lhe seria atribuído, não enriqueceria com ela. O mundo não veria uma cadeia de lanchonetes "Neil Armstrong's Moon-Burger Drive-ins", ou patrocínios de pasta de dente. Aquele filho da América, que começou a trilhar seu próprio caminho aos 10 anos, honraria a bênção histórica com a dignidade merecida. Só isso, desconsiderando o fato de que Neil Armstrong era indiscutivelmente o melhor piloto do corpo de astronautas, era motivo suficiente para lhe atribuir o trabalho. Se surgissem problemas e a Apollo 11 tivesse que ser desativada, a Apollo 12 tinha um comandante que não era nada mau. Seu nome era Pete Conrad e ninguém argumentaria que Pete não poderia preencher a vaga de Neil – certamente Neil não argumentaria. Um ou outro, tal como John Glenn, James Lovell, Alan Shepard, Dave Scott, John Young e Gene Cernan, serviria os Estados Unidos como seu primeiro embaixador em um lugar diferente da Terra. Ninguém estava mais ciente desse fato do que Neil, que passaria a vida acreditando que qualquer um de seus irmãos astronautas poderia ter se saído tão bem quanto ele.

A NASA anunciou a tripulação da Apollo 11 cinco dias depois, após as cerimônias da Casa Branca para os astronautas da Apollo 8. O presidente Lyndon Johnson, no final do seu mandato, entregou as medalhas de Frank Borman, Jim Lovell e Bill Anders e a equipe da Apollo 8 recebeu ovações em pé, em uma reunião conjunta do Congresso.

Neil estava satisfeito com a seleção de Mike e Buzz, apesar de muitos membros da família do espaço chamarem a tripulação da Apollo 11 de "Os Desajustados".

Socialmente, essa descrição pode ser verdadeira. Neil e Mike e Buzz não eram amigos. Eles conheciam pouco um do outro enquanto não estavam no trabalho; cada um vinha em seu próprio carro para o trabalho e não eram vistos juntos. Mas Neil sabia que, quando se tratava do módulo de comando da Apollo, não havia ninguém melhor que Mike Collins. O mesmo acontecia com Buzz Aldrin. Quem iria competir com Buzz em termos de inteligência? Ele se formou em terceiro na sua turma da West Point. Foi piloto de combate com o F-86 na Coreia, e contabilizou algumas mortes. Esses pilotos eram simplesmente os melhores, e Buzz recebeu o diploma de doutor em astronáutica do MIT, o Massachusetts Institute of Technology. Quem melhor para o módulo lunar e a condução de experimentos na Lua?

As raízes de Neil estavam na zona rural de Ohio – bem plantadas com conforto, segurança, privacidade e, o mais importante para ele, valores evidentes. Essa também era a realidade dos sete astronautas da Mercury.

Como John Glenn disse: "Crescer em uma cidade pequena dá às crianças algo especial. Elas aprendem a tomar suas próprias decisões, e talvez", Glenn adicionou "talvez nao seja por acaso que as pessoas no programa espacial venham de cidades pequenas".

"As pequenas cidades em que cresci demoraram a sair da Depressão", disse Neil. "Mas não passamos por privações. O salário anual de meu pai era de cerca de US$ 2.000 e nunca tínhamos muito dinheiro. Mas, para alguns de meus amigos, o fato de meu pai ter um emprego significava que os Armstrong eram ricos.

"Eu consegui meu primeiro emprego quando tinha 10 anos. Recebia apenas 10 centavos por hora, e estava feliz em conseguir isso. Cortei grama no histórico Old Mission Cemetery em Upper Sandusky, e nunca tive uma queixa de seus ocupantes por eu ter apenas dez anos", ele riu, "e mesmo tendo de cortar grama por dez horas para ganhar 1 dólar, era o único garoto por aí com 1 dólar."

Mike Collins era o tipo de homem de quem Neil naturalmente gostava de se aproximar – um sujeito bem-humorado que gostava de uma piada enquanto pensava, articulava e aprendia. Neil sabia que Mike tinha nascido na Itália e, nos primeiros dezessete anos de vida, vivera em Roma; depois em Oklahoma; Governors Island, estado de Nova York; Porto Rico; San Antonio, Texas; e Alexandria, Virgínia. Isso por si só resolvia a questão de quem era o membro mais cosmopolita da tripulação, que muitas vezes zombou de Neil por ser de uma cidade pequena. Neil respondeu dizendo a Mike que aqueles que vivem entre as vacas e galinhas pensam que os que vivem em ruas lotadas e entre a agitação são os únicos que realmente têm problemas. Neil acrescentaria que, a quem vive se acotovelando com milhares de outros, faltavam o bom senso e a decisão de sair da chuva.

Filho de um militar servindo em Roma, Mike Collins nasceu em 31 de outubro de 1930. Era filho de Virginia Stewart Collins, uma mulher culta e educada, e do general James L. Collins, um homem que lutou com o general John J. Pershing nas Filipinas, e novamente em 1916, quando o revolucionário mexicano Pancho Villa invadiu Columbus, no Novo México. O pai de Mike e o general Pershing perseguiram Villa no México por sete meses, até serem chamados de volta com a eclosão da Primeira Guerra Mundial.

Mas foi o tio de Mike quem se tornou o mais conhecido. J. Lawton Collins, "Lightning Joe", como era chamado, foi um dos comandantes de campo do general Dwight David Eisenhower na Segunda Guerra Mundial. O general "Lightning Joe", mais tarde, se tornaria chefe do Exército dos Estados Unidos, de agosto de 1949 a agosto de 1953, servindo como oficial sênior do Exército durante a Guerra da Coreia, enquanto o irmão mais velho de Mike, James L. Collins Jr., se formou em West Point e tornou-se comandante de batalhão de artilharia de campo na Segunda Guerra Mundial. Ele ganhou um punhado de medalhas – Coração Púrpura,

Estrela de Bronze, Estrela de Prata, Medalha por Excelente Serviço e Heroísmo em Batalha, além da Legião de Mérito. Em 1965, o irmão de Mike se tornaria brigadeiro, mais tarde major-general, e, depois que Mike Collins completasse sua turnê como astronauta, ele continuaria a tradição de sua família nas forças armadas, também recebendo estrelas em seus ombros. Antes de se aposentar das reservas da Força Aérea, ele recebeu o posto de major-general.

Quando menino, as duas irmãs mais velhas de Mike, Virginia e Agnes, ignoravam seu irmão mais novo, que finalmente saberia como era uma vida familiar prolongada com o início da Segunda Guerra Mundial. Foi quando a família de Mike se mudou para Washington, onde eles viveram durante a guerra.

O atleta magro de 12 anos de idade frequentou a escola preparatória episcopal, St. Albans, onde capitaneou a equipe de luta livre da escola e, apesar de seu tamanho, jogou na defesa no time de futebol.

Mike, que era popular entre seus professores e as outras crianças, geralmente estava no meio de brincadeiras e coisas divertidas, e quando veio a época da graduação, na tradição de sua família, frequentou West Point.

Em uma turma de 527 cadetes, Mike Collins se graduou em 1952, admitindo modestamente que seu histórico era respeitável, mas não tinha nada a dizer; juntara-se à Força Aérea para evitar acusações de nepotismo se ele se alistasse no Exército, onde seu tio era chefe de gabinete.

Mike completou seu treinamento de voo e partiu para um treinamento de caça avançado voando no F-86 Sabres e aprendendo a lançar armas nucleares enquanto avançava para a escola de pilotos de testes.

Durante um voo da OTAN no verão de 1956, Collins foi forçado a se ejetar de um F-86 depois que um incêndio começou na parte de trás do *cockpit*. Ele foi salvo com segurança. Logo depois conheceu Patricia Finnegan, sua futura esposa. Tiveram três filhos, duas meninas e um menino, e, quando Mike acumulou mais de 1.500 horas de voo, foi designado para a Escola de Pilotos da Força Aérea dos Estados Unidos, em Edwards.

Ele estava lá quando a NASA nomeou seu terceiro grupo de astronautas em junho de 1963. Mike encontrou seu nome na lista e em três anos foi para o espaço com John Young na Gemini 10, onde acoplaram com sucesso com o Agena; ele fez uma caminhada espacial e encontrou uma porção de micrometeoritos.

Mas John Young e Mike Collins não encontraram simplesmente uma porção de micrometeoritos – eles toparam com outros objetos ao se encontrarem com a antiga Gemini 8 Agena, que Neil Armstrong e Dave Scott tiveram que abandonar.

Tudo isso tinha sido uma tempestade passageira para Mike Collins, que era um otimista inveterado.

"Não estou nada convencido de que tudo vai dar certo", diria Mike Collins, "mas, por outro lado, não há nada de errado em pensar que tudo dará certo."

Como seus colegas de tripulação, o piloto do Módulo Lunar da Apollo 11, Edwin Eugene "Buzz" Aldrin Jr., nasceu em 1930. Ele veio ao mundo alguns meses antes de Neil e Mike, em 20 de janeiro, em Glen Ridge, Nova Jersey.

Buzz era o terceiro e único filho homem de sua mãe, Marion, cujo nome de solteira era "Moon"; seu pai, Gene Aldrin, um homem difícil de agradar, estudou física na Clark University com o doutor Robert Goddard, o pai dos foguetes americanos. Em 1918, o pai de Buzz obteve o mestrado no MIT em engenharia elétrica antes de se tornar piloto do Corpo Aéreo do Exército, servindo como assistente do general Billy Mitchell, que era considerado o pai da Força Aérea e exercia pressão a favor de dar capacidade aos bombardeiros para afundar navios de guerra.

O pai bem-sucedido retornou ao MIT para obter o diploma de doutor em ciências (ScD) antes de se tornar executivo da Standard Oil e argumentar com seu filho sobre ir ou não para Annapolis ou West Point. Buzz venceu e, depois de recusar uma oferta de bolsa de estudos integral do MIT, formou-se em terceiro na sua turma de West Point. Seu pai simplesmente perguntou: "Quem ficou em primeiro e segundo?"

O apelido de "Buzz" originou-se na infância: o mais jovem de suas duas irmãs pronunciava "irmão" [*brother*, em inglês], como "zumbido" [*buzzer*, em inglês], e isso foi abreviado para Buzz. Era também um termo usado pelos pilotos quando eles "zumbiam" [*buzzed*] – voavam baixo sobre edifícios para anunciar sua chegada. O nome se ajustou bem ao jovem piloto aspirante, que em 1988 fez dele, oficialmente, seu primeiro nome.

Assim como com seu pai, a ambição de Buzz de se superar não tinha limites. Pequeno para a sua idade, o jovem Aldrin entrava em várias disputas para mostrar que não tinha medo, e em jogos de futebol de bairro, como um Mike Collins menor, Buzz brincava com os meninos mais velhos.

Após a formatura de West Point, Buzz escolheu a Força Aérea e, depois de ganhar suas asas, lutou na Coreia – voando em interceptadores F-86, ao mesmo tempo em que Neil Armstrong estava voando do porta-aviões *Essex*, em sua terceira rodada de combate coreano. No momento em que a guerra terminou, em julho de 1953, Aldrin havia participado de 66 missões contra as 78 de Neil.

Mas, ao contrário de Neil, Buzz se envolveu com alguns MIG.

Sobre seu primeiro abate, Aldrin disse: "Eu simplesmente voei por trás do inimigo e atirei nele". Uma de suas metralhadoras fotográficas tirou a primeira foto na guerra de um piloto inimigo se salvando, e o segundo encontro de Buzz foi mais ousado. Com seu F-86E, ele se juntou a uma formação mais rápida de F-86Fs em um ataque não autorizado a um aeródromo inimigo dentro do nordeste da China. Buzz abateu seu segundo MiG a mais de 320 quilômetros da base e mal conseguiu voltar.

Voltando da guerra, Buzz Aldrin participou de várias tarefas com um objetivo em mente: a escola de pilotos de testes da Força Aérea, em Edwards. Ele acreditava que mais estudo ajudaria e pediu para ser enviado para o MIT, onde, em três anos, completou o doutorado em ciências. Sua tese versava sobre "Técnicas de Encontro Orbital", e ele se tornou um dos catorze astronautas do terceiro grupo anunciado em 17 de outubro de 1963.

Neil não conhecia Buzz muito bem até que eles começaram uma dança das cadeiras como equipe reserva da Apollo 8, e os rumores diziam que outros comandantes não poderiam trabalhar tão bem com Buzz quanto Armstrong.

Neil simplesmente não achava Aldrin um problema. Ele me disse: "Buzz e eu voamos na Coreia. Não havia dúvidas sobre suas habilidades de voo", explicou ele. "Ele era mais esperto que a maioria. Gostava de conversar sobre as coisas. Era um pensador criativo e estava disposto a fazer sugestões.

"Além disso, a NASA precisava de uma equipe que soubesse o que estava fazendo", disse Neil categoricamente. "Eu não precisava de companheiros de cerveja."

A tripulação que Neil levaria para a Lua até poderia ser um grupo de pessoas que não combinavam, um grupo de desajustados entre si, mas eles eram qualificados, desajustados experientes, e, ao voar com Armstrong, cada um saberia seu trabalho.

Enquanto os especialistas em operações da tripulação de voo estavam ocupados executando simulações do comandante e do piloto do módulo lunar, entrando e saindo da sonda, e tentando descobrir o que fazia mais sentido para o primeiro passo na Lua, Neil, Mike e Buzz estavam ocupados treinando para tarefas já decididas.

Conforme solicitado por Deke, Mike Collins passou a maior parte do tempo dominando o módulo de comando, enquanto Buzz passou o mesmo tempo com o módulo lunar, o que incluía saber o necessário para configurar os experimentos de superfície lunar.

O trabalho científico recaiu principalmente sobre Aldrin, com a missão do pouso real na Lua deixada para Neil. Ele estava convencido de que o melhor treinamento para o pouso lunar estava em pilotar o LLTV, e nunca perdeu uma oportunidade de subir naquela máquina estranha.

"O veículo era mais difícil de pilotar do que o módulo lunar, mais complicado", disse Neil. "Eu tive que aterrissar no vento, nas rajadas e na turbulência que você não tem na Lua, e havia a preocupação em dominar os tempos em que desacoplaríamos os veículos na órbita lunar. Tínhamos que ter certeza de que os computadores conheceriam as velocidades e direções de cada veículo. Se os computadores se enganassem ou perdessem informações nesse processo, poderíamos ter sérios problemas.

"Manter o módulo de comando e o módulo lunar acoplados com segurança era outra preocupação", explicou Neil. "Havia apenas três pequenos ganchos unindo-os, e era muita massa, mesmo em zero G, para esses pequenos ganchos manipularem. Poderia ser uma preocupação, assim como os sistemas de navegação, para saber onde você estaria todo o tempo. Nós tínhamos que ter certeza de que não sairíamos dos limites. Poderíamos não estar em uma órbita lunar correta e nos deparar com elevações maiores do que as imaginadas na parte de trás da Lua."

A NASA, como time, tinha uma sensação de confiança inabalável, mas poucos conseguiam igualar a confiança de Deke Slayton e Alan Shepard. Desde o primeiro dia de sua longa jornada no Projeto Mercury até o planejado desembarque lunar, eles nunca vacilaram. Passando por sucessos e desastres, triunfos e tragédias, e através de suas próprias experiências extremamente decepcionantes, eles tinham apenas um objetivo. E para eles não havia como voltar atrás. Juntos, com Deke como diretor de operações da tripulação de voo e Alan como astronauta-chefe, eles selecionaram as equipes que voariam para a Lua.

Mas a NASA ainda tinha que voar com o próprio veículo que levaria os astronautas americanos para lá. Era uma criatura parecida com uma aranha chamada Módulo Lunar – LM, para abreviar –, que só podia ser usada no vácuo do espaço e tinha que ser pilotada, com sucesso, na Apollo 9. Isso significava lançar todo o conjunto da Apollo – o módulo de comando, o módulo de serviço e o módulo lunar – na órbita da Terra, e simular o maior número possível de procedimentos de voo lunar.

Uma vez em órbita, os pilotos do módulo lunar e da Apollo 9 se arrastariam até o LM, desacoplariam as duas espaçonaves e testariam as habilidades de voo do LM antes de reacoplar com o módulo de comando. Se tudo corresse bem, a NASA permaneceria no cronograma para pousar astronautas na superfície lunar antes que a década de 1960 terminasse, se a Apollo 10 pudesse, então, fazer um exigente ensaio geral de ida e volta para a Lua.

Se nada desse errado, se as duas missões fossem bem sucedidas, se o próximo grande propulsor estivesse pronto, se as espaçonaves Apollo estivessem prontas para ir, se ninguém quebrasse uma perna ou desistisse no último momento, se, se, se, então, a primeira missão de pouso iria para Neil Armstrong, Mike Collins e Buzz Aldrin.

"O lançamento da Apollo 11 seria um grande momento, independentemente dos nossos objetivos de voo", Neil me disse. "Até que o módulo lunar voasse, não saberíamos se poderíamos nos comunicar com dois veículos simultaneamente e nos separar a distâncias lunares. Nós não sabíamos se o alcance do radar funcionaria. Não conhecíamos muitas coisas e sabíamos que muitas coisas poderiam dar errado na Apollo 9 e na 10."

Mike Collins simplesmente não acreditava que eles poderiam evitar todos os "poréns". Ele achava que as chances de sucesso da Apollo 11 eram apenas de uma em dez, subindo para quatro em dez para a Apollo 12 de Pete Conrad, Dick Gordon e Alan Bean.

No entanto, a equipe de operações completou a simulação de como a tripulação deveria deixar a sonda para andar na Lua – constatando que, com a porta de abertura interna do módulo lunar, seria muito difícil para o piloto do LM se arrastar ao redor do comandante para sair. A equipe decidiu que, depois que a escotilha fosse aberta, seria seguro e prudente que o piloto do LM tomasse conta dos sistemas do módulo lunar até que o diretor de voo estivesse absolutamente certo de que todos os fluidos e peças da sonda estivessem funcionando como deveriam.

Então, se um problema se desenvolvesse enquanto o comandante estivesse na superfície, o piloto do LM poderia começar a preparar o módulo lunar para decolagem e reacoplamento, enquanto o comandante pegaria uma amostra de material lunar e rapidamente retornaria em seu volumoso traje espacial para a área aberta e desimpedida do veículo.

Para o piloto do LM, sair primeiro significava que ele estaria sempre tentando manobrar ao redor do comandante. A decisão da equipe de operações da tripulação de voo foi óbvia: o comandante deve deixar o módulo lunar primeiro, e ser o último a retornar. O método seria usado em todas as missões Apollo seguintes.

Antes que fosse decidido quem deveria ser o primeiro a deixar o módulo lunar, Neil me disse que ele e Buzz conversaram sobre isso com Aldrin, sugerindo que eles deviam se envolver na escolha. Neil disse que estava ciente do significado histórico do ato e acrescentou: "Eu não quero descartar nada – vamos deixar os caras da equipe de operações da tripulação fazerem o que querem".

A menos que Neil Armstrong, Deke Slayton e Alan Shepard tenham mentido para mim, Neil nunca fez lobby para ser o primeiro ou propôs isso. Em suas próprias palavras, em uma dessas coletivas de imprensa no aniversário da Apollo 11, em resposta à velha e cansativa pergunta, ele disse: "O que quer que meus colegas de tripulação pensem, eu não tive nenhuma influência, nenhuma informação sobre essa decisão", e, segundo fontes e a apuração deste repórter, Buzz nunca contestou oficialmente a decisão.

E, quando veio à tona a afirmação de alguns na mídia de que Buzz não tirou uma foto de Neil na Lua porque estava com raiva, Neil defendeu Buzz. Ele me disse: "Eu era o único com uma câmera. Buzz estava ocupado a cada minuto preparando os experimentos e, quando terminou, perto do fim da nossa EVA, entreguei a câmera para Buzz e ele tirou algumas fotos – entre elas uma de que eu gosto muito, minha, carregando pedras no LM."

Enquanto isso, outra questão estava circulando na capital Washington.

Foi relatado que o novo presidente, Richard Nixon, estava preocupado com o fato de que algum comandante da Apollo, excessivamente ambicioso, achando que essa era a sua única chance de pousar na Lua, pudesse tomar decisões imprudentes. Nixon, defensor do programa espacial, pediu ao administrador da NASA para dizer a Neil Armstrong que, se as condições se mostrassem inseguras para o pouso, ele o abortasse. Além disso, o novo presidente prometeu que conseguiria outra missão – ele teria outra tentativa de pousar na Lua.

Neil gostou disso, mas sabia que nunca arriscaria a vida de sua tripulação.

Eu perguntei a Neil se a história era verdadeira.

"Sim", disse ele, acrescentando: "Também me disseram que ele firmou o mesmo compromisso com as tripulações posteriores."

Quando se tratava de treinar para os desembarques na Lua, Deke Slayton e Alan Shepard tinham mais uma mensagem para os astronautas da Apollo: "Vocês vão morar nos simuladores e voarão em suas próprias missões algumas centenas de vezes antes de finalmente serem lançados". Deke e Alan exigiram tudo, exceto puniçao corporal e algumas centenas de flexões. Enquanto uma equipe estava treinando no LLTV, e em outros exercícios, outra equipe estaria nos simuladores. "Todos seguirão os movimentos dos outros e ouvirão todos os detalhes das reuniões. Façam todas as perguntas que puderem." Deke continuou: "Lembrem-se de que não há nenhuma pergunta idiota e vocês continuarão aprendendo uns com os outros e, como uma bola de neve rolando montanha abaixo, juntando neve o tempo todo, vocês farão o mesmo. Vocês acumularão experiências e informaçoes para seus próprios voos. Lembrem-se de que os russos estão muito bem, obrigado. Eles não estão parados.

"Nossos satélites de reconhecimento fotografaram um de seus grandes N-1s na plataforma de lançamento", disse Deke, acrescentando: "É quase tão grande quanto o Saturno V, e, se eles conseguirem fazer a maldita coisa voar, ainda podem nos vencer, e pousar na Lua.

"Fomos muito bem com a Apollo 8", ele garantiu, "mas não ganhamos isso com vantagens nos resultados. Vamos para cima."

ENSAIOS FINAIS

Um pórtico de lançamento de foguete se erguia sobre as vastas estepes do Cazaquistão. Localizava-se na afastada parte de trás do espaçoso Cosmódromo de Baikonur, na Rússia. Apesar de sua altura, passou despercebido, escondendo os segredos russos. Apenas uma janela espacial conseguiu obter uma visão, graças a um satélite de fotorreconhecimento da American Discoverer, que observava tudo abaixo de sua órbita. Ele piscou e tirou fotos do foguete quase tão alto quanto o Saturno V.

As autoridades russas chamaram seu monstro de N-1. O famoso engenheiro de foguetes soviético Sergei Korolyov, pai do Sputnik, primeiro satélite artificial do mundo, trabalhou em segredo para preparar o foguete para impulsionar o primeiro ser humano a caminhar no espaço, o cosmonauta Aleksei Leonov, em direção à Lua – levá-lo até lá antes que os astronautas americanos pousassem.

Mas, para a Rússia, houve um revés.

O projeto americano Gemini estava voando em suas missões finais quando Korolyov morreu de forma repentina em 1966. Infelizmente para os soviéticos, ele deixou o desenvolvimento do N-1 sem alguém de confiança para lhe dar continuidade. Logo, o programa da Rússia para alcançar a Lua estava se desfazendo. Sem Korolyov, os foguetes foram lançados para o voo antes de estarem prontos. Eles explodiram no chão e no ar. E o programa Zond de voar ao redor da Lua? Foi simplesmente abandonado na sequência da Apollo 8.

O brilhantismo de Korolyvov fez com que muitos predissessem que a Rússia derrotaria os Estados Unidos na corrida especial. Eles não contaram, porém, com o igual brilhantismo do doutor Wernher von Braun e de outros exploradores nos Estados Unidos. O foguete americano Saturno V havia colocado a Apollo 8 em órbita ao redor da Lua, e agora parecia que a única chance da Rússia seria um voo bem-sucedido do N-1.

Os russos tentaram outra vez. O familiar ritual de lançamento renasceu. Os atrasos esperados na contagem regressiva em Baikonur vieram e se foram, e em 21 de fevereiro de 1969 eles, secretamente, acenderam o monstro. Engenheiros, técnicos, controladores de lançamentos e o cosmonauta Leonov mantiveram suas expectativas.

Os trinta motores de foguete agrupados para o primeiro estágio do N-1 enviaram um rio de fogo rolando pelas trincheiras de chamas, e o maior foguete da Rússia entrou em ignição. Ergueu-se da Terra enquanto uma seleta plateia observava animada.

Aleksei Leonov segurou os frisos na frente dele e gritou o mais alto que pôde. Se o lançamento do N-1 fosse bem-sucedido, ele seria selecionado para pilotar a Nave Lunar (LK) russa para um pouso na Lua. Aleksei Leonov seria a primeira pessoa a pisar em um lugar diferente da Terra.

Mas não era para ser.

O que Leonov não pôde ver foi que, assim que o N-1 estava no ar, seus motores número 12 e 14 ficaram "escuros" – seu combustível havia sido desligado por um computador interno que detectou que algo estava errado. Ainda com 28 motores funcionando o N-1 continuou a acelerar, empurrando sua estrutura de 34 andares para a área de máxima pressão aerodinâmica. Na hora certa, os motores restantes diminuíram para reduzir as ondas de choque do Max-Q, o máximo de pressão aerodinâmica permitida. Então, o monstro passou pela "barreira de choque". Aos sessenta segundos da decolagem, os motores aceleraram de volta à potência máxima.

Eles não deveriam ter acelerado. Em vez de uma transição suave para a sua energia máxima, o conjunto de 28 motores restantes do N-1 começou a funcionar para compensar a perda dos motores 12 e 14. O resultado foi uma tremenda vibração ao tentar manter cada foguete em sincronia. O plano do N-1 estava simplesmente condenado. Não havia como a tecnologia de computação de 1969 ter sucesso ao fazer com que tantos mecanismos de foguetes agrupados funcionassem em sincronia, e o esforço sacudiu o N-1 violentamente. O oxigênio líquido vazou.

Alimentados por uma chuva do melhor oxidante, os esperados incêndios aumentaram rapidamente. Foguetes superaquecidos. Computadores com falhas.

As chamas se espalharam cada vez mais rápido. Turbinas se desfizeram em destroços em chamas. Aleksei Leonov ficou subitamente mudo. Ele instantaneamente soube que não iria para a Lua, soube que estava testemunhando a sentença de morte do programa de pouso lunar de seu país.

Desamparado, Leonov só podia assistir lá em cima às chamas crescentes a uma velocidade explosiva quando a torre de fuga anexada à Nave Lunar não tripulada o arrancou da bola de fogo devoradora. "Pelo menos houve uma coisa boa nesse pesadelo", Aleksei disse a si mesmo rapidamente ao testemunhar uma terrível conflagração, de um vermelho vivo, substituindo o N-1 no céu, expandindo a bola de fogo para uma circunferência ainda maior que enchia o céu, queimando tudo ao seu alcance.

Os destroços flamejantes inundaram uma Terra em espera, deixando uma pegada de quase 50 quilômetros em todas as direções, enquanto na estratosfera, onde o N-1 tinha reentrado nas pressões do Max-Q, as chamas subiam e cresciam, subindo em uma nuvem com forma de cogumelo, uma nuvem assassina.

Para Aleksei Leonov, era óbvio. Agora seria preciso um milagre para os cosmonautas alcançarem a Lua. Ele estava esmagadoramente desapontado, é claro. No entanto, era um membro dedicado da família que se atreveu a voar para além do céu e colocou sua decepção esmagadora em um lugar apropriado. De seu coração, ele desejou êxito e boa sorte ao seu irmão. "Nós estamos com você, Neil Armstrong. Tenha um voo seguro."

E Aleksei ficaria satisfeito em saber que, quando Neil foi informado sobre o fracasso colossal do N-1, também ficou triste.

Dez dias após o colapso do N-1, os astronautas veteranos da Apollo 9, Jim McDivitt e Dave Scott, juntamente com o novato Rusty Schweickart, colocaram seu foguete Saturno V na órbita da Terra. Eles não iriam para a Lua. Apenas circulariam a Terra, verificando a única parte importante da Apollo que ainda não havia sido testada no espaço.

Mas, quando Jim McDivitt viu pela primeira vez o módulo lunar, ficou surpreso. "Meu Deus, nós realmente vamos voar nessa coisa?", ele perguntou, olhando para a fuselagem de alumínio do LM. "Se não tivermos cuidado, é possível atravessá-la com um pé."

Cinco dias depois de entrar em órbita e testar e testar de novo, completamente, as peças e sistemas do LM, McDivitt e Schweickart estavam se sentindo melhor sobre a nave desajeitada. Os dois astronautas abriram as escotilhas no túnel de acoplamento que ligava sua Apollo ao táxi lunar e se infiltraram, sem gravidade, no módulo lunar. Eles se isolaram de Dave Scott, que cuidou do módulo de comando enquanto orbitavam e testavam as habilidades de voo do LM.

Durante as seis horas seguintes, eles baixaram sua órbita, mudaram o plano, voltaram à órbita original e, em seguida, retornaram tranquilamente e acoplaram com sua nave de comando da Apollo. Não houve um único sinal de obstáculo.

Os astronautas da Apollo 9 se apaixonaram loucamente pela desajeitada máquina voadora que havia sido cuidadosamente construída para eles pela equipe de Grumman. Obviamente, ela foi montada com cuidado e a tripulação da Apollo 9 ficou feliz em anunciar que outro trecho do percurso para a Lua havia sido cruzado.

Para a tripulação da Apollo 11, o treinamento continuava.

Neil estava vestido em seu macacão branco volumoso, equipado com sua mochila. Diante dele havia um protótipo do módulo lunar e ele ficou muito satisfeito com o sucesso da Apollo 9. Restava apenas a Apollo 10 e Neil estava ciente de que um acidente como o do N-1 ainda poderia derrubar os Estados Unidos, se a missão da Apollo 10 falhasse.

No entanto, ele sorriu. Um sorriso escondido dentro do capacete. Ele tinha ases em sua equipe. Se alguém conseguisse derrubar o último muro restante para que ele, Mike e Buzz tentassem pousar na Lua, seria a tripulação da Apollo 10.

Tom Stafford era simplesmente o melhor. Ele havia ensinado pilotos a serem pilotos de testes e secretamente testou duas versões de caças MIG da Rússia na base secreta da Força Aérea, em Nevada, conhecida como Área 51. Os EUA tinham conseguido os MIG de Israel, e Neil não esqueceria que, embora Stafford estivesse destinado a ser general de três estrelas da Força Aérea, ele se formara com honras da Academia Naval; e Cernan? Nossa! Gene não era apenas da Marinha e um graduado da Purdue, mas estava lá com ele voando nos exigentes LLTVs. E John Young? Nem fale! Ele foi o primeiro do grupo Gemini Nine a voar, e John também era da Marinha. Então, o que mais precisaria ser dito?

Neil balançou os braços e o torso para melhor encaixar seu traje e equipamentos em torno do corpo, enquanto os técnicos faziam os ajustes finais em seus 200 quilos de equipamentos. Então, caminhou rigidamente e com esforço através do protótipo do veículo espacial até o simulador do módulo lunar. Lá, parou e recuperou o fôlego em um dos pés da sonda. Em seguida, colocou a mão enluvada na escada que levava à cabine da tripulação do LM.

Todos os dias os astronautas da Apollo 11 estavam treinando para alcançar a Lua, e, nesse dia, ele e Buzz Aldrin praticaram para deixar o LM para suas caminhadas na paisagem lunar.

"O.k., está na escuta?", ele perguntou.

"Escuto você, caretão, Neil", respondeu o técnico de CapCom brincando.

Neil, em seguida, começou a se mover através do ensaio de EVA com os técnicos e especialistas em treinamento, enquanto um Buzz já adequado esperava para se juntar a ele no momento planejado.

Neil lutou não apenas contra o peso de seu equipamento (na Lua, pesaria apenas um sexto do peso da Terra), mas também contra a rigidez de seu traje. Pressurizado, ele estava trabalhando em um exoesqueleto rígido, fazendo de qualquer movimento um grande esforço. Suas luvas? Inferno, elas pareciam luvas de beisebol pressurizadas. Quando chegou à câmara, era quase impossível mantê-las nas mãos. Por esse motivo, anexá-las como parte de seu equipamento foi uma boa jogada. Ele enfiou a mão no bolso da perna do traje e pegou uma ferramenta de coleta desmontável, de cabo longo.

"Começando a coleta de amostras", disse Neil enquanto Buzz esperava e assistia. A coleta de amostras seria sua primeira tarefa durante a EVA. Ele deveria recolher uma amostra da Lua imediatamente; assim, se tivesse que voltar o mais rápido possível para o LM, pelo menos teria algum solo lunar.

Mas essa coleta de amostras prioritária era apenas para garantir. O plano era que ele e Buzz coletassem pedras e poeira lunar e fizessem experiências. Tudo tinha que ser ensaiado até que suas tarefas de EVA se tornassem naturais. Agora, após meses de estudos e reestudos, os planejadores decidiram que suas atividades externas durariam cerca de duas horas e quarenta minutos.

Por muito tempo, esse seria o destaque de sua missão de oito dias.

Dois meses depois, após um lançamento bem-sucedido, os astronautas da Apollo 10, Tom Stafford, John Young e Gene Cernan, tinham suas duas espaçonaves – o módulo de comando Charlie Brown e o módulo lunar Snoopy – acopladas e interligadas, aproximando-se da órbita lunar.

Estavam voando na sombra da Lua – de cabeça para baixo, na escuridão total, sabendo que se curvavam ao redor da superfície lunar. Eles sentiam a Lua, mas não conseguiam vê-la. Na verdade, eles não conseguiram vê-la durante todo o percurso e, finalmente, Gene Cernan teve um vislumbre da Lua pela janela. Viu como a luz banhava a paisagem lunar e gritou: "Ali está! Ali está!" E todos ficaram subitamente surpresos.

Eles finalmente estavam vendo a Lua, depois de passarem quase três dias em uma subida difícil desde a Terra para ver – a Lua, sobre a qual John Young discutiu com o Controle da Missão quando gritou: "Não estamos no caminho certo. Não há Lua".

"Ah, você vai ver, John, espere", assegurou o CapCom. Todos eles conseguiam senti-la, esperando que não se precipitassem contra ela, mas simplesmente não conseguiam nem vê-la. Agora estava lá e todos colocaram o rosto nas janelas do Charlie Brown – pasmados, maravilhados. Diante deles estavam as montanhas recortadas e sem vida, as crateras largas e profundas, as planícies suaves cobertas de pedras – penhascos tão altos e tão próximos que pareciam poder alcançá-los e tocá-los. E em sua admiração eles reconheceram que estavam vendo um mundo sem vida, um lugar morto e desolado que todos estavam tão ansiosos para ver. Eles se banquetearam nesse mundo fantasma até que, de repente, o comandante Tom Stafford lembrou à sua equipe que era hora de disparar o grande foguete SPS do Charlie Brown, e entrar na órbita lunar.

Cada um retornou à sua estação, e suas espaçonaves acopladas entraram em órbita ao redor da superfície da Lua, não apenas para testar o módulo lunar, mas também para aperfeiçoar a navegação ao redor da Lua e confirmar um futuro local de pouso. O Mar da Tranquilidade, assim chamado pelos antigos astrônomos, que achavam que era um mar suave, era o alvo principal da Apollo 10. Se uma planície particularmente nivelada naquele mar fosse adequada, então a Apollo 11 estaria apontando para ela. Mas, por enquanto, cabia aos astronautas do Charlie Brown e Snoopy testar e explorar.

Quando tudo foi estabelecido, Tom Stafford e Gene Cernan passaram pelo túnel para entrar e ativar o Snoopy, enquanto John Young permanecia em seu posto como piloto do Charlie Brown.

Uma vez desacoplados, os dois módulos voaram em formação por cerca de trinta minutos, com seus astronautas tornando-se observadores atentos. Eles estavam olhando para baixo através da luz solar, não filtrada, para as crateras e montanhas, lembrando como os repórteres os perseguiram com a pergunta: Se eles estariam com o Snoopy todo o percurso, até 15,5 quilômetros, por que não "percorrer todo o caminho, ir até o fim?"

Primeiro, o Snoopy era pesado demais para o seu foguete de subida lançá-lo até a Lua para um reencontro com sua nave de comando, e, igualmente importante, ainda havia muitas perguntas sobre os chamados "mascons" (anomalias gravitacionais da Lua), áreas abaixo da superfície lunar visível. Acreditava-se que eram rochas de maior densidade que exerciam forças gravitacionais maiores. Essas perturbações da gravidade lunar poderiam causar mergulhos no módulo de comando da Apollo e as órbitas do módulo lunar, ao redor da Lua, afetariam o equipamento de navegação das espaçonaves. Seria o trabalho da Apollo 10 medir isso, reunir os dados necessários para amarrar as pontas soltas e juntá-los em um único pacote para Neil Armstrong e a tripulação.

Quando chegou a hora de separar, John Young disparou uma rajada dos propulsores de manobra do Charlie Brown e se afastou, enquanto, dentro do Snoopy, Tom Stafford e Gene Cernan viram sua carona para casa encolher na distância.

"Divirta-se enquanto estamos fora, queridão", disse Cernan, acrescentando: "E não aceite nenhuma atualização do TEI".

TEI significa *Trans Earth Insertion* – o disparo do grande foguete de propulsão do Charlie Brown que faria a nave de comando deixar a Lua em direção à Terra. Uma atualização, um novo TEI, significaria que Young estaria voltando para casa sem eles.

"Não se preocupe", John disse-lhe rindo.

Era a típica ironia de um piloto de caça a um piloto de testes usada quando seus pescoços estavam em jogo. Os três estavam conscientes de que Tom e Gene pilotavam uma espaçonave que não poderia levá-los para casa. Se algo desse errado, John teria que vir buscá-los.

A contagem regressiva para disparar o foguete de descida, que enviaria o Snoopy em direção à superfície lunar, começou quando Stafford e Cernan estavam no lado oposto da Lua. O Controle da Missão passou por outra série de mordidas nas unhas enquanto os astronautas faziam manobras críticas fora das vistas e fora do contato com os monitores da missão.

Então, eles ouviram a voz animada de John Young do Charlie Brown; ele apareceu primeiro em volta do limbo da Lua e, ao restabelecer o contato de rádio com a Terra, disparou a mensagem inicial do progresso da missão: "Eles estão lá embaixo", ele confirmou, "entre as rochas, explorando entre as pedras."

Momentos depois, Snoopy apareceu, e a voz exuberante de Tom Stafford seguiu o relato de Young sobre a excursão em meio às pedras. "Há rochas suficientes por aqui para encher a baía de Galveston. É uma visão fascinante. O.k., estamos chegando ao local de pouso. Há muitos buracos lá. A superfície é realmente muito lisa, como uma argila muito úmida – com grandes crateras escavadas."

A voz de Cernan também surgiu com excitação desenfreada. "Estamos bem aqui! Estamos bem!", gritou ele quando Snoopy chegou à Lua dentro dos previstos 15,5 quilômetros do Mar da Tranquilidade. "Eu estou dizendo a você, nós estamos baixo, estamos perto, querido!"

De repente, Stafford estava de volta. "Tudo o que você precisa fazer é colocar o trem de pouso para baixo e estamos lá!" Snoopy voou baixo sobre a Lua, na verdade quase 7 quilômetros ao sul do local de pouso destinado à Apollo 11 por causa dos erros de navegação que os planejadores esperavam. Se essa tivesse sido a situação real aqui, no ponto baixo da órbita, o mecanismo de descida do Snoopy teria sido reativado para uma descida final até a superfície da Lua.

Mas, desta vez, Tom Stafford e Gene Cernan simplesmente permaneceriam onde estavam, subindo a uma altura de quase 350 metros, o pico de sua órbita, antes de mergulhar mais uma vez para 15,5 quilômetros, onde seria a hora do desmembramento crítico do Snoopy – separar o módulo lunar para que a parte superior os devolvesse ao Charlie Brown.

Os dois astronautas ajustaram o módulo lunar na altitude e no voo necessários para a separação. O maior estágio de descida e o menor estágio de subida foram mantidos juntos por quatro parafusos que seriam destruídos por pequenos explosivos, após o estágio de subida, com sua cabine de tripulação, quando dispararia para encontrar Charlie Brown cerca de 500 quilômetros à frente.

Eles estavam preparados e prontos para abandonar o estágio sem pernas, de descida, do Snoopy, quando Stafford viu um giroscópio de taxa de guinada indicando uma falha intermitente. Ele imediatamente começou a localizar problemas.

O módulo lunar fora equipado com dois sistemas de orientação. O primário, chamado Pings, foi usado para enviar o módulo lunar para a Lua e para o reencontro. O sistema de aborto, chamado Ags, deveria estar sempre seguindo o Pings; então, se um problema pedisse o uso do Ags, a tripulação poderia acionar o Ags a qualquer momento para baixo e para cima da Lua, para se juntar ao módulo de comando.

Quando tinham passado pela lista de verificação para a separação dos dois estágios, Gene Cernan me disse: "O plano era testar o sistema de orientação de aborto para ter certeza de que funcionava, então estendi a mão e mudei o controle de navegação de Pings para Ags".

Eles agora tinham ajustado o Snoopy para encontrar Charlie Brown testando o sistema de orientação de aborto. Momentos depois, durante a solução de problemas do giroscópio com a taxa de guinada, Tom esticou o braço e acidentalmente acertou o interruptor de orientação, mudando-o de volta para Pings.

Pensando que estavam prontos para a separação, eles soltaram os parafusos e tudo se soltou. Snoopy andava de um lado para outro em giros selvagens em busca do radar de sua nave mãe. Seu nariz arrebitado se elevou e instantaneamente caiu. Então guinou violentamente entre a esquerda e a direita. Tão perto quanto estavam da paisagem lunar, os movimentos violentos foram aterrorizantes, no limite letal. Cernan viu a superfície se abrir em direção a eles e gritou: "Filho da mãe!"

O xingamento de Cernan enviou um alarme imediato para todos no Controle da Missão, mas, antes que os controladores pudessem reagir ao que poderia ter sido um momento de perigo, Tom Stafford imediatamente destruiu o interruptor do sistema de orientação de aborto e assumiu o controle do LM manualmente.

Enquanto segurava os controles, Tom percebeu que os foguetes propulsores do Snoopy tinham que estabilizar o LM. Ele instantaneamente abandonou o estágio de descida 45 segundos mais cedo, livrando-se de dois terços desse peso. Isso reduziu o que teria que ficar sob seu controle e os habilidosos dedos do veterano piloto de testes foram trabalhar. Dentro de quinze a vinte segundos, o LM se acalmou e se acomodou na altitude desejada. Snoopy estava pronto para ir encontrar Charlie Brown.

"Tom, que Deus o abençoe", me disse Gene Cernan mais tarde. "Ele fez um ótimo trabalho."

Com os nervos e a inteligência restaurados, a tripulação do Snoopy disparou seu foguete de subida e avançou para encontrar Charlie Brown. Tom e Gene foram dois dos melhores astronautas que voaram no módulo lunar e seu acoplamento com o módulo de comando foi suave.

O satisfeito Tom Stafford disse ao Controle da Missão: "Snoopy e Charlie Brown estão se abraçando".

Os três astronautas, juntos na Apollo 10, fizeram mais uma viagem ao redor da paisagem de crateras antes de começar a jornada de volta para casa. John Young tinha um pouco de informação para as crianças de todas as partes.

"Sobre o homem na Lua", ele disse, "nós não vimos um aqui, mas em breve haverá dois."

De volta à Terra, os dois que estariam na Lua, Neil Armstrong e Buzz Aldrin, junto com seu mestre de módulos de comando, Mike Collins, entraram em treinamento final. Apesar dos apostadores em Las Vegas, o sucesso da Apollo 10 significava que todos, exceto um dos "poréns", haviam sido superados. Restava apenas o pouso lunar. A tripulação da Apollo 11 não podia esperar para colocar as mãos naquilo que Tom, John e Gene haviam aprendido.

Nos dias seguintes, Neil, Mike e Buzz ficaram extremamente satisfeitos com o excelente trabalho dos astronautas da Apollo 10. Eles tinham voado quase exatamente no mesmo caminho sobre a paisagem lunar, que a Apollo 11 faria, e haviam tirado fotografias muito detalhadas das áreas de descida e de aterrissagem até o momento da ignição do motor, o tempo em que Neil e Buzz começariam sua descida.

"As fotografias foram tão úteis que pudemos memorizar os principais pontos de referência para nossa descida à superfície", Neil me disse. "Nós poderíamos cruzar cada local. Deveríamos ter certeza de que estávamos voando no caminho planejado", continuou ele. "Se não estivéssemos, eu poderia assumir e me senti muito bem sobre levar o Eagle para um local de pouso seguro."

Eu poderia dizer que não havia mais dúvidas na mente de Neil. O sucesso da Apollo 10 simplesmente significava que a Apollo 11 estaria fazendo a primeira tentativa de pousar na Lua. A pergunta que se mantinha era: quando?

Deke Slayton se encontrou com o alto escalão da NASA e depois ligou para Neil em seu escritório. Falando com um homem cuja opinião respeitava, ele perguntou:

"Você está pronto?"

Neil não era homem de mostrar excesso de confiança. Mas ele não pôde evitá-lo desta vez.

"Sim."

"Essa é a sua avaliação?"

"Você sabe que sempre podemos treinar mais, Deke, mas nós estamos prontos", disse Neil categoricamente. "Devemos estar prontos para a janela de julho."

Todos os meses, o sistema Terra-Lua girava em posição para a menor distância entre as duas – uma janela de oportunidade para o momento mais desejável para voar – e Deke Slayton reuniu-se novamente com os principais tomadores de decisão da NASA, dizendo que havia conversado com Neil, e este disse que eles estariam prontos em julho.

A NASA anunciou em 11 de junho de 1969 que os astronautas da Apollo 11 haviam recebido a autorização para uma tentativa de lançamento em 16 de julho, com o primeiro pouso histórico marcado para a tarde de domingo, 20 de julho.

Mais de 1.400 quilômetros ao norte do Centro Espacial da NASA, em Wapakoneta, Ohio, Viola Armstrong, a mãe de Neil, estava nos seus afazeres domésticos quando seu rádio relatou: "Neil Armstrong e sua tripulação da Apollo 11 receberam a autorização para o primeiro pouso histórico na Lua em julho. O anúncio foi feito. . ."

As lágrimas encheram os olhos de Viola enquanto ela caía de joelhos, abafando a voz do rádio. Havia muito tempo, quando ainda era adolescente, ela entregara sua vida a Jesus Cristo, e a oração era uma prática diária. De repente, ouvindo o anúncio com seus próprios ouvidos, ela estava orando – orando com a mesma sinceridade com que havia rezado antes que Deus levasse seu filho pelo mundo, orando para que protegesse aqueles três jovens em todo o caminho de ida e volta até a Lua, e, assim que pediu ao Senhor por sua proteção, ela ficou satisfeita de que a viagem de Neil à Lua fosse a vontade de Deus, levantou-se e ligou para Steve, o pai de Neil.

Ela nunca havia se sentido tão orgulhosa.

Enquanto sua mãe dava a notícia para familiares e amigos, Neil estava se preparando para enfrentar a mídia.

A política da NASA era que cada equipe realizasse uma coletiva de imprensa aproximadamente um mês antes do lançamento, e depois fizesse entrevistas individuais com as redes de rádio e televisão, as agências de notícias e os principais jornais como o *The New York Times*.

Neil odiava cada momento dessa etapa. Ele simplesmente desejava que os repórteres o deixassem direcionar seus esforços para realizar um trabalho seguro e minucioso. Os repórteres que eram amigos de Neil conheciam as regras, e agíamos em conformidade. Mesmo que você gostasse da opinião dele, a conversa não era oficial, dando a ele a oportunidade de considerar sua pergunta livremente. Então, se Neil lhe dissesse algo que você considerasse notícia, você pediria permissão para usá-lo. Geralmente ele dava sua permissão, ou uma razão pela qual não podia permitir.

A NASA queria desfilar seus astronautas diante do público que estava pagando as contas, e alcançar a Lua era uma conta imensa. Neil sabia que ele estaria voando no dólar do contribuinte e, que diabos, forçou um risinho e participou do showzinho de aparências.

Primeiro, foi perguntado a Neil: "Você consegue pensar em algo para que não esteja preparado?"

"O inesperado", ele disse confiante. "Você tem que esperar que algumas coisas vão dar errado, e sempre precisamos nos preparar para lidar com o inesperado. Nós só esperamos que essas coisas inesperadas não sejam algo que não possamos enfrentar."

Outra questão foi: "Você vai levar lembranças pessoais para a Lua?"

"Se eu tivesse uma escolha, levaria mais combustível", Neil respondeu com seu sorriso enigmático.

"Vocês vão conseguir trazer um pedaço da Lua com vocês?", outro repórter perguntou.

"Até este momento, nenhum plano foi feito."

O padrão da coletiva de imprensa tomou a forma de perguntas rápidas com respostas rápidas e Neil estava se sentindo muito bem até ser encurralado com *a* pergunta: "Por que devemos gastar o dinheiro para ir à Lua?"

Neil se mexeu na cadeira e olhou diretamente para o repórter. "Acho que estamos indo para a Lua", disse ele com firmeza, "porque é da natureza do ser humano enfrentar desafios. É pela natureza intensa de sua alma. Somos obrigados a fazer essas coisas, assim como os salmões nadam contra a correnteza."

Neil, Buzz e Mike conseguiram superar o desafio da mídia e logo o treinamento acabou, e os astronautas da Apollo 11 estavam arrumando suas roupas. Eles tinham uma viagem para fazer com macacões de voo da NASA e roupas espaciais de 1 milhão de dólares, com botas e luvas especiais. Roupas íntimas e meias eram quase tudo de que precisavam, juntamente com uma escova de dentes ou duas.

O LANÇAMENTO

Os astronautas da Apollo 11 passaram o dia 4 de julho com suas famílias antes de voar para o Cabo Canaveral. Eles já estavam em sua quarentena de 21 dias pré-lançamento, para se certificar de não estarem expostos a alguma bactéria, enquanto seus chefes andavam para lá e para cá usando máscaras de hospital.

O homem com mais experiência em voos espaciais, Chris Kraft, perguntou: "Deixamos passar alguma coisa, Neil?"

"Nada, Chris", respondeu Neil. "Tudo foi feito. Tudo o que resta é a contagem regressiva." Kraft apreciou a confiança, e concordou com Neil. Se houvesse algo que não tivesse sido feito, nenhum membro da equipe de lançamento poderia dizer o que era. Kraft sabia que o equipamento estava pronto. Ele conhecia as equipes de solo, os controladores de voo – e sim, os astronautas... A Apollo 11 era a missão mais preparada de todos os tempos. Ele só queria ter certeza de que Neil não sabia de algo que ele não tivesse percebido.

Então, o diretor da Apollo, George Low, fez uma pergunta. "Quando você sair da plataforma, já pensou no que vai dizer, Neil?"

Neil ficou um momento pensativo. Ele estava sendo interrogado pelo grande chefe, e precisava ter tato. A verdade era que ele tinha em mente algo a dizer. Também era verdade que não havia tomado uma decisão definitiva quanto a isso, Neil havia conversado com seu irmão Dean e alguns outros companheiros próximos a ele, e disse ao grande chefe: "Claro, George, eu estive pensando nisso", adicionando um sorriso e mudando rapidamente de assunto. "Por favor, diga a todos os que tocaram na Apollo 11, todos os que trabalharam tanto e por longas horas, que nós agradecemos por isso. Este é o lançamento de vocês. Diga-lhes que estarão conosco até o fim".

Três dias antes de ir para a Lua, Neil teve apenas um vislumbre da multidão reunida nas praias e estradas, aglomerando-se em qualquer lugar que os trouxesse à vista ou ao alcance do espaçoporto americano. Um lugar com uma visão clara da plataforma de lançamento da Apollo 11 era *premium*. Não havia um quarto para alugar no centro da Flórida. Isso também valia para as famílias alugando sofás, camas e até redes para quem quisesse, ou sentisse que precisava estar lá. Neil pensou que ele entendia, mas sentiu que era muito esforço para vê-los partir para a Lua.

Na manhã do lançamento, Neil e a tripulação foram informados de que a multidão havia aumentado para mais de 1 milhão de pessoas. Cerca de mil policiais, delegados, patrulheiros, a guarda costeira e a patrulha da Marinha estavam lutando para manter a ordem entre a multidão. Esses representantes da lei tinham cerca de 350 mil veículos e barcos em movimento nas estradas e vias navegáveis. Helicópteros transportaram VIPs para arquibancadas reservadas e locais privilegiados. A NASA havia convidado 20 mil pessoas ao todo, entre elas o vice-presidente Spiro T. Agnew, metade do Congresso, representantes dos maiores e menores países; mas foram notáveis como as estrelas de cinema Jimmy Stewart e Robert Redford, e os heróis da aviação Charles Lindbergh e Chuck Yeager, que trouxeram a Neil o calor de se sentir bem.

Não havia ninguém que ele admirasse mais do que Lindbergh, e Neil estava muito agradecido pelo grande aviador estar presente. Ele também ficou grato por um barco em particular, que obstruía os canais maiores cheios de iates de celebridades e grandes lanchas. A bordo de uma das embarcações mais luxuosas de propriedade da North American Aviation, construtores dos módulos de comando e de serviço da Apollo, estavam sua esposa Janet e seus filhos Rick e Mark. Neil sabia que eles estavam sendo bem cuidados, assim como sua irmã June e sua família, e seu irmão Dean e sua família, que tinham escolta da NASA e estavam protegidos dentro do maior agrupamento de pessoas já registrado na Flórida.

Em Wapakoneta, as ruas estavam praticamente vazias. Seus 6.700 moradores estavam diante de seus televisores e, no 912 Neil Armstrong

Drive, a casa dos pais de Neil, Viola e Steve, as redes de televisão haviam substituído o aparelho preto e branco pela maior televisão colorida disponível.

Neil estava feliz por seus pais terem comparecido ao lançamento da Gemini 8. Eles também testemunharam o lançamento da Apollo 10. No entanto, com o tamanho da multidão para assistir ao lançamento da Apollo 11, ele ficou satisfeito por seus pais estarem em casa. Mais tarde, ele saberia que um repórter contou 233 carros dirigindo em direção à sua casa.

Apesar das multidões, e de toda a empolgação, a manhã para Neil, Mike e Buzz estava concentrada na missão de ir à Lua. O dia deles começara três horas e meia antes do lançamento, quando os técnicos os vestiram com trajes espaciais e capacetes. Daquele momento em diante, os astronautas da Apollo 11 estariam respirando oxigênio industrializado – sem ar do lado de fora – até que voltassem em oito dias. E, quando Neil os levou dos alojamentos da tripulação para a van de transporte até a plataforma de lançamento, ele sentiu que ali era o seu lugar. Lá no fundo, Neil sentiu a vida inteira que seu destino era dar um passo "Lindbergh" em voo. Pelo menos ele esperava que fosse.

No caminho até a plataforma de lançamento, Neil lembrou a si mesmo que tudo poderia ter se desdobrado de maneira diferente. Poderiam ter sido Alan Shepard, Gus Grissom, Pete Conrad, Jim Lovell ou alguns dos outros astronautas. No entanto, não foram. Eram ele, Mike e Buzz, e ele sabia que tinham que cumprir a missão. Ele olhou ao redor, na van, para seus dois tripulantes. Sabia que eles tinham o mesmo sentimento. Como em todas as suas missões anteriores, eles haviam terminado seus trabalhos, e ir para a Lua não dizia respeito apenas à tripulação, ou a alguma missão rotineira. Isso dizia respeito à ciência. Era sobre o avanço da ciência, os seres humanos deixando seu planeta, deixando seu berço, seguindo seu destino para explorar e estabelecer novos lugares além da Terra, avançando o conhecimento. Neil estava satisfeito.

Ele se sentiu bem sobre como tudo havia se encaixado, e quando sua van chegou à plataforma de lançamento, caminhou em direção aos elevadores, parando diante daquele que os levaria ao nível 34. O lugar onde as naves espaciais que eles chamaram de Columbia e Eagle esperavam. Neil prometera a sua mãe que agradeceria a Deus antes de partirem para a Lua, e agradeceu.

Embora seus capacetes reprimissem o ruído de fundo na plataforma, havia quase um silêncio sinistro para o momento de reflexão de Neil, e ele rapidamente reconheceu que o silêncio era devido à ausência de vozes. Durante os treinamentos, ele havia estado ali para aprender, a plataforma de lançamento e as torres de serviço tinham fervilhado com as atividades, trabalhadores em todas as direções fazendo o que precisavam. Agora a colmeia humana quase desaparecera. O Saturno V foi abastecido. A maior parte da equipe da plataforma de lançamento havia sumido; permaneciam apenas os necessários para embarcar a tripulação e bloquear tudo. Antes de começar a se mover novamente em direção ao elevador, Neil se virou para reconhecer o homem caminhando ao seu lado.

Deke Slayton tinha entrado na van com a tripulação em direção à plataforma e lá não haveria despedidas formais.

"Cuidado com seus traseiros e façam uma boa viagem", disse ele enquanto os observava entrando no elevador.

Minutos depois, as três figuras de traje espacial apareceram na passarela que ia até a área branca omde estava a Apollo 11 e Neil parou para olhar para baixo, dando a Deke um aceno final e uma última olhada antes de entrar no que seria essencialmente sua casa pelos próximos oito dias, a mais de 800 mil quilômetros de distância.

Deke não disfarçou que desejava estar a bordo; se não fosse pelos médicos e irregularidades no coração, teria ido, mas não era para ser. O chefe se consolou sabendo que Neil, Buzz e Mike estavam indo por todos eles – todos os que amavam a doce ciência de voar –, entre eles os cosmonautas da Rússia, e Deke fez um sinal de positivo.

Na manhã de 16 de julho de 1969, o veterano comentarista de lançamentos da NASA, Jack King, também estava pronto para ir à Lua. Sua voz no controle de lançamento cresceu através dos alto-falantes colocados por toda a instalação de quase 730 mil metros quadrados, colocados em cada local da NASA, na Casa Branca e nas redes mundiais de rádio e televisão.

Quando King falou, o mundo parou para ouvir:

Depois de um café da manhã com suco de laranja, bifes, ovos mexidos, torradas e café, os astronautas embarcaram na Apollo 11 às 6h54, horário do leste dos EUA. O comandante Neil Armstrong foi o primeiro a bordo. Ele foi seguido por Mike Collins. Buzz Aldrin, o homem que está sentado no banco do meio durante a decolagem, foi o terceiro a bordo.

Trezentas pessoas executando a contagem regressiva no Controle de Lançamento tinham tudo funcionando como previsto. Outras centenas trabalhavam com elas no Controle da Missão de Houston, enquanto alguns milhares estavam em serviço em estações de rastreamento em todo o mundo, a bordo de navios de rastreamento no mar, e em aeronaves rastreadoras no ar.

Este é o Controle de Lançamento Apollo / Saturno. Estamos agora a menos de 16 minutos da decolagem planejada para o veículo espacial Apollo 11. Tudo continua indo bem...

Dentro do módulo de comando da Apollo 11, os astronautas trabalhavam em suas listas de verificação, agora totalmente separados do mundo exterior. Neil descansou a mão esquerda no mecanismo de aborto da viagem. Com uma torção, o foguete da torre de escape se acenderia e os arrebataria para um local seguro. Para Neil, abortar o plano não era uma grande preocupação. Ele sentiu que fariam tudo como planejado. Era o único membro da tripulaçao com uma janela até que ejetassem a torre de escape durante o voo. Aqueles que planejaram tais coisas sabiam que o comandante precisava de uma janela para se certificar de que estavam indo para o céu, em vez de para o chão.

Os três estavam de ótimo humor. Estavam confiantes. A contagem regressiva estava fluindo suavemente através da torre de escape, e o indicador da segurança de alcance permaneceu verde. Até mesmo velejadores e pequenas aeronaves estavam longe da zona de lançamento. O Controle de Lançamento testou os sistemas de transferência de energia para o Saturno V. O módulo lunar Eagle estava agora vivo, com sua própria força interna.

Este é o Controle de Lançamento Apollo / Saturno. Nós passamos a marca de onze minutos. Tudo continua indo bem.

Dez minutos. Neil, Mike e o módulo de comando de Buzz, Columbia, estavam agora por conta própria. A multidão ficou em silêncio. Apenas a voz de Jack King era para ser ouvida e tornou-se subitamente musical.

> Já ultrapassamos a marca de seis minutos em nossa contagem regressiva para a *Apollo 11*. Agora, cinco minutos e 52 segundos e contando, e estamos no horário atual para a decolagem planejada para os 32 minutos desta hora.

A equipe de lançamento armou o sistema de autodestruição, e a passarela de acesso aos astronautas se afastou do caminho.

Mais uma vez Neil descansou a mão enluvada no mecanismo de aborto. Com o caminho para o pórtico de lançamento livre, a única forma de segurança da tripulação era acionar o impulso instantâneo do foguete de escape da Apollo 11.

> "T menos três minutos e dez segundos," relatou Jack King. "A Apollo 11 agora está em seu sequenciador automático."

A contagem regressiva estava no controle dos computadores e King disse: "Estamos indo. O alvo para os astronautas da Apollo 11, a Lua, estará a 350.971 quilômetros da decolagem. "

T menos cinquenta segundos e o Saturno V estava em plena potência interna.

> Neil Armstrong acabou de relatar. Tem sido uma contagem regressiva bem tranquila.
> Nossa transferência está concluída na potência interna com o veículo de lançamento.
> Todos os tanques do segundo estágio estão agora pressurizados.
> Quinze segundos e contando. Os astronautas relatam que se sentem bem.
> T menos nove segundos.
> A sequência de ignição foi iniciada.

De cima do verdadeiro arranha-céu que era o foguete, Neil ouviu a enorme explosão de ignição – um trovão ecoando por toda a Apollo, anulando sua audição enquanto as chamas explodiam para baixo. Mais de 105 mil litros de água a cada segundo se chocaram contra os rios de chamas curvadas, para absorver e resfriar a erupção vulcânica de mais de 3,4 milhões de quilos de empuxo.

Mais uma vez Neil Armstrong travou os calcanhares debaixo do assento e se segurou.

O primeiro estágio do Saturno V estava vivo, mas ancorado à plataforma de lançamento por enormes braços de segurança, acorrentado à Terra até que os computadores o julgassem pronto para voar.

"Seis, cinco, quatro."

Neil escutou o uivo do Saturno V, ouviu pedaços e folhas e flocos de gelo caindo constantemente de revestimentos formados pelos oxidantes e propulsores superfrios. O foguete da Apollo 11 estava pronto para sair. Neil sabia que ele queria ir, mas os computadores ainda estavam dizendo para esperar, esperar outros três segundos, esperar até que possamos ter certeza.

"Três, dois, um, zero, todos os motores estão funcionando."

Então, Neil sentiu a ignição.

A máquina mais poderosa já construída pelo homem foi subitamente solta.

Parafusos explosivos dispararam, os gigantescos braços de sustentação do Saturno V soltaram suas garras, e o foguete gritou que saíssem do seu caminho.

"Lançamento, nós temos o lançamento, 32 minutos depois da hora, decolagem da Apollo 11. Torre liberada."

Neil sentiu a Terra tremer. Sentiu a pilha de foguetes e naves espaciais de sua tripulação, com 36 andares de altura, se projetando da gravidade da Terra.

Aves voaram em busca de segurança, a vida selvagem fugiu para se abrigar, e as ondas de choque do poderoso foguete atingiram o peito de mais de 1 milhão de pessoas, sacudindo seus ossos e remexendo suas roupas. Eles foram forçados a se inclinar para a onda de energia que se aproximava quando o Saturno V da Apollo 11 criou seu próprio terremoto, ecoando um trovejar primitivo. Neil podia ouvir e sentir tudo através do capacete e dos fones de ouvido. Um peso superior a 3,4 milhões de quilos estava batendo no chão, voltando para os ouvidos, mas, mesmo assim, ele tocou o microfone e, a partir de seu som tumultuoso, contou ao CapCom Bruce McCandless: "Câmbio, tempo decorrido. Estamos no horário".

O Controle da Missão ouviu o relatório. Sabia que o tempo estava correndo e a Apollo 11 estava rolando para sua rota adequada. Pensando em sua vida pessoal, Neil sabia que a apenas alguns quilômetros ao sul de sua viagem para a órbita – em um barco no estuário do Banana River –, estavam Janet, Rick e Mark.

Eles ouviram Jack King na narração da decolagem na NASA, mas ainda não tinham visto o Saturno V. Eles ainda não podiam ouvi-lo. Só podiam segurar o coração na garganta até a Apollo 11 aparecer, e, de repente, isso aconteceu e seus sorrisos cresceram quando todos no barco gritaram e gritaram, e saltaram para cima e para baixo em comemoração. Antes que sua nova televisão a cores, em Wapakoneta, transmitisse a ignição e o lançamento, a mãe de Neil apertou as mãos em oração.

Mas nenhum deles conhecia a pesada, atribulada e lenta movimentação que Neil estava sentindo. O barulho foi esmagador, mas estava começando a desaparecer. Agora ele podia ouvir o barulho de milhões de litros de combustível, e Neil relatou ao Controle da Missão: "O roteiro está completo e a arfagem está programada", acrescentando: "*One Bravo*".

Neil, Mike e Buzz estavam no caminho de voo desejado. *One Bravo* agora era o modo de aborto. Eles estavam alto o suficiente e se moviam rápido o suficiente para deixar a maior parte do barulho para trás, e Neil sentiu que agora podia ouvir o Controle da Missão, apesar do movimento trovejante e repentino. Parecia que todos os estágios do Saturno V estavam vibrando ao mesmo tempo em que voavam através de nuvens brancas de cristal de gelo – crescendo em peso. Seu peso gravitacional estava aumentando e eles batendo na área de máxima pressão aerodinâmica que tentaria separar o Saturno V do Apollo 11.

Mas o desconfortável tremor do Max-Q seria momentâneo. Enquanto isso, no Cabo, a multidão via um rio de fogo de 800 metros de comprimento seguindo a *Apollo 11*.

Os astronautas estavam a uma altitude de mais de 19 mil metros, movendo-se a cerca de 4.500 quilômetros por hora, e o CapCom disse a eles: "Aguardem pelo Mode One Charlie".

O Mode One Charlie significava que os controladores de voo estavam checando o estado do primeiro estágio e a sua separação do segundo estágio.

"One Charlie", Neil confirmou.

"Aqui é Houston, você está *Go* [pronto] para escalonamento."

"Motor interno desligado", Neil relatou.

"Confirmamos motor interno desligado."

Neil, Mike e Buzz se prepararam para o "descarrilamento". Seus pesos gravitacionais fizeram com que eles pesassem quatro vezes o que pesavam no lançamento, e os cinco grandes motores de foguete do primeiro estágio comprimiram os três estágios do Saturno como uma sanfona.

No momento em que esses motores pararam de queimar, o conjunto da Apollo 11 perdeu o impulso e os astronautas foram jogados para a frente e para trás contra suas correias. Neil não tinha certeza de que não tivessem sido jogados no anteparo do módulo de comando, quando ele disse ao CapCom: "Escalonamento". Os astronautas ouviram então estrondos metálicos e uma mistura de sons metálicos abafados e estalos quando os parafusos explosivos detonaram o estágio agora vazio.

Eles estavam a mais de 64 quilômetros de altura e a quase 97 quilômetros do local de lançamento, subindo mais rápido que 9.600 quilômetros por hora, e ouviram mais estrondos e sons metálicos abafados do segundo estágio abaixo, enquanto foguetes vazios disparavam para estabilizar os propelentes. Então, o segundo estágio se acendeu, chutando os astronautas de volta a seus assentos com aceleração renovada. Neil percebeu imediatamente que o voo estava muito mais suave e silencioso – sem mais vibração, com todo o som deixado em seu rastro.

"11, Houston. A propulsão está pronta, todos os motores. Você parece muito bem."

"Entendido. Você está alto e claro, Houston", Neil respondeu ao CapCom, rapidamente acrescentando: "Temos a saia SEP."

"Entendido, nós confirmamos a saia SEP."

A saia* do motor desapareceu e um novo som atingiu a cabine da tripulação. O foguete da torre de escape se acendeu automaticamente, arrebatando a torre não mais necessária e o escudo protetor, descobrindo suas janelas pela primeira vez.

"Houston, o visual é *Go* hoje", relatou Neil.

* Parte inferior externa de um veículo a foguete.

"Aqui é Houston, câmbio. Desligo", disse o CapCom.

"Sim, finalmente temos janelas para olhar."

Neil sabia que estava sendo ignorado. O prazer de ter a capacidade de ver além de sua espaçonave, mesmo que eles pudessem ver apenas o céu negro do espaço, não era uma prioridade para a equipe ocupada em solo, e ele, Mike e Buzz estavam agora aproveitando o passeio. Os estágios superiores do Saturno V se transformaram em gigantes gentis. Estavam agora além das últimas partículas da atmosfera e a viagem era silenciosa e serena, tão lisa quanto vidro e a pouca distância de onde Neil, repentinamente, viu línguas de fogo. Foguetes de combustível sólido no Saturno V, descartados no primeiro estágio, estavam acendendo para afastar o estágio da Apollo. Ninguém queria uma colisão na "estrada espacial" neste momento.

"Sua orientação convergiu; você está bem", disse o CapCom a Neil.

"Câmbio."

"11, Houston. Você vai em quatro minutos."

"Câmbio."

A Apollo 11 estava agora a 306 quilômetros do lançamento, 115 quilômetros de altura, movendo-se a quase 11.910 quilômetros por hora, e Neil disse a McCandless: "Você soa claro e límpido daqui, Bruce. Parece que está sentado na sua sala de estar".

Bruce voltou:

"Vocês também estão muito bem."

"Estamos fazendo em seis minutos, começando a usar os motores de estabilização", disse Neil.

"Entendido, 11", reconheceu o CapCom. "Você está *Go*, indo do solo em seis minutos.

O segundo estágio continuou a queimar e o conjunto da Apollo 11 subiu mais e mais rápido por mais três minutos até esvaziar seus tanques. Novamente os astronautas foram agarrados em seus arreios; novamente foram empurrados para trás quando o terceiro estágio se apagou. Eles estavam se movendo a quase 25 mil quilômetros por hora, não exatamente a velocidade orbital da Terra, mas o terceiro estágio cuidaria disso.

"Escalonamento, e ignição", Neil disse à equipe em solo.

"Ignição confirmada, impulso pronto, *11*. Aos dez minutos, você está pronto."

Neil sorriu.

"Entendido, 11 está pronto."

Ainda carregado do combustível necessário para impulsionar a Apollo 11 para a Lua, após uma queima do S4B (terceiro estágio) para empurrá-los para a órbita da Terra, a Apollo 11 subitamente circundava seu planeta à velocidade de 28 mil quilômetros por hora.

Esse era o começo de sua órbita planejada, e Neil sabia que seu propósito era duplo. Primeiro, dar à equipe uma janela de lançamento mais longa e, segundo, dar ao Controle da Missão e à tripulação duas horas e meia em órbita da Terra para garantir que o astronauta e a máquina estivessem prontos para funcionar longe, bem longe.

Estavam entrando em órbita sobre a estação de rastreamento das ilhas Canárias, na costa da África, e Neil trocou sorrisos largos com Mike e Buzz. Soltou o arnês e flutuou livremente como se fosse uma pena com asas invisíveis. Foi a sensação de bem-estar e de leveza que ele aprendera a amar a bordo da Gemini 8, e o deleite só fez a viagem valer a pena.

PARTINDO

A Apollo 11 acelerou em torno da Terra por quase duas órbitas completas. O Controle da Missão verificou e checou novamente seu equipamento. Os controladores de voo tinham que ter certeza absoluta de que o módulo de comando e o módulo lunar poderiam levar os astronautas com segurança para a Lua, e voltar. Então, o CapCom disse a eles: "Apollo 11, aqui é Houston. Você está indo para a TLI".

Neil Armstrong levantou um punho enluvado. "Nós agradecemos."

A TLI, injeção translunar, do inglês *Trans Lunar Insertion*, era a segunda grande manobra de voo necessária para que a tripulação da Apollo 11 alcançasse a superfície lunar. Neil cruzou o olhar com Mike e Buzz. Eles estavam sorrindo. Não havia dúvida de que estavam prontos. Cada um deles checou seus arneses, deslocaram-se, acomodaram o peso e esperaram.

"Apollo 11, aqui é Houston, aguarde!"

"Entendido", reconheceu Neil, e a tripulação se preparou.

"IGNIÇÃO!"

"Ignição", ele disse ao Controle da Missão.

O poderoso terceiro estágio do S4B os afundou profundamente em seus assentos, enquanto cada grama do enorme foguete estava queimando. Isso era necessário. Eles estavam alcançando a velocidade que os libertaria da gravidade da Terra, movendo-se sobre o Pacífico a quase 28 mil quilômetros por hora. O foguete deles precisaria queimar sem parar, sem nem um soluço, por quase seis minutos para atingir 39, 428 mil quilômetros por hora – a velocidade de escape.

Eles tinham a tranquilidade de saber que aquilo de que precisavam estava em seus computadores a partir da Apollo 8 e da Apollo 10. Ambos os voos anteriores diziam para a *Apollo 11* os seguir. Eles estavam seguindo, e Neil ouviu Houston dizer-lhes que o terceiro estágio do Saturno V estava queimando por um minuto. "A trajetória e a orientação parecem boas. O estágio está bom."

"Câmbio." Neil recebeu a notícia.

No vácuo que levava da Terra, o motor J-2 de hidrogênio do S4B queimava uma pluma magnífica de chamas rosa e violeta. Neil e a tripulação sentiram o seu poder contínuo, apreciaram o seu passeio suave e poderoso. O trabalho deles era monitorar seus instrumentos. O CapCom disse a eles: "O impulso é bom. Tudo parece bem".

Neil retornou um "Entendido" satisfeito.

Eles se sentaram, viajaram e esperaram. Sentiam que estavam deixando seu planeta natal. O tempo parecia ter diminuído e Neil queria se beliscar para ter certeza de que estava onde estava – fazendo o que ele sonhava havia tanto tempo fazer. Em seguida, faltavam apenas alguns segundos para a longa queima de foguetes, e o CapCom estava de volta: "Apollo 11, aqui é Houston. Você ainda parece muito bem. Seu fim do terceiro estágio está no nominal".

Nominal – linguagem de engenharia para "normal", e Neil assegurou aos controladores de voo: "A tripulação da Apollo 11 está pronta". Eles estavam se afastando da Terra mais rápido do que uma bala e, quando chegaram ao final dessa etapa, moviam-se através de cada trecho de 11 quilômetros em apenas um segundo. A súbita perda de poder do foguete os levou a um deslizar sem entraves para a Lua. Com exceção dos zumbidos dos aparelhos eletrônicos da Apollo, e dos fluidos que se moviam por seus sistemas, eles foram deixados em um mundo de silêncio, com pouca sensação de movimento e a liberdade emocionante de flutuar sem peso.

Velocidade: 39.428 km/h
Distância da Terra: 946 quilômetros
Tempo decorrido da missão: 2 horas e 54 minutos

Mais uma vez Neil pôde respirar. Ele disse ao Controle da Missão: "Ei, Houston, o Saturno V nos proporcionou uma viagem magnífica."

"Entendido, 11. Vamos pular essa parte. E certamente parece que você está bem no seu caminho."

"Não temos reclamações de nenhum dos três estágios da viagem", assegurou Neil. "Está perfeita."

"Câmbio. Nós copiamos. Nenhuma alteração transitória significativa no escalonamento."

"Isso mesmo", Neil disse a eles. "Até aqui foi uma boa viagem, uma boa viagem – concluiu, enquanto ele e Mike Collins se preparavam para a próxima tarefa: separar a Apollo e o módulo lunar do estágio S4B."

"Apollo 11, você está pronto para a separação."

"Houston", Neil voltou. "Estamos prontos. Estamos perto dos sistemas elétricos de potência."

"Aqui é Houston. Nós copiamos."

Neil sentiu o fogo explosivo, e ouviu o barulho de metais quando percebeu que sua espaçonave agora estava menor. "Sistemas elétricos de potência completos, Houston", ele relatou.

Estavam deixando o estágio final do Saturno V para trás e Mike Collins agora estava no controle. A tripulação sentiu e ouviu os foguetes propulsores do Columbia dispararem. Viu a espaçonave se virando, trazendo-os cara a cara com o Eagle. Eles estavam olhando para o módulo lunar sobre o foguete preso dentro de seu contêiner rígido. O Columbia deve ter aparecido como um grande inseto prestes a devorar o impotente Eagle – mas não importava. Mike Collins disparou mais explosões dos propulsores do Columbia e chamas transparentes retornaram. A ponta de sua sonda de encaixe entrou na porta de acoplagem do módulo lunar. Mais uma explosão dos propulsores e os dois módulos balançaram com o impacto. Os astronautas sentiram e ouviram estalos metálicos quando os ganchos de encaixe se prenderam; de repente, olhando de volta para eles, estava a luz de captura. Suas duas espaçonaves agora eram uma.

Neil disse à equipe de solo: "Estamos acoplados."

Velocidade: 30.867 km/h
Distância da Terra: 12.305 quilômetros
Tempo decorrido da missão: 3 horas e 29 minutos

Pela primeira vez desde que deixara a órbita da Terra e se dirigira para a Lua, Neil pôde relaxar – apenas por um momento. "Houston", começou ele a dizer ao Controle da Missão, "talvez você esteja interessado em saber que, da minha janela da esquerda posso observar todo o continente da América do Norte, o Alasca, ao longo do polo até a península de Yucatán, Cuba, a parte norte da América do Sul, e, então, eu perco a visão pela janela."

"Câmbio, nós copiamos."

Neil teve que rir alto. Ele sabia que os que estavam no Controle da Missão tinham pouco tempo para vistas turísticas, pois estavam se preparando para uma manobra evasiva – que manteria a Apollo 11 longe de qualquer contato novamente com o terceiro estágio do Saturno V, S4B. O disparo iria atirar o foguete para além do limite da Lua, para uma órbita solar. Mas poucos – apenas as tripulações da Apollo 8 e da Apollo 10 – já haviam tido essa visão da Terra. O garoto da cidade pequena de Ohio ficou impressionado.

"11, Houston", disse o CapCom. "Sempre que você tiver um momento livre, nós temos essa manobra PAD."

"O.k.", respondeu Buzz.

O CapCom leu todas as letras e números necessários para o lançamento do S4B, e Buzz os copiou enquanto Neil e Mike começavam a sair de seus trajes espaciais suados. Eles estavam com aquelas roupas pesadas e pressurizadas desde que deixaram os alojamentos da tripulação, seis horas antes. Rapidamente trocaram seus exoesqueletos por macacões confortáveis e leves de Teflon, mas se despir e vestir em sua espaçonave recém-adquirida era o mesmo que executar a tarefa no carro da família.

Assim que Neil começou a sentir pena de si mesmo, lembrou-se de seu amigo e comandante reserva da missão, Jim Lovell, que vivera duas semanas no espaço em uma cabine telefônica – morava em um dos dois assentos da Gemini 7, com Frank Borman. Neil rapidamente renovou seus agradecimentos por sua espaçosa Apollo. Não era como morar em um banheiro masculino.

Neil estava mais consciente da falta de peso e de que, para cada ação, há uma reação oposta. Ele poderia empurrar alguma coisa e seu corpo iria decolar na direção oposta. Então, ele teria que se esforçar para não perceber quão rápido estavam se afastando da Terra. Ao andar de carro, de trem ou de avião à noite, a Lua e as estrelas parecem permanecer no lugar – movendo-se com você à medida que os sinais de trânsito, os prédios e as árvores ficam para trás. Esses objetos próximos lhe dizem quão rápido você está indo. No espaço, você está muito longe de outros corpos do Universo para ter uma ideia de velocidade com que está se movendo.

Muitas vezes Neil salientou que nossa Terra está se movendo ao redor do nosso Sol a quase 108 mil quilômetros por hora, e nós prestamos pouca atenção. Somos lembrados disso apenas pela mudança das estações.

Quando já estava confortavelmente em seu macacão, Neil voltou à janela. O panorama vagaroso da Terra tornara-se uma esfera, e ele ficou grato por ter mantido o nariz nos livros de geografia da escola.

Ele se divertia por ser capaz de identificar locais na Terra e disse ao Controle da Missão: "Nós não tivemos muito tempo, Houston, para falar com você sobre nossas paisagens pela janela. Conseguimos ver toda a parte norte do hemisfério iluminada e nítida, incluindo a América do Norte, o Atlântico Norte, a Europa e o norte da África. Pudemos ver que o tempo estava bom em todos os lugares. Havia uma depressão ciclônica no norte do Canadá, no Athabaska – provavelmente a leste da área de Athabaska."

Neil pigarreou e continuou: "A Groenlândia estava limpa e parecia que estávamos vendo apenas a calota de gelo na Groenlândia. Todo o Atlântico Norte estava muito bem; e a Europa e a África do Norte pareciam estar limpas. A maioria dos Estados Unidos também. Havia uma área de baixa pressão – parecia uma frente que se estendia do centro do país até o norte dos Grandes Lagos e chegava à Terra Nova".

O Controle da Missão ouvia atentamente o boletim geográfico e o boletim meteorológico, e o CapCom disse a Neil: "Câmbio. Nós copiamos".

"Eu não tinha muito o que olhar", acrescentou Mike Collins à transmissão, "mas com certeza gostei disso."

"Nós entraremos no PTC em breve e vocês poderão se revezar", disse Mike, do Controle da Missão.

PTC eram as iniciais de *Passive Thermal Control* (Controle Térmico Passivo). Para garantir que os astronautas e sua espaçonave não congelassem de um lado, enquanto assavam no outro, girariam lentamente a Apollo 11 para absorver os raios solares de forma uniforme. Essa imitação de uma grelha giratória daria a cada astronauta oportunidades iguais de olhar pela janela e admirar o planeta que estavam deixando, e as paisagens lunares que estavam se aproximando. As operações de voo deram aos astronautas um recurso simples para aumentar sua visão. Era um monocular – metade de um conjunto de binóculos – e, com isso, a tripulação se deu conta de como a Terra parecia tão frágil.

Neil pensava que seu planeta natal era pequeno, mas colorido, e, comparado a outros corpos espaciais, não poderia defender-se muito bem contra um ataque celestial, embora estivesse se defendendo a contento há 4,6 bilhões de anos. Mas houve aquele asteroide ou meteoro que destruiu os dinossauros, e aquele que limpou milhões de quilômetros quadrados de florestas na superfície da Sibéria, e um objeto como esse, se a humanidade não se preparasse, poderia arrasar com a Terra. Essa era a missão da Apollo 11, e Neil estava esperançoso de que sua missão ajudaria a vida a continuar e florescer.

Havia uma história por aí que dizia que, quando Neil estava pilotando seu F9F Panther na patrulha de combate coreana, voou sobre uma cordilheira uma manhã para ver filas de soldados norte-coreanos suando com os exercícios físicos. Ele poderia tê-los abatido com as metralhadoras do seu jato, matando centenas deles, mas não os abateu.

Neil nunca me contou a história, mas é fácil de acreditar. A vida simplesmente valia muito para o homem desperdiçá-la.

Certa vez, quando estávamos tomando um drinque no nosso bar predileto, um jovem lagarto se arrastou pelos meus pés, me abaixei com um guardanapo e o peguei.

"Leve-o para fora e deixe-o ir", Neil pediu, e foi o que fiz, libertando a jovem vida à beira da piscina para que fugisse para viver ou ser comida por uma criatura maior.

Na cabeça de Neil, matar aqueles indefesos soldados norte-coreanos teria sido o mesmo que atirar em um inimigo indefeso, piloto de caça, saltando de paraquedas de seu avião em chamas. Neil Armstrong estava a caminho da Lua na esperança de abrir novos lugares para a vida prosperar além da Terra. Com certeza, ele não estava procurando maneiras de exterminá-la. Não podia nem iria desperdiçar um presente de Deus, por menor que fosse.

Neil voltou sua atenção para a recém-terminada manobra do estágio S4B e a tripulação de três pessoas concordou que era hora de comer.

A tripulação devorou sanduíches de salada de presunto, frango e atum, e para lanches eles encontraram a despensa cheia de amendoim, petiscos de bacon e de carne defumada, e doces, caramelos, damascos secos, pêssegos e peras. A tripulação transmitiu seus agradecimentos e elogios para os chefes em Houston.

Velocidade: 13.133,8 km/h
Distância da Terra: 47.509 quilômetros
Tempo decorrido da missão: 5 horas e 55 minutos

Os astronautas passaram seu primeiro dia no espaço sorrindo como crianças em uma piscina com tobogã no jardim de casa. Havia tanta coisa para experimentar, tanto para fazer, tanto para ver ao observar a Terra ficando menor à medida que se revezavam no cargo de guia turístico. Buzz Aldrin descreveu a neve nas montanhas da Califórnia para o CapCom Charlie Duke. Ele acrescentou: "Parece que LA não tem muito problema de poluição hoje, e, com o monocular, eu posso identificar um maciço verde como o Vale de San Fernando".

"Como está a Baja Califórnia, Buzz?"

"Bem, tem algumas nuvens para cima e para baixo, e há um bom sistema de circulação a algumas centenas de quilômetros da costa oeste da Califórnia", disse ele a Charlie.

Os astronautas enviaram imagens de televisão para sua audiência mundial e Mike Collins assumiu a posição de guia turístico.

"Certo, Houston, você acha que poderia girar a Terra um pouco para que possamos ficar com um pouco mais além de água?"

"Entendido, 11", Charlie Duke, o CapCom respondeu com um sorriso. "Eu não acho que temos muito controle sobre isso. Parece que você terá que se contentar com água."

"O.k., Charlie", Mike riu, abrindo espaço para Neil no microfone. O Controle da Missão havia pedido à equipe dez minutos a mais de televisão, solicitando uma narrativa de Neil descrevendo o que eles estavam vendo.

A Apollo 11 estava a cerca de 97 mil quilômetros de sua base, com os astronautas observando um quarto da Terra. Neil começou sua narração improvisada:

> Estamos vendo uma boa parte da Terra, um quarto da esfera com o leste do oceano Pacífico. Não fomos capazes de alcançar

visualmente a cadeia do Havaí, mas podemos ver claramente a costa ocidental da América do Norte. Os Estados Unidos, o Vale de San Joaquin, as High Sierras, a Baja Califórnia e o México até Acapulco e a península de Yucatán, e ainda podemos ver através da América Central até a costa norte da América do Sul, Venezuela e Colômbia.

O Controle da Missão agradeceu à equipe pelas imagens transmitidas, enquanto os astronautas fatigados perceberam que era hora de encerrar o dia.

A voz do Controle da Missão disse ao mundo em escuta:

> Aqui é o controle da Apollo, às onze horas e 29 minutos de voo da Apollo 11. Não esperamos ouvir muito mais da equipe até a noite. Por volta das onze horas e vinte minutos, nós lhes dissemos boa-noite e eles estão começando o período de sono, cerca de duas horas mais cedo.

A antecipação do horário de descanso foi possível porque os controladores de voo não encontraram necessidade de disparar foguetes de propulsão da Apollo 11 para a segunda correção de curso. Os astronautas estavam no curso desejado e qualquer necessidade de mudar sua rota de voo seria tratada na terceira correção de curso, no dia seguinte. Por enquanto, eles se ocupavam em montar suas redes.

Duas das redes, bem como sacos de dormir, eram esticadas e ancoradas sob os assentos esquerdo e direito, enquanto o assento central estava abaixado para o terceiro tripulante, o astronauta de plantão, se necessário.

Mike Collins prendeu o relógio com uma cinta de segurança para mantê-lo no lugar devido à ausência de gravidade. "Era um prazer cochilar sem pontos de pressão cutucando o corpo", Collins diria mais tarde. "O que poderia ser melhor do que apenas flutuar durante todo o caminho até a Lua?"

Velocidade: 8.690 km/h
Distância da Terra: 102.756 quilômetros
Tempo decorrido da missão: 11 horas e 32 minutos

O Controle da Missão e o cirurgião de voo mantiveram-se atentos ao relatório da tripulação,

Temos treze horas e 27 minutos de voo da Apollo 11. Nosso cirurgião de voo informou há pouco que o piloto do módulo de comando, Mike Collins, parecia estar dormindo profundamente naquele momento. Dados biomédicos sobre os outros dois tripulantes indicam que eles ainda estão acordados.

Após cerca de quarenta minutos, o Controle da Missão estava de volta:

A missão está progredindo muito bem. Todos os sistemas das espaçonaves estão funcionando normalmente neste momento, e o cirurgião de voo relata que todos os tripulantes parecem estar dormindo. Sobre o comandante Neil Armstrong e o piloto do módulo lunar, Buzz Aldrin, eles parecem ter começado a dormir há cerca de cinco minutos. O piloto do módulo de comando, Mike Collins, está dormindo há uma hora.

O sono da tripulação foi tranquilo na maior parte do tempo, com o relatório do Controle da Missão às 22 horas e 49 minutos de tempo transcorrido. "A tripulação está acordada há algum tempo, segundo o cirurgião. O comunicador da espaçonave, Bruce Mc-Candless, está de prontidão para chamar a tripulação a qualquer momento."

"Apollo 11, Apollo 11, aqui é Houston, câmbio."

"Bom dia, Houston. Apollo 11", respondeu Neil.

"Câmbio, Apollo 11. Bom dia. Avise quando estiver pronto para copiar, 11, eu tenho algumas pequenas atualizações de planos de voo e as notícias da manhã."

A excitação do seu primeiro dia era obviamente o motivo de a tripulação ter dormido só cinco horas e meia, mas apesar de seu sono curto, uma vez que já estavam acordados, estavam ansiosos para continuar.

Velocidade: 5.937 km/h
Distância da Terra: 183.793 quilômetros
Tempo decorrido da missão: 23 horas e 22 minutos

Havia menos tarefas no segundo dia, deixando-os com tempo para ouvir música e se maravilhar com o brilho da Terra à medida que se moviam cada vez mais para o espaço.

Neil achou sua música suave e perfeita para a ocasião. Na adolescência, ele tocava barítono, um grande instrumento de metal com válvulas em forma de trompete, num quarteto chamado "Mississippi Moonshiners".

Foi quando Neil descobriu que paquerar garotas era divertido. Tocando o instrumento, logo ganhou a reputação de ter o melhor beijo da região. Ele levou essa fama para Purdue, onde era membro da banda de shows da universidade. No momento, ele estava ouvindo uma gravação de "Music Out of the Moon".

A seleção de Neil era muito apropriada. O que a maioria na Terra não sabia era que, desde que saíra do planeta, a Apollo 11 estava sob constante luz, sem nada para bloquear o Sol. Seria assim para os astronautas até estarem quase na Lua.

Neil estava realmente ansioso por um percurso sem luz, quando teria uma visão clara e distinta do Universo. Foi quando o seu substituto, Jim Lovell, chamou:

"Apollo 11, é o comandante a bordo?"

Jim Lovell, o primeiro a abrir a estrada por onde estavam viajando para a Lua, estivera lá a cada passo do caminho como apoio de Neil. Ele estava pronto para intervir se, por algum motivo, Neil não pudesse fazer o voo.

Armstrong se levantou da posição de ouvir música e rapidamente atendeu ao chamado.

"Aqui é Neil, Jim, o que se passa?"

"Estou um pouco preocupado."

"Preocupado?", o intrigado comandante da Apollo 11 questionou."Preocupado com o quê?"

"Você ainda não me deu o sinal", disse Lovell. "Você não me perguntou se estou sentado. Você está pronto?"

"Bom Deus, Jim", Neil riu. "Estamos a meio caminho entre a Terra e a Lua. Você perdeu a oportunidade de dar essa notícia, amigão."

"Tudo bem", Lovell devolveu a risada. "Eu concedo."

Velocidade: 5.602 km/h
Distância da Terra: 198.443 quilômetros
Tempo decorrido da missão: 25 horas e 58 minutos

Eles navegaram sem o menor impacto a meio caminho entre a Terra e a Lua, mas ainda não haviam atravessado o ponto de equalização da gravidade entre os dois corpos.

O que Neil não sabia era que, vinte e três anos depois, a nave planetária Galileo tiraria a primeira foto da Terra e da Lua mostrando a missão da Apollo 11. O editor aeroespacial da Associated Press, Howard Benedict, um dos melhores amigos que Neil e eu já tivemos, conseguiu três cópias da fotografia e eu as enviei para Neil. Ele ficou tão impressionado que assinou uma cópia para este escritor e uma para Benedict, a ser valorizada por toda a vida.

Para completar seu segundo dia a caminho da superfície lunar, os astronautas, de bem com a vida, montaram um programa de televisão improvisado com o chef Mike Collins preparando um ensopado de frango, Buzz Aldrin fazendo flexões e Neil se exibindo de cabeça para baixo.

Eles encerraram seu programa de televisão com uma imagem da Terra distante e depois se deitaram tarde. Dormiram por dez horas.

Velocidade: 3.872 km/h
Distância da Terra: 297.526 quilômetros
Distância da Lua: 118.663 quilômetros
Tempo decorrido da missão: 48 horas e 00 minuto

Quando acordaram, os astronautas cuidaram de seus deveres, incluindo uma correção no meio do caminho, antes de chegar ao evento principal do dia: uma verificação meticulosa de seu módulo lunar Eagle.

Mike abriu a escotilha do Eagle e Neil se espremeu no túnel de 2 metros e meio, seguido por Buzz.

Neil estava procurando por um arranhão ou qualquer outro sinal de dano, enquanto Buzz, o piloto do módulo lunar, começou a preparar o Eagle para sua separação do Columbia, cerca de 45 horas depois. A inspeção deles não encontrou nada e relataram alegremente ao Controle da Missão que o módulo estava "imaculado" e pronto para seguir.

Com cinco sextos do voo concluído, a gravidade da Terra diminuiu e a aderência da Lua assumiu o domínio. A aceleração constante em direção ao pequeno mundo exigia uma nova abordagem. A massa da Lua era um sexto da massa da Terra e poderia ser definida entre as costas do Pacífico, nos Estados Unidos, e do Atlântico. Em termos práticos, era um mundo morto. Em sua superfície, o horizonte da Lua estava muito mais perto do que na Terra, e lá não havia ar. Nenhuma atmosfera ou clima, e para o terceiro período de sono, a tripulação da Apollo 11 estava inquieta. Neil, Mike e Buzz sabiam o que esperava por eles no dia seguinte. Entrar na órbita lunar era uma incógnita. Se os seus foguetes não retardassem a espaçonave para a velocidade correta, eles a girariam em torno da Lua e a nave retornaria à vizinhança da Terra.

Velocidade: 4.543 km/h
Distância da Lua: 20.786 quilômetros
Tempo decorrido da missão: 71 horas e 31 minutos

Quando os astronautas da Apollo 11 foram despertados para o seu terceiro e importante dia de entrada na órbita lunar, a gravidade da Lua agora os puxava cada vez mais rápido para o alvo.

"Primeiro, parece que será impossível ficar longe do fato de que vocês estão dominando todas as notícias aqui na Terra", disse o CapCom Bruce McCandless. "Até mesmo o *Pravda* na Rússia está cobrindo a missão e chama Neil de 'czar da nave espacial'. A Alemanha Ocidental declarou que aquela segunda-feira seria o 'Apollo Day'. Os alunos da Baviera ganharam o dia de folga. A BBC em Londres está considerando um sistema especial de alarme de rádio para chamar as pessoas para seus aparelhos de TV. E na Itália, o papa Paulo VI organizou um circuito especial de TV em cores em sua residência de verão para assistir a vocês, apesar de a televisão italiana ainda ser em preto e branco.

"Aqui em Houston, suas esposas e filhos se reuniram para o almoço de ontem na casa do Buzz. E, de acordo com Pat, acabou tornando-se um papo informal e descontraído. As crianças nadaram e deram saltos altos no bastão de bambu de Buzz."

McCandless deixou a tripulação saber os últimos resultados do futebol e afirmou: "Uma astróloga de Houston, Ruby Graham, diz que toda a conjunção astral está propícia para a viagem de vocês à Lua. Ela diz que Neil é inteligente, que Mike tem bom julgamento e que Buzz pode resolver problemas complexos".

Neil sorriu, descartando rapidamente qualquer pensamento de uma astróloga, enquanto ele e a equipe se voltavam para o importante dia à frente.

O Controle da Missão estava alimentando os astronautas da *Apollo 11* com os números mais recentes e configurações de estrelas para entrar na órbita lunar em duas horas e 57 minutos.

Velocidade: 4.826 km/h
Distância da Lua: 13.567 quilômetros
Tempo decorrido da missão: 73 horas e 6 minutos

A Apollo 11 agora voava através da enorme sombra da Lua e a vista estava testando os nervos dos astronautas.

Ali, nosso vizinho mais próximo estava se aproximando, enroscando-se em uma coroa solar, enquanto a luz cinérea banhava seu corpo escuro com tanta iluminação, que se tornava tridimensional. A tripulação pegou suas câmeras e Mike Collins perguntou ao Controle da Missão: "Que tipo de configurações vocês poderiam recomendar para a coroa solar? Nós temos o Sol logo atrás do limite da Lua agora".

"Câmbio."

"É uma visão bastante estranha", disse Buzz Aldrin. "Há uma coroa do Sol muito marcante vindo de trás da Lua."

"Câmbio."

"Acho que o que está dando esse efeito tridimensional é a luz cinérea", continuou Buzz. "Eu posso ver Tycho, a imensa cratera da Lua, com bastante clareza. Pelo menos, se eu estiver do lado certo, eu acredito que é Tycho, na luz da Lua, quero dizer, na luz cinérea. E, claro, posso ver que o céu está iluminado em toda a volta da Lua, mesmo no limbo de onde não há luz cinérea ou brilho do Sol."

"Apollo 11, aqui é Houston. Se você quiser tirar algumas fotos", disse o CapCom, "recomendamos usar o carretel de filme Uniform, que está carregado com filme preto e branco de alta velocidade."

"E, Houston", Neil se juntou à conversa, "eu sugiro que ao longo da linha eclíptica possamos ver a luz da coroa por dois diâmetros lunares a partir deste local. A luz brilhante só se estende de um oitavo a um quarto do raio lunar."

"Câmbio."

"Houston, está sendo uma mudança e tanto para nós", continuou Neil. "Agora podemos ver as estrelas novamente e reconhecer as constelações pela primeira vez na viagem. Está. . . o céu está cheio de estrelas.

Assim como a noite na Terra. Porém, por todo o caminho até aqui, só conseguimos ver as estrelas ocasionalmente, e através do monocular, mas não reconhecemos nenhum padrão estelar."

"Eu acho que, na verdade, se transformou em noite aí em cima, não é?", o CapCom perguntou.

"Na verdade, sim", concordou Neil, tentando ser objetivo e pouco emotivo, mas, ao mesmo tempo, deixando o Controle da Missão saber o que eles estavam vendo, através de uma descrição bastante detalhada.

Os astronautas saíram do eclipse lunar e viram claramente a Lua que estava se aproximando. Neil disse aos controladores de voo: "Houston, a visão da Lua que temos agora é realmente espetacular. Ela preenche cerca de três quartos da janela da escotilha, e é claro que podemos ver toda a circunferência, mesmo que parte dela esteja completamente sombreada e outra parte esteja na luz cinérea. É uma visão que vale o preço da viagem".

No Controle de Missão, todos os consoles de monitoramento estavam no verde. A Apollo 11 estava no caminho certo, faltando apenas dez minutos para que Neil, Mike e Buzz voassem atrás da Lua, onde seus rádios seriam bloqueados. Então, o CapCom disse a eles: "11, aqui é Houston. Você está indo para a LOI".

LOI (*Lunar Orbit Insertion*), Manobra de Inserção em Órbita Lunar, a manobra vital necessária para alcançar a superfície da Lua, e a tripulação da Apollo 11 estava preparada para qualquer eventualidade. Os astronautas não teriam contato com o Controle da Missão. Pouco antes de perderem o sinal, o CapCom transmitiu pelo rádio: "Apollo 11, aqui é Houston. Todos os seus sistemas estão parecendo bem, e nos vemos do outro lado, câmbio".

"Entendido", Neil assegurou-lhes enquanto a Apollo 11 desaparecia.

Velocidade: 8.409 km/h
Distância da Lua: 571 quilômetros
Tempo decorrido da missão: 75 horas e 26 minutos

Atrás da Lua, era como se a Apollo 11 e sua tripulação de três astronautas não existissem. Eles não podiam se comunicar com o Controle da Missão. Não havia telemetria nem sinais de rádio, nada. A missão agora existia apenas em seu pequeno mundo dentro de uma espaçonave.

Eles estavam em seus assentos com os módulos de comando e serviço da Apollo acoplados com o módulo lunar, em movimento retrógrado a uns 482 quilômetros acima da Lua – uma Lua que eles não veriam novamente até que se virassem depois dos planejados seis minutos e dois segundos de queima necessária para frear a velocidade de cerca de 8.046 para 4.828 quilômetros por hora, quando a gravidade lunar iria assegurá-los em uma órbita de 98 por 272,3 quilômetros.

O disparo crucial do foguete foi programado para sete minutos e 45 segundos para o lado mais distante, e Neil, Mike e Buzz checaram novamente suas configurações – uma vez, depois, novamente, e uma terceira vez para ter certeza de que estavam corretas. Tinha que estar perfeito. Apenas um dígito no computador fora do lugar poderia enviá-los para uma montanha lunar ou remetê-los para uma órbita ao redor do Sol.

Mas isso não ia acontecer. Neil, Mike e Buzz tinham certeza disso. Quando alcançaram a marca, os três membros da tripulação sentiram a suave ignição e ouviram o estrondo do sistema de propulsão do módulo de serviço (SPS) queimando. Os números diziam que o foguete havia disparado e estava em funcionamento – queimando suave e uniformemente pelo que pareceu a Neil, Mike e Buzz uma eternidade. Eles olharam para a escuridão, incapazes de ver a Lua – apenas sentindo a presença dela – quando seu sistema de propulsão SPS diminuiu sua velocidade, movendo-os para 98 quilômetros de sua superfície. A única preocupação deles era que o foguete queimasse por muito tempo, colidindo com a Lua, que estava tão perto, e por seis minutos e dois segundos eles conduziram a Apollo 11 até sua velocidade mais lenta. Quando isso acabou, finalmente acabou, foi um momento esplêndido e épico: 75 horas e 55 minutos depois de livrar-se de suas algemas na plataforma de lançamento, a Apollo 11 estava em órbita lunar.

Ninguém na Terra sabia que isso havia acontecido. No Controle da Missão, esse foi um momento de suspense, um tempo para contar os minutos e segundos que tinham que passar antes que a Apollo 11 emergisse do flanco lunar de onde, esperávamos, sinalizaria o sucesso.

Mas na Apollo 11 a celebração já estava em andamento. Os números eram perfeitos. Eles haviam virado a espaçonave e estavam olhando para a Lua, apontando, animadamente, uma característica espetacular após a outra, e, quando chegaram do limbo lunar, e o Controle da Missão pôde ouvi-los no instante programado, a Terra celebrou.

"A Apollo 11 está obtendo sua primeira visão da abordagem de pouso", disse Neil ao Controle da Missão, lembrando as fotos e mapas trazidos pela Apollo 8 e Apollo 10.

Em uma das fotos que Jim Lovell tinha tirado da órbita da Apollo 8, a apenas alguns quilômetros acima da Lua, havia uma pequena montanha lunar. Esse era o lugar certo para Neil e Buzz acenderem seu estágio de descida. Lovell o chamara de Monte Marilyn. Seria o marcador de pouso da Apollo 11.

"No momento estamos passando pelo Monte Marilyn", relatou Buzz.

"Entendido. Obrigado", reconheceu o CapCom, acrescentando rapidamente: "Jim Lovell está sorrindo".

O Controle da Missão se encheu de risos. Todos os controladores de voo sabiam que a pequena montanha tinha o nome de uma ótima esposa e mãe. Cada um também sabia que ela fora menos enérgica apenas uma vez – no dia em que se casara com Jim Lovell.

A voz de Neil interrompeu as risadas. "Jim nos deu uma prévia muito boa do que procurar por aqui", disse ele ao Controle da Missão. "Parece muito com o que temos nas fotos."

"Neste momento, estamos passando pela cratera Taruntius, e as fotos e mapas trazidos pelas Apollo 8 e 10 nos deram uma boa previsão do que ver aqui. Parece muito com as fotos, mas com a diferença entre assistir a um jogo de futebol no estádio e assistir a ele na TV. Não há o que substitui o fato de realmente estar aqui."

"Entendido. Nós concordamos", respondeu o CapCom. "Nós certamente gostaríamos muito de ver isso ao vivo."

"Vocês verão", disse Neil. "Haverá muito mais oportunidades."

À vontade em sua órbita lunar, os astronautas da Apollo 11 haviam chegado e era hora de colocar o módulo lunar Eagle para pousar no Mar da Tranquilidade. Neil e Buzz ligaram seu módulo e passaram pela lista de verificação antes de voltar para o Columbia, para a quarta noite.

No meio-dia de domingo, 20 de julho de 1969, Neil e Buzz estavam de volta a bordo do Eagle e, quando começaram sua 13ª órbita ao redor da Lua, Neil relatou a Mike Collins, que mantinha as queimas a bordo do Columbia, que "os sistemas do Eagle estão bons".

"Olá, Eagle", chamou o Controle da Missão. "Estamos a postos, câmbio."

"Entendido", respondeu Neil. "O Eagle está desacoplado."

"Câmbio. O que você acha, Neil?", O CapCom perguntou.

"O Eagle tem asas", disse ele ao Controle da Missão, e mais uma vez bilhoes de pessoas assistindo à televisão mantiveram a expectativa.

O POUSO

Columbia deu a volta na Lua seguido por Eagle, e o Controle da Missão disse a eles:

"Estamos a postos, câmbio."

"Houston, aqui é Columbia. Está na escuta?"

"Câmbio, tudo em ordem. Como está indo, câmbio?"

"Muito bem."

"Ótimo. Estamos aguardando pelo Eagle."

"Certo, ele está bem atrás de mim."

Neil Armstrong e Buzz Aldrin estavam prontos. Com as botas na cabine de comando do Eagle. Em voo retrógrado com suas faces paralelas à paisagem silenciosa abaixo. Neil sentia-se muito à vontade com o astronauta na cadeira do CapCom no Controle da Missão. Seu nome era Charlie Duke e ele já havia descoberto um problema. A antena de alto desempenho do Eagle precisava de ajustes, e Neil acertou isso. O mais importante: se um problema sério aparecesse, Neil sabia que Charlie iria percebê-lo imediatamente.

"Houston, Eagle. Está na escuta?"

"Tudo em ordem, Eagle", Charlie respondeu rapidamente. "Estamos a postos aguardando seu relatório, câmbio."

"Câmbio, a ignição chegou na hora", Buzz disse a ele. "Foi perfeito", acrescentou ele, quando começou a ler os números para Charlie, enquanto Neil e os controladores de voo mexiam na antena de alto desempenho do Eagle.

Eles passaram os próximos minutos relatando e confirmando posições, medidas e altitudes com o Controle da Missão e, em seguida, uma verificação final com todos os envolvidos, e o CapCom disse a eles: "Eagle, Houston, se você me escuta, você está pronto para a descida".

Neil e Buzz não escutaram. Neil ainda estava agitando a antena de alto desempenho do Eagle tentando acertá-la, mas Mike Collins, acima deles no Columbia, ouvia claramente. "Eagle", Mike chamou: "Aqui é o Columbia. Eles acabaram de dar um *Go* para descida motorizada".

Neil e Buzz se entreolharam.

Descida motorizada. Eles foram liberados para pousar.

Eles trocaram um largo sorriso e Neil calmamente reconheceu a atenção de Charlie com um "câmbio".

Nas fileiras de consoles e monitores do sistema de controle interno do Controle da Missão, comandados por um pequeno exército de controladores de voo, sentava um homem que não estava nem aí com seus cabelos compridos e os trajes estranhos que definiram os anos 1960.

Em uma tripulação tradicional, e adicionando um toque de "informalidade austera" às suas características, Gene Kranz parecia estranhamente fora de lugar. No entanto, ele era a autoridade máxima da missão, o diretor de voo cujos poderes avassaladores decidiriam o que, quando e onde seria a descida até a superfície da Lua. Agora, com Neil e Buzz baixando silenciosamente em direção à poeira lunar e crateras, ninguém o chamava pelo nome. Ele respondia apenas por "*Flight*" (Voo).

Ele se inclinou para o painel de comunicações e passou do canal de diretores de voo para um único canal de controladores de voo e disse a sua equipe: "Ei, gangue, vamos realmente pousar na Lua hoje. Nada de bobagens. Vamos fazer isso".

Cabeças e corpos se viraram com sorrisos e sinais de positivo ao receber suas palavras, e ele voltou para o canal de diretores de voo, para que os VIPs e as famílias, tensos e irritados, nos auditórios, pudessem novamente ouvir. Kranz, como a tripulação a bordo do Eagle, era um ex-piloto de caça, parecia calmo, mas isso era só aparência. Seu estômago estava enrolado. Seu coração batia forte e alto, e quando ele levantou a mão direita, em seu trabalho de garantir o plano de pouso na Lua, deixou entrever uma imagem perfeita e úmida de cinco dedos encharcados de suor.

Mais importante do que quaisquer outras neste dia, foram as palavras decisivas transmitidas através do espaço: "Eagle, você está pronto para acender seu motor de descida". Neil fixou seus olhos nos números brilhantes exibidos diante dele. Ele e Buzz estavam quase na junção invisível de altura, velocidade, alcance e tempo em que tudo se encaixaria. Quando os instrumentos lhes diriam que estavam a 309 quilômetros de seu alvo planejado de aterrissagem, e precisamente a 152.93 metros medidos por radar acima das longas sombras da Lua, eles soltariam o impulso de desaceleração e começariam a frear sua velocidade para o contato com o solo lunar.

Os dígitos verdes brilhantes mudavam constantemente, os números piscando em um borrão extenuante.

Então era isso. PDI (*Powered Descent Initiate*). Descida motorizada iniciada. Na Terra, ouvintes de rádio e telespectadores prenderam a respiração. Unhas cravadas nas palmas das mãos.

Neil e Buzz se prepararam para a ignição. Com 10 por cento de potência, não houve súbita explosão de energia quando o foguete de descida do Eagle foi trazido à vida com um toque suave. Delicadamente a nave desceu pelo céu negro.

O cérebro eletrônico do Eagle monitorou a desaceleração, mediu a perda de velocidade, julgou a altura e confirmou o ângulo de descida. A mão invisível do computador começou, então, a adicionar energia. Gradualmente, o motor de descida do Eagle aumentou para potência total.

A chama jorrou sob eles – plasma reluzente em uma onda de choque flutuando no vácuo – e o Eagle balançou de um lado para o outro. O computador do módulo lunar estava tão sensível que acionou os propulsores de controle, com cuidado, para manter a aeronave estável. Batidas ocas, pancadas suaves e distantes podiam ser ouvidas dentro da nave de aterrissagem de quatro pernas, enquanto pequenos propulsores executavam o ato final de equilíbrio.

A gravidade lunar puxou o Eagle muito mais gentilmente do que teria feito na Terra, enquanto Neil e Buzz, que ainda estavam sem gravidade, livres do peso das roupas e botas de alta pressão, começaram mais uma vez a sentir o peso aumentar. Seus braços caíram. Pernas assentaram dentro de seus trajes. Seus pés pressionavam para baixo, em suas botas, enquanto eles se rendiam à sua velocidade acelerada.

Neil percebeu que seus olhos estavam cansados, mas ele estava alerta de expectativa, imerso na realidade da incrível aventura agora à sua frente, e viu Buzz sorrindo como uma criança.

Santo Deus, eles iriam pousar na Lua!

O combustível bombeava através dos dutos a pleno vapor. Chamas cuspidas à frente e abaixo deles. O Eagle estava em fúria total agora, detonando peso e massa, desacelerando, diminuindo a velocidade.

Os fones de ouvido estalavam aos quatro minutos, enquanto Charlie Duke, incrivelmente calmo e profissional, falava: "Você está *Go*. Você está pronto para manter a descida. Você está pronto para manter a descida".

"Câmbio."

Mas nem tudo estava bem.

Em solo, o Controle da Missão estava tenso.

Os controladores de voo, altamente treinados, estavam focados em seus monitores, rastreando a linha curva da descida do Eagle. Esperavam a sonda de metal vertical que se estendia das pernas do módulo tocar a superfície da Lua e sinalizar o pouso bem-sucedido.

Aqueles que ocupavam a primeira fila de consoles estavam no que era conhecido como "linha de frente". Ali as decisões finais eram tomadas, ali eram chamados à responsabilidade decisiva, para ali Deke Slayton voltava toda a sua atenção.

Deke tinha confiança em todos aqueles que trabalhavam na atmosfera sobrecarregada da linha de frente, mas estava especialmente interessado em um especialista em computadores de 26 anos chamado Steve Bales. Como muitos no centro de controle, ele era jovem, mas também um veterano experiente.

Ninguém o chamava pelo nome. Com uma missão em andamento, ele se tornou o GUIDO, as iniciais de *guidance officer* [diretor de orientação]. Para os veteranos da área espacial, Bales era um gênio. Eles se referiam a ele às vezes como "*Whiz Kid*" [garoto prodígio].

Bales tinha chegado cedo para o seu turno, animado, cheio de expectativa e maravilhado com o que estava por vir. Aquele era o dia mais importante, exigente e excitante de sua vida, e esse pensamento preocupante permaneceu quando se sentou no console do diretor de orientação e, nervosamente, começou a torcer uma mecha do cabelo.

Bales percorria mentalmente a lista de possíveis sinais que podiam soar alarmes de perigo em qualquer ponto da descida épica do Eagle. E ele sabia que Jack Garman, de 24 anos, na sala dos fundos, estava passando pela mesma lista mental. Ambos eram especialistas nos computadores da sonda lunar localizados nas entranhas do Eagle.

Esses sistemas de computador eram essenciais para medir todas as forças e fatores eletrônicos e mecânicos que determinariam o sucesso do toque de Neil e Buzz na Lua. Um pouso suave o suficiente para salvaguardar a saúde da tripulação e manter a integridade estrutural da sonda exigia um complexo sistema de monitoramento. Mudanças de velocidade, taxas de desaceleração, deslocando centros de gravidade, peso e equilíbrio e o impulso do motor eram fatores sofisticados demais para a mente humana processar. Computadores – cérebros eletrônicos – foram projetados para realizar cálculos ultra rápidos e acompanhar tudo o que acontecia a bordo do módulo lunar.

Os computadores a bordo também continham "cães de guarda eletrônicos" muito sensíveis. Sistemas de alarme para detectar instabilidades, desalinhamentos e desvios do plano de voo, foram criados de maneira excelente. Apenas Bales e Garman estavam familiarizados com cada um desses alarmes e o que eles significavam. Eram as únicas duas pessoas naquele vasto sistema de controle aptos a interpretar qualquer emergência de alarme a bordo do Eagle.

Tudo o que eles monitoraram dentro da nave de pouso estava verde e *Go*. A tensão existia, mas todos estavam se sentindo muito bem com a descida.

Então, foi tudo por água abaixo.

De repente, os computadores do Eagle emitiam sinais loucamente.

Alarme!

Sinais de emergência apareceram dentro da nave de desembarque de Neil e Buzz e um segundo e meio depois, em consoles no Controle da Missão. Ninguém esperava um pedido de ajuda. Não agora.

O motor de descida do Eagle tinha acendido a aceleração parcial por 26 segundos. Tudo se encaixava no plano de voo. Mas a 1828,8 metros acima da Lua, uma luz amarela brilhou nos dois astronautas.

Buzz tinha acabado de dizer ao CapCom Charlie Duke:

"Pegue a Terra no nosso monitor", quando Neil perguntou rapidamente sobre o alarme:

"Houston, você está olhando para o nosso DELTA-H?"

"Afirmativo."

Neil xingou baixinho. "Alarme do sistema!"

"Parece tudo bem para nós, câmbio."

O comandante do Eagle voltou. – É um erro 1202.

"1202", Buzz repetiu a leitura de Neil.

Neil teria ficado menos intrigado com os alarmes do computador se soubesse mais sobre uma simulação, realizada poucos dias antes de seu lançamento, que indicava que uma "sobrecarga de processamento" não era um problema, mas, mesmo assim, achou o alarme um tanto estranho.

Neil confiava nas mesmas condições usadas pela maioria dos pilotos de testes – boa velocidade, boa altitude e a navegação em andamento. Não havia nada de errado, além do computador dizendo: "Ei, eu tenho um problema". Não havia mais nada pedindo atenção e sua primeira avaliação lhe disse para continuar voando, para acreditar em seus olhos, e ele fez isso, enquanto Bales continuava tentando provar que o alarme era uma condição de sobrecarga de processamento.

Bales e Garman sabiam, com certeza, que o aviso dizia que o computador estava sobrecarregado. Tanta coisa estava acontecendo, tantos sinais de desempenho estavam sendo gerados que o computador não conseguia absorver todos eles. O que os dois prodígios da computação não sabiam era que Buzz Aldrin decidira executar os dois – não apenas um –, mas os dois sistemas Pings (orientação primária) e Ags (orientação de aborto), ao mesmo tempo, sobrecarregando ainda mais o computador. Os gênios da computação do MIT não permitiram isso – você pode executar um, mas não o outro, mas Buzz julgou corretamente que ambos deveriam estar em execução, caso você precisasse deles. Neil, lembrando como a execução dos dois sistemas de orientação, ao mesmo tempo, quase enviou o Snoopy da Apollo 10 para a Lua, voltou com um pedido para acertar tudo: "Nos dê uma leitura do alarme do erro 1202, Houston, agora mesmo".

Steve Bales quase pulou da cadeira. Todos os olhos estavam nele, e ele engoliu em seco. Sabia, com toda a certeza, que os números que ele estava lendo eram de sobrecarga de processamento. Ele simplesmente não sabia o motivo, mas avaliou no mesmo instante: "Nenhum dano". "*Go!*" Ele gritou. "*Go!*"

Surpreso, Charlie Duke também respondeu bruscamente. Ele não tinha tempo para esperar. "Câmbio. Vamos lá – Estamos *Go* no alarme."

Neil foi contrariado. Ele tinha que acreditar nisso.

Vamos voar.

Noventa e um metros acima da superfície da Lua, o Eagle começou sua descida final. Chamas jorraram para baixo enquanto a nave reduzia a velocidade. Neil tinha cumprido sua missão no fio da navalha. Ele e Buzz funcionavam como um só. Agora eles estavam fazendo mais do que descer na Lua. Eles estavam tão perto que Neil teve que conduzir o módulo lunar. Ele deu o comando "Prossiga" em seu teclado. O computador lidaria com as tarefas de descida imediata. Buzz apoiaria o homem e o cérebro eletrônico para que Neil pudesse se adaptar a voar no vácuo.

Um sorriso momentâneo cruzou seu rosto. Agora veríamos se os 61 voos de treinamento do LLTV valeram a pena, o treinamento de que ele precisava para pousar na Lua. Neil estava apostando que valeram. Ele tinha esperança de que os voos tivessem lhe dado as habilidades para fazer o trabalho.

Ele olhou através de sua janela triangular e estudou a superfície desolada e cheia de crateras que via. Ele fizera muitas simulações, examinara dezenas de fotografias tiradas pela Apollo 10, marcando o caminho, ponto a ponto, até o Mar da Tranquilidade. Ele conhecia o local pretendido para o pouso tão bem quanto os aeródromos familiares de sua terra, e, imediatamente, percebeu que ele não estava onde deveria estar. Que droga!

O Eagle tinha ultrapassado o local em quase 5 quilômetros. Um ligeiro erro de navegação e uma velocidade de descida mais rápida do que a pretendida deixaram seu módulo lunar fora do ponto planejado para o pouso. Neil estudou a superfície acidentada que se erguia em sua direção e Buzz notou uma cratera mais larga que um campo de futebol. O Eagle estava ficando sem combustível e foi direto para o fosso lunar aberto, cheio de pedregulhos maiores do que os ônibus de Purdue.

Cientificamente, seria ótimo aterrissar ao lado e explorar uma cratera escavada no solo lunar, mas Neil logo descobriu que a ladeira em volta era muito íngreme. Se o Eagle aterrissasse em uma inclinação, eles nunca conseguiriam voltar a entrar em órbita.

Sem um segundo para desperdiçar, Neil percebeu que estava sozinho. Foi aí que a experiência e o treinamento entraram em ação e ele olhou para além da cratera. Aterrissar o Eagle era uma questão de habilidades de pilotagem que ele vinha aperfeiçoando. Contra a vontade do diretor de operações de voo, Chris Kraft, Neil passara mais tempo no *Bedstead*, o Veículo de Treinamento de Pouso Lunar (LLTV), do que qualquer astronauta, e, agora, estava valendo a pena. Ele precisava trazer o Eagle para uma superfície plana, não pairando e caindo, mas voando, percorrendo a paisagem lunar como havia treinado no LLTV. Havia apenas uma chance.

Agarrou o cabo de manobra e o guia do Eagle nos punhos enluvados, com um toque aprimorado por anos de voos, dos menores aos maiores, dos mais lentos aos mais rápidos – Neil conhecia bem uma "situação limite", e precisava voar como nunca tinha voado antes. Conhecimento, experiência, toque especial – a habilidade de pilotar durante a emergência da órbita da Gemini 8, trazer o avião-foguete X-15 de Pasadena, ejetar de seu jato avariado sobre a Coreia, e ejetar do próprio simulador de pouso lunar segundos antes de cair – tudo isso, tudo viria à tona nesse momento.

Os dedos de Neil apertaram e soltaram alternadamente o cabo de manobra e o guia enquanto navegavam para baixo a 6 metros por segundo. Ele empurrou o motor de leve, diminuindo para 2,74 metros por segundo.

Ele sintonizou seus sentidos para os movimentos de balanço e para os freios, e dezesseis pequenos foguetes impulsionadores de altitude mantiveram o Eagle alinhado durante toda a descida. Um toque nivelado no solo era sua garantia de segurança, sobrevivência e retorno para casa.

O Controle da Missão escutou. Eles estavam hipnotizados com as vozes se aproximando da superfície lunar. Neil voou. Buzz observava o radar de pouso, anunciando os números que representavam as avaliações de frações de segundos e habilidades de voo.

Buzz não era novato. O combate em seu jato F-86 com caças chineses sobre as montanhas da Coreia o trouxera a este ponto. Não tinha perguntas sobre o piloto ao lado dele. Estava mais consciente de como Neil pensava as coisas de maneira ampla e, então, fez o que ele achava que era certo, e ele geralmente chegava à decisão correta. De todos os pilotos que ele conheceu e com quem voou Buzz sabia, sem dúvida, que nenhum chegava perto de Neil Armstrong. Ele era simplesmente o melhor piloto que Buzz já vira.

"700 pés (213 metros), descida 21, em 33 graus", entoou Buzz.

"600 pés (182,8 metros), descida em 19."

"540 pés (164,5 metros), descida em – 30."

"Em 400 pés (121,9 metros), descida em 9."

"Eagle, está ótimo", Charlie Duke entrou em contato no Controle da Missão. "Está *Go.*"

Apesar da confiança nas vozes dos astronautas, ainda havia um problema: nenhum lugar para pousar. Pedras, e mais pedregulhos, detritos na superfície espalhados por toda parte.

Neil disparou os propulsores de manobra de inclinação lateral esquerda do Eagle. Os foguetes maiores deslizaram o módulo lunar através de destroços de bilhões de anos. Além das eras de detritos lunares, uma área limpa e plana.

"Em um minuto e meio", Buzz disse a ele.

"70", respondeu Neil.

"Observe sua sombra lá fora."

"50, descida em dois e meio, 19 para a frente."

"Luzes de velocidade de altitude acesas."

"Descida três e meio, 220 pés (67 metros), 13 para a frente."

"Onze para frente. Descendo bem", Buzz disse a ele.

O Controle da missão estava em silêncio. O que eles poderiam dizer a Neil Armstrong? Se tivessem tentado dizer alguma coisa, Deke Slayton os teria matado.

"200 pés (61 metros), descida em quatro e meio."

"Descida em cinco e meio."

"120 pés (36,5 metros)."

"100 pés (30,4 metros), descida três e meio, nove para a frente, 5 por cento."

"Certo, 75 pés (22,8 metros). Parece ótimo", Buzz disse a ele enquanto olhava para o lugar óbvio que Neil havia escolhido para pousar.

"60 segundos", Charlie Duke disse a eles.

Eagle tinha sessenta segundos de combustível em seus tanques e ninguém queria pensar sobre isso. Se o motor de descida engolisse sua última gota de combustível antes que o Eagle pousasse, eles cairiam, cairiam sem energia para a superfície.

O que aqueles no controle da missão não sabiam era que Neil não estava tão preocupado com o combustível. Ele sentiu que, a uns 15 metros, isso realmente não importava. Se o motor parasse, a um sexto da gravidade daquela altura, eles pousariam em segurança no solo.

Neil calmamente apontou para o seu novo ponto de pouso. Ele manteve um pensamento em primeiro lugar: flutuar e pousar no alvo. O Eagle balançou suavemente de um lado para o outro enquanto os propulsores respondiam.

Longe, no Controle da Missão, os controladores de voo estavam quase frenéticos com sua incapacidade de fazer mais alguma coisa para ajudar Neil e Buzz.

Deke Slayton sabia que eles tinham que deixar o pouso com os pilotos. Mas o tempo estava passando, e consumindo um precioso combustível. Charlie Duke olhou para Deke e ergueu as duas mãos com as palmas para fora. Ele não precisou dar voz à pergunta. Gene Kranz fez isso por ele.

"CapCom, é melhor lembrar Neil de que não há postos de gasolina naquela Lua."

Charlie assentiu e acionou seu microfone. Um temporizador olhava para ele. "30 segundos."

"A luz está acesa", Buzz disse a Neil enquanto observava uma luz âmbar piscar o sinal de combustível baixo.

Buzz entoou os números como um padre, firme e claro:

"30 pés (9,1 metros), sombra fraca."

"Para a frente?", Neil perguntou, querendo ter certeza de que estava se movendo em direção à superfície conhecida.

"Sim."

"Certo."

"Luz de contato."

A sonda do Eagle havia tocado o solo lunar.

"Certo, parada do motor."

"ACA fora do *Detent**."

"Fora do *Detent*", Neil confirmou. O acelerador do motor estava fora de escala e firmemente na posição inativa.

"Nós copiamos, Eagle", Charlie Duke disse a eles, e então esperou.

Três segundos para as vozes se irem para lá e para a cá, da Terra para a Lua e da Lua de volta à Terra.

Neil tinha que ter certeza. Ele estudou as luzes no painel de aterrissagem para ter certeza do que elas haviam finalizado o processo.

---

* *Detent:* Um detentor é um dispositivo usado para resistir mecanicamente ou interromper a rotação de uma roda, eixo ou fuso. Tal dispositivo pode ser qualquer coisa, desde um simples pino de metal até uma máquina. O termo também é usado para o método envolvido.

Quatro luzes brilhavam intensamente – quatro luzes maravilhosas dando as boas-vindas a outro mundo onde nenhum humano jamais estivera. Quatro luzes baniram toda a dúvida. Quatro bases de aterrissagem redondas, no final das pernas do Eagle, descansavam, niveladas, na poeira lunar.

A voz de Neil estava calma, confiante, acima de tudo clara:

"Houston, aqui é a Base Tranquilidade. O Eagle pousou."

Era 16h17min42s, no horário do leste dos Estados Unidos, 20 de julho de 1969 (20h17min39s, horário de Greenwich).

Charlie Duke falou acima do tumulto de aplausos e festejos no Controle da Missão.

"Câmbio, Tranquilidade", abalado e feliz, Charlie Duke respondeu. "Nós copiamos você em solo. Você tem um monte de caras aqui prestes a ficarem azuis. Agora estamos respirando novamente. Muito obrigado."

"Obrigado." Neil permitiu-se um sorriso, embora estivesse fazendo o melhor que podia para reprimir as emoções que sentia.

Em sua excitação do momento, a tripulação do Eagle simplesmente apertou as mãos. Foi um momento decisivo nas vidas de Neil e Buzz – pelo significado histórico do que acabara de acontecer.

"Como um homem que pulou do topo do Empire State Building dizia, ao passar por cada andar: 'até agora, tudo bem'", Neil disse a Buzz, voltando às suas listas de verificação e às suas tarefas. Eles não tinham como saber quanto tempo levariam para ajustar todos os fluidos e sistemas do Eagle, fazer com que sua sonda lunar ficasse segura para a permanência na Lua.

Para evitar a preocupação do público, a NASA havia enganado a mídia, agendando um período de descanso e sono de quatro horas para a repentina população da Lua. Mas as duas primeiras pessoas dentro de uma espaçonave na paisagem lunar não estariam dormindo. Estariam trabalhando febrilmente para garantir que ficassem tempo suficiente para dar um passeio na Lua, e Neil olhou para Buzz: "Certo, vamos indo".

CAMINHANDO NA LUA

Neil olhou para o mundo alienígena além da janela do seu módulo lunar. Ficou surpreso com a rapidez com que a poeira, arremessada pelo impulso final do foguete de descida do Eagle, havia se acomodado na superfície. Em um piscar de olhos, a Lua se recuperou como se nunca tivesse sido perturbada, e Neil estudou a área deserta em torno de si e de Buzz. Sem pássaros. Sem vento. Ausência de nuvens. Um céu negro em vez de azul.

Eles realmente haviam desembarcado em um mundo sem vida. Uma terra que nunca conheceu a carícia dos mares, nunca sentiu a vida se mexendo em seu solo, nunca sentiu a menor folha cair em sua superfície. Nenhuma criatura pequena para fugir de rocha em rocha. Nem uma única folha verde. Nem mesmo o menor sussurro de uma brisa. Estavam em um mundo onde uma bola de fogo termonuclear não soaria mais alto que um floco de neve caindo.

Mas não havia tempo para saboreá-lo ou apreciar os fenômenos científicos disso tudo. Eles tinham muito a fazer, muito rapidamente, e estavam ocupados. Em apenas metade do tempo que esperavam, o Eagle se acomodou suavemente em seu ninho na Lua, com todos os seus sistemas ronronando. Neil e Buzz estavam prontos para abrir a escotilha. Esse plano de enganar a mídia com um período de sono e descanso programado de quatro horas não era necessário.

"É claro que queríamos sair o mais rápido possível", Neil me disse. "Precisávamos da amostra de contingência para mostrar que estivemos lá, mas estávamos convencidos de que precisaríamos de várias horas para que os sistemas e fluidos do Eagle assentassem. Com todo esse tempo passando e nada acontecendo", explicou ele, "vocês repórteres teriam especulado sobre possíveis problemas, e nós não queríamos que vocês inventassem histórias." Mais uma vez aquele sorriso único. "Queríamos que vocês pensassem que estávamos dormindo."

"Culpado", eu reconheci.

Neil e Buzz estavam prontos para entrar na paisagem lunar, e este repórter acreditava que eles estavam descansando. A equipe da NBC News estava jantando, comemorando, quando recebemos a ligação, "Eles estão saindo mais cedo".

Com bifes do Texas e iguarias de Galveston Bay deixadas nas mesas, corremos de volta para nossos microfones. Estávamos no local para relatar o primeiro passo humano na Lua, quando os últimos fragmentos discerníveis da atmosfera do Eagle correram pelas bordas da escotilha, e ouvimos Neil contar a 1 bilhão estimado de ouvintes: "A escotilha está se abrindo".

Era óbvio que a NASA tomara a decisão correta sobre quem seria o primeiro a deixar o módulo lunar. Equipado com seu volumoso traje espacial, botas e mochila, Buzz não poderia ter manobrado ao redor de Neil até a escotilha. O comandante simplesmente precisava ser o primeiro a sair e o último a retornar ao módulo lunar. Neil se inclinou para a frente, recuando, parando no pórtico com seus grandes corrimãos levando à escada. Antes que pudesse começar a descer para a superfície da Lua, ele teve que puxar um anel-D, que abaixou uma bandeja de equipamentos trazendo as coisas necessárias para o seu passeio na Lua. Chamava-se MESA, e Neil disse ao Controle da Missão: "A MESA desceu bem."

"Aqui é Houston. Nós copiamos, estamos a postos aguardando as imagens para a TV."

A primitiva câmera de televisão em preto e branco de baixa qualidade estava localizada na MESA, mas os bilhões de visitantes que assistiam da Terra não se importavam com sua qualidade. Eles queriam ver qualquer coisa que pudessem, e o emocionado CapCom Bruce McCandless disse aos astronautas: "Cara, estamos tirando uma foto".

"Você tem uma boa foto?", perguntou Buzz.

"Há um grande contraste e, no momento, está de cabeça para baixo no nosso monitor", explicou o CapCom. "Mas podemos ver uma quantidade razoável de detalhes."

Estavam de volta os dias de brincar com a televisão antiga, mas o Controle da Missão rapidamente reajustou a imagem e o entusiasmado McCandless relatou: "O.k., Neil, podemos ver você descendo a escada".

Neil se movia devagar e com firmeza, como se não tivesse para onde ir. A Lua estivera esperando por 4,6 bilhões de anos e ele não estava com pressa. Cada movimento tinha que ser preciso, correto, sem imprevistos.

Logo ele estava um passo acima do solo lunar e fez uma pausa, olhando para as bases e pernas de aterrissagem do Eagle. Elas foram projetadas para se compactarem com a força do pouso, tornando a nave mais estável, aproximando sua escada da superfície da Lua. Mas as habilidades de pilotagem de Neil provaram ser o problema. Ele colocou o Eagle na Lua tão gentilmente que não houve o colapso das bases e das pernas, e o último degrau da escada ainda estava a 1 metro de altura.

"Muito bem, Armstrong", ele se repreendeu quando balançou um pé por cima do degrau e caiu lentamente no pé do módulo abaixo dele. Mas antes de dar outro passo, queria ter certeza de que poderia voltar à escada. Na baixa gravidade, saltou com tanta força que quase perdeu o último degrau. Ele se firmou. Satisfeito por poder dar o passo extra e longo, desceu de volta à base.

"O.k., acabei de checar o primeiro degrau, Buzz. Não está baixado o suficiente, mas está adequado para voltar."

"Câmbio. Nós copiamos", confirmou o CapCom.

"É preciso um bom salto", Neil disse a eles antes de voltar a atenção para seu dilema. Por algum tempo esteve pensando sobre o que diria quando, de fato, pisasse na Lua. Ele havia pensado em uma afirmação que julgava ter significado e se encaixava na ocasião histórica, pedindo a opinião de seu irmão Dean e de outras pessoas próximas. Neil não se decidira.

Ele me disse que estava indeciso até se deparar com o momento

Estendeu a mão enluvada segurando a escada e depois virou à esquerda, inclinando-se para fora. "Vou sair do LM agora", disse ele, levantando a bota esquerda sobre o apoio e colocando-a no pó da Lua que subia e descia em um jato fino – um jato que durou apenas um instante devido à ausência de atmosfera. "Este é um pequeno passo para o homem", Neil disse, e fez uma pausa momentânea. "Um grande salto para a humanidade."

O que a maioria não sabia era que Neil pretendia dizer: "Este é um pequeno passo para *um* homem," e a perda do "um" gerou uma discussão que durou muitos anos. Um bipe na transmissão cobriu o "um" ou alguma outra perda na transmissão apagou-o de nossos ouvidos, ou Neil, nervosamente, pulou a palavra?

Conhecendo as dificuldades de Neil em falar em público, eu acredito na última hipótese, e, com toda a empolgação e as emoções do momento, nunca me convenci de que o próprio Neil realmente soubesse, com certeza, o que aconteceu.

Sua mãe lhe dissera que sua única preocupação real com a segurança dele na Lua era que a crosta lunar não pudesse sustentá-lo. Mais uma vez Neil testou seu peso. Então, ele disse ao Controle da Missão: "A superfície é fina e empoeirada. Eu posso senti-la livremente com o meu dedo do pé. Ela adere, em camadas finas como carvão em pó, à sola e às laterais das minhas botas. Eu me movo uma pequena fração de polegada de cada vez, talvez um oitavo de polegada, mas posso ver as pegadas de minhas botas e os passos nas partículas finas de areia."

"Neil, aqui é Houston. Nós copiamos."

Ele ficou ali, firme como uma rocha, com as botas preparadas para o equilíbrio, envolvido pelo elaborado exoesqueleto pressurizado que sustentava sua vida naquele lugar inóspito. Estava cheio de energia, com suprimento de calor e resfriamento, água, oxigênio pressurizado – uma cápsula de suporte vital criada por seus colegas da Apollo, e Neil Armstrong ficou olhando longa e fixamente para esse mundo pequeno e intocado.

Ele ficou impressionado; seus sentidos e pensamentos inflamados com o milagre de estar na superfície lunar. Acreditava que ele, Buzz e aqueles que os seguiriam estavam lá para muito mais do que apenas andar através da poeira lunar e medir ventos solares, campos magnéticos e níveis de radiação; tudo isso era fachada para o verdadeiro propósito de ter ido até ali.

Tudo se resumia a todas as visões que eles tinham de sua frágil e bela Terra.

De repente, ficou claro para aquele filho da terra em que haviam caminhado Orville e Wilbur Wright, que ele estava na Lua para olhar para trás – para dar a cada ser humano uma visão clara da nave espacial Terra. Neste canto do Universo era o único mundo com vida. Estava envolto em uma negritude intransponível e Neil reconheceu que pouco importava se fôssemos republicanos, democratas, independentes, apolíticos, cristãos, judeus, muçulmanos, hindus, budistas ou se gostássemos ou não de alguém ou de algo. Vivíamos em um mundo vulnerável e precisávamos cuidar de seus recursos; em um mundo onde todos sofreríamos terríveis consequências se destruíssemos sua capacidade de nos sustentar, sua capacidade de promover e nutrir a própria vida que agora ameaçávamos contaminar. Neil sabia que, por mais diligente que fosse o nosso esforço em proteger a Terra, seus recursos eram finitos e, um dia, se os humanos sobrevivessem, teriam que se mudar para novos mundos. Ajudar a conseguir isso era o que ele e Buzz, e todos aqueles que os seguiriam, estavam buscando ao caminhar na Lua.

Neil parou seus pensamentos, forçou-se a sair de sua introspecção.

Ele e Buzz tinham muito que fazer antes de poderem descansar algumas horas, e ele se virou e começou a se afastar da segurança do Eagle.

Ele sabia que a cada passo estava se afastando da segurança de sua nave de desembarque. Quanto mais demorasse para voltar, maior o risco, mas, a cada passo hesitante, ganhava confiança.

Em certo sentido, era como aprender a andar de novo – embaralhando as pernas duras, mas flutuantes, como se estivesse atravessando a água profunda, no queixo, com os pés batendo no fundo –, flutuando em baixa gravidade dentro de seu traje espacial.

Na Terra, seu exoesqueleto pesava quase 160 quilos. Agora, na Lua, pesava apenas 26, e ele disse ao Controle da Missão: "Parece não haver dificuldade em se movimentar, como suspeitávamos. É até mesmo mais fácil do que as simulações de 1 – 6 G que realizamos. Na verdade, não é problema andar", ele disse, acrescentando: "O motor de descida não deixou nenhuma cratera. Está a cerca de 30,5 centímetros de distância do chão. Estamos praticamente em um lugar bem nivelado aqui. Eu posso ver algumas evidências de raios que emanaram do motor de descida, mas numa quantidade muito insignificante."

Ele havia manobrado o Eagle para o lugar mais plano naquela parte do Mar da Tranquilidade. Empurrado as botas em direção ao solo marrom-acinzentado e macio. Nenhum ser vivo jamais fizera isso antes naquele mundo desolado e silencioso, mas o que mais intrigou Neil foi a iluminação. De dentro do Eagle o céu da Lua era negro. Olhando da superfície, ainda era negro, porém um negro das horas do dia, e a superfície parecia marrom. O que ele não conseguia entender, se você olhasse para abaixo do Sol, para baixo ao longo de sua própria sombra, ou direto para o Sol, a Lua era amarronzada. Se você olhasse o Sol cruzando, era mais escura. Se você olhasse diretamente para a superfície, particularmente nas sombras, parecia muito, muito escura. Quando você segurava o material lunar nas mãos, também era escuro, cinza ou preto.

A primeira tarefa de Neil foi coletar uma amostra de contingência. Se eles tivessem que abortar o passeio lunar, um pequeno saco com o solo lunar deixaria os cientistas felizes. Mas ele disse a si mesmo que deveria fazer isso à luz do Sol e, por enquanto, precisava da câmera. Ele precisava tirar fotos enquanto seus olhos ainda estavam adaptados às sombras.

"Certo, Buzz, estamos prontos para esgotar a câmera?"

"Estou pronto", Buzz disse a ele. "Acho que tudo está em ordem e em boa forma, mas você terá que manobrar até o fim a LEC", instruiu Buzz. "Parece que está saindo legal e uniformemente."

Neil e Buzz usaram uma linha de transporte especial com a sigla LEC para abaixar a câmera até a superfície, e Neil disse ao Controle da Missão: "Estou de pé diretamente na sombra agora, olhando para Buzz na janela, e posso ver tudo claramente. A luz é suficientemente clara na parte da frente do LM, onde tudo é muito claramente visível."

Neil montou a câmera em um suporte no peito e se adiantou para tirar a foto número um. Era para ter sido sua primeira pegada na Lua, mas, tão logo olhou para ela no solo, teve vontade de dar um chute em si mesmo. Em seus movimentos para verificar a postura do Eagle e operar a linha de transporte para trazer a câmera para baixo, ele havia passado por cima dela. Era óbvio que seus últimos passos haviam apagado o primeiro.

Bruce McCandless então falou: "Vejo você tirando algumas fotos e a amostra de contingência, Neil".

Neil não se mexeu. Ficou ali decepcionado com a perda da primeira pegada, e McCandless falou de novo: "Neil, aqui é Houston. Você copiou sobre a amostra de contingência, câmbio?"

Ninguém estava mais consciente do que Neil sobre quão importante era a amostra de contingência, e ele disse a Bruce: "Entendido, eu vou chegar a isso assim que terminar essa série de fotos".

Buzz observou Neil completar as fotografias e se afastar para uma área iluminada pelo Sol. Ele perguntou: "Vai pegar a amostra de contingência lá, Neil?" "Certo", respondeu Neil. "Certo. Tudo bem", Buzz concordou.

Neil rapidamente enfiou a mão no bolso da perna do traje especial e retirou uma alça dobrável com uma bolsa na ponta. Ele estava à luz do Sol pela primeira vez e virou as costas para o brilho penetrante. Começou a cavar na superfície. O que encontrou o surpreendeu. Até então havia pó macio, mas ali não. Ele encontrou resistência. "Isso é muito interessante", disse ele ao Controle da Missão. "É uma superfície muito suave, mas aqui e ali, onde eu conecto com o coletor de amostras de contingência, deparo-me com uma superfície muito dura. Parece ser um material muito compacto, do mesmo tipo." Ele pegou solo lunar suficiente para encher a o saco de amostra e disse a eles: "Vou tentar conseguir uma pedra aqui, só algumas. Isso vai dar aos geólogos a certeza de que seus recursos foram bem gastos".

"Isso parece lindo daqui, Neil", Buzz disse a ele, falando sobre a amostra, mas Neil levou o comentário de Buzz para a Lua como um todo. "Tem uma beleza própria. É como grande parte do deserto de altitude dos Estados Unidos. É diferente, mas é muito bonito aqui."

Neil pegou a amostra da contingência. Ainda segurando o cabo do coletor já desnecessário, ele pensou por um momento em jogá-lo como um dardo.

Ele sorriu ao ver como Rick ficaria satisfeito se seu pai pudesse estabelecer o recorde jogando o dardo. Quantas vezes ele havia falado para seu filho mais velho praticar não só na Liga Infantil de Beisebol, mas em todos os esportes, e sorriu, imaginando por um momento qual seria o recorde, e depois pensou melhor na ideia. Em vez disso, jogou o cabo para a frente, sem força, e ele percorreu um longo caminho, girando à luz do Sol.

Apontando para baixo do Eagle havia uma câmera de filme de 16 mm carregada com filme colorido. Ela estava lá para filmar as ações dos dois astronautas na Lua, e Buzz disse a Neil:

"Tudo bem. Eu tenho a câmera em um quadro por segundo."

"Certo."

"Você está pronto para eu sair?", perguntou Buzz.

"Sim", disse Neil, e Buzz seguiu suas instruções, perguntando:

"A qual distância meus pés estão da borda?"

"Você está bem na beirada do portal."

"Certo. Agora quero fazer a volta e fechar parcialmente a escotilha", relatou Buzz, acrescentando rapidamente: "certificando-me de não a trancar no caminho da minha saída."

"Um pensamento muito bom", concordou Neil, enquanto uma onda de risadas passava pelo Controle da Missão.

Buzz moveu-se devagar e disse:

"O.k., eu estou no degrau mais alto e posso olhar para baixo sobre as plataformas do trem de pouso. É muito simples descer um passo após o outro."

"Sim, descobri que poderia ser muito confortável, e andar também é muito confortável", concordou Neil, parando o tempo suficiente para reavaliar o progresso de Buzz. "Você tem mais três degraus e depois um maior."

"Certo. Eu vou deixar um pé lá em cima e descer as duas mãos até o quarto degrau."

"É isso aí."

"Certo. Agora acho que vou fazer o mesmo."

"Um pouco mais", Neil sugeriu, "cerca de mais um centímetro". Houve uma pausa e depois Neil gritou:

"Isso, você conseguiu!"

Um segundo ser humano estava na Lua e Neil cumprimentou Buzz na parte inferior da escada, enquanto ouviam, novamente, os aplausos do Controle da Missão.

"Vista bonita." Buzz sorriu.

"Isso não é o máximo?", Neil concordou.

"Área deserta magnífica", Buzz disse com emoção, enquanto olhava para um céu que era mais escuro que negro. Nenhum azul. Sem pássaros. Nenhum verde. Havia muitos tons de cinza na superfície e áreas de preto absoluto onde as rochas lançavam suas sombras de um Sol não filtrado, mas nenhuma cor real. Possivelmente amarronzado sob certa iluminação.

A terra se curvava suave mas visivelmente – até o horizonte, que estava a apenas metade da distância em que Buzz e Neil estavam acostumados a vê-lo na Terra. Mas, lá na Lua, podiam realmente ver que estavam em pé em uma esfera, e, quando andaram e olharam para baixo, seu movimento os fascinou. Cada vez que davam um de seus passos de meia caminhada e meia flutuação, suas botas colocavam em movimento um jato de solo lunar movendo-se para fora e para cima, aguda e rapidamente, sem o impedimento de uma atmosfera, e tentaram correr e saltar passos impossíveis de dar na Terra. Mas, quando tentaram sustentar uma corrida, a massa e a velocidade criaram energia cinética e parar rapidamente era impossível.

Era como se tivessem encontrado um novo playground depois da escola e até tentaram saltar de coelhinho, uma variedade de movimentos, e desejaram poder ficar em seu novo playground até explorarem todos os cantos, todas as frestas; tanta coisa para ver e fazer em tão pouco tempo.

Mas apesar do desejo de festejar nesse novo, estranho, belo e maravilhoso lugar, Neil e Buzz tiveram que seguir em frente.

Primeiro, redefiniram a localização da câmera de televisão a 18 metros do Eagle. Isso ajudaria os terráqueos a ver algumas das coisas que estavam vendo e deixaria o mundo vê-los cuidando dos seus afazeres.

A seguir, em sua lista de tarefas estava fincar a bandeira americana em solo lunar. Por acordo internacional, nenhum país poderia reivindicar a Lua, nem mesmo o primeiro a chegar lá. Isso foi colocado firmemente em uma placa que estava logo à frente do Eagle.

"Para aqueles que não leram a placa", Neil disse aos telespectadores, "ela diz: 'Aqui o homem do planeta Terra pôs os pés pela primeira vez na Lua, em julho de 1969 d.C. Nós viemos em paz em nome de toda a humanidade'. Tem as assinaturas da tripulação e do presidente dos Estados Unidos".

Neil e Buzz, em seguida, desfraldaram uma bandeira americana endurecida com arame, de modo que parecia voar na Lua sem vento. Mas o subsolo da Lua era tão duro que mal conseguia manter a haste da bandeira. Depois eles voltaram para limpar a visão da câmera de filme colorido de 16 mm, que olhava para baixo da janela do Eagle.

Então, havia outros protocolos para atender.

No pó lunar, Neil e Buzz colocaram lembranças dos cinco falecidos americanos e russos, Gus Grissom, Ed White, Roger Chaffee, Vladimir Komarov e Yuri Gagarin (o primeiro homem no espaço havia morrido no ano anterior, em um acidente de avião), e um pequeno objeto – privativo e honrado – carregado por Neil. Isso não foi divulgado. Era um distintivo de astronauta cravejado de diamantes feito especialmente para Deke Slayton pelos três astronautas da Apollo 1 que planejavam voar em sua missão antes daquele terrível incêndio. E havia outra lembrança. Muito especial e querida para Neil, parte de uma vida inacabada que ele tanto queria deixar na Lua, e ele deixou.

No alto, a bordo do Columbia, Mike Collins continuava orbitando a Lua a cada duas horas. "Como vai tudo por aí?", ele chamou.

"Eu acho que você é a única pessoa ao redor que não tem a cobertura de TV com as imagens", disse o CapCom.

"Está tudo bem. Não me importo nem um pouco. Como está a qualidade das imagens na TV?"

"Ah, as imagens são lindas, Mike. Realmente muito lindas. Eles levantaram a bandeira agora e você pode ver as estrelas e listras na superfície lunar".

"É lindo. Muito lindo", disse Mike Collins, desejando estar lá, mas sabendo que tinha um trabalho muito maior – garantir o retorno de Neil e Buzz para casa.

Então, o número estimado de bilhões de pessoas na Terra assistindo poderia acompanhar a caminhada. Neil realocou sua câmera de televisão para os limites de seu cabo. Aqueles que assistiam naquele momento puderam ver ainda mais, e o CapCom disse a ele: "Temos uma bela imagem, Neil", acrescentando: "Podemos colocar vocês dois no ângulo da câmera por um minuto, por favor?"

"Repita, Houston", pediu Neil.

"Gostaríamos de ter vocês dois no campo de visão da câmera por um minuto."

Buzz estava no meio da montagem de experimentos e, embora achasse o pedido intrigante, moveu-se na frente da câmera.

"Neil e Buzz", disse o CapCom Bruce McCandless, "o presidente dos Estados Unidos está em seu escritório agora e gostaria de lhes dizer algumas palavras."

"Será uma honra", respondeu Neil.

Buzz sentiu o coração com batidas aceleradas. Ele ficou surpreso. Mais tarde, Neil disse que lhe haviam dito que o presidente poderia ligar, mas não quis mencioná-lo até que fosse confirmado.

"Vá em frente, senhor presidente. Aqui é Houston desligando."

"Olá, Neil e Buzz", o presidente Richard Nixon começou. "Estou falando com vocês por telefone do Salão Oval da Casa Branca, e este, certamente, deve ser o telefonema mais histórico já feito. Eu simplesmente não consigo dizer o quanto estamos orgulhosos do que vocês estão fazendo por todos os americanos. Este é o dia de maior orgulho em nossas vidas. E tenho certeza de que as pessoas de todo o mundo também se juntam aos americanos ao reconhecerem que imenso feito é este. Por causa do que vocês fizeram, os céus tornaram-se parte do nosso mundo. E, quando vocês falam conosco do Mar da Tranquilidade, nos inspiram a redobrar nossos esforços para trazer paz e tranquilidade para a Terra. Por um momento inestimável em toda a história do homem, todas as pessoas nesta Terra são verdadeiramente uma só; todas unidas e com orgulho do que vocês fizeram, e unidas em orações para que vocês retornem à Terra em segurança."

Houve um longo silêncio, um silêncio agradecido por um mundo em escuta, e Neil respondeu. "Obrigado, senhor presidente. É uma grande honra e privilégio estarmos aqui representando não apenas os Estados Unidos, mas também os homens de paz de todas as nações, com interesse, curiosidade e uma visão para o futuro. É uma honra para nós podermos participar disto aqui hoje."

"E muito obrigado, e estou ansioso", disse o presidente Nixon a Neil, "todos nós esperamos vê-los no *Hornet* na quinta-feira."

"Também estou ansioso por isso, senhor", Buzz juntou-se à conversa.

O que Neil e Buzz encontrariam no futuro, quando estivessem fazendo sua turnê mundial, seriam saudações de pessoas de todos os lugares dizendo "nós", não apenas os Estados Unidos:

"Nós fizemos isso – nós fomos à Lua!"

Havia muito mais que eles queriam fazer, mas Buzz achou o Mar da Tranquilidade mais irregular do que esperava. Havia áreas altas e baixas – não era o melhor lugar para organizar os experimentos, mas ele conseguiu implantar um sismógrafo movido a energia solar para detectar tremores na superfície lunar e um refletor a laser para ajudar os cientistas a medir a distância em qualquer momento entre a Terra e a Lua. Buzz e Neil ficaram mais satisfeitos quando o Controle da Missão lhes disse que estavam dando a eles quinze minutos extras.

Então, quando tinham o sismômetro movido a energia solar em operação, a Base Tranquilidade parecia ser um posto científico avançado em pleno funcionamento. Neil deixou os experimentos para Buzz e começou a caminhar pelo local de pouso, explorando sozinho.

Ele rapidamente abandonou qualquer pensamento de tentar alcançar e inspecionar a cratera do tamanho de um campo de futebol que teve que evitar durante o pouso. Mas havia uma pequena cratera que ele havia sobrevoado a apenas 60 metros de distância. Ele só pensou sobre isso por um segundo e avançou rapidamente para alcançá-la. Encontrou o poço menor com cerca de 24 metros de diâmetro e de 4,5 a 6 metros de profundidade. Não maior que o tamanho de uma casa.

Uma cratera pequena, Neil pensou, "Cratera de Muffie". Ele sorriu, lembrando-se silenciosamente da filha de 2 anos que ele e Janet haviam perdido com um tumor no cérebro, e se permitiu um momento. Ficou lá, lembrando como Muffie teria adorado deslizar para dentro da cratera. Ele tinha um enorme desejo de fazer isso por ela. Ele adoraria ter uma amostra da rocha lunar para os geólogos. Mas, então, um melhor discernimento o dominou. E se ele não pudesse voltar sem a ajuda de Buzz?

Resolveu tirar fotos e descrever o que vira antes de voltar para onde o Controle da Missão havia colocado Buzz para trabalhar, martelando um núcleo metálico para apanhar a amostra no rígido subsolo. Eles então disseram a Neil para coletar pedras que melhor representassem sua localização – o Mar da Tranquilidade.

Com o tempo se esgotando, eles voltaram para a escada do Eagle e Buzz foi orientado a subir. Mas, antes disso, ele tirou a câmera de Neil e fotografou o comandante da Apollo 11 carregando caixas de material lunar no Eagle.

Buzz entregou a câmera de volta para Neil e disse: "O.k., *adiós, amigo*".

Neil acenou e observou-o subir a escada.

Os dois haviam empacotado seu precioso material lunar em contêineres lacrados, e, agora, usariam sua linha de transporte para carregar as caixas até o estágio de subida. Trabalhando com um equipamento não testado no vácuo, eles lutaram para colocar as amostras a bordo do Eagle.

Depois de alguns começos e paradas, conseguiram levar tudo para bordo e fizeram sua longa lista de verificação. Havia chegado a hora de encerrar a primeira caminhada da história em um lugar onde um dia dura um mês e o tempo parece engatinhar.

Neil sentiu que, se voltasse para o mesmo local na Lua, daqui a cem, mil, 1 milhão de anos, encontraria a cena como a deixara. Em sua visita, ele teve pouco tempo para conhecer esse pequeno canto do sistema solar. No entanto, o conhecimento e as amostras da Lua que ele e Buzz estavam trazendo de volta eram inestimáveis.

Neil se juntou ao seu parceiro de caminhada lunar dentro do Eagle para dar as boas-vindas ao barulho de oxigênio que enchia a cabine de seu veículo lunar – a atmosfera habitável de que precisariam para tirar seus capacetes. Quando o fizeram, encontraram um cheiro forte – cinzas molhadas e pólvora. Eles estavam trazendo o cheiro da Lua consigo.

Acima, Mike Collins e o Columbia estavam passando e o CapCom disse a ele: "A tripulação da Base Tranquilidade está de volta ao Eagle, repressurizado. Tudo correu lindamente, câmbio".

"Aleluia", Mike gritou, e o Controle da Missão lembrou a Neil e a Buzz que precisavam dormir por cinco horas antes de começar a contagem regressiva para se juntar a Mike na órbita lunar.

A história de dormir era mais fácil de dizer do que fazer. Eles estavam com frio no Eagle. O que havia sido desenvolvido para mantê-los aquecidos neste mundo sem ar não estava funcionando bem, sem esquecer que eles estavam mais apertados do que em uma lata de sardinha.

Neil Armstrong e Buzz Aldrin aterrissaram na Lua no domingo, 20 de julho de 1969, às 16h17min14s, no horário do leste dos EUA.

Seis horas e 38 minutos depois, Armstrong tornou-se o primeiro ser humano a pisar a superfície lunar às 10h56 da noite, no horário do leste dos EUA. Aldrin o seguiu dezoito minutos depois para se tornar o segundo. Os desembarques lunares da Apollo terminariam depois que doze americanos caminharam e andaram em carros lunares pela paisagem da Lua. A última Apollo retornou da superfície lunar em 17 de dezembro de 1972.

Nenhuma pessoa visitou a Lua desde então.

O RETORNO

Ele estava absolutamente quieto, seu peso próximo de quase nada – quase flutuando, e resistiu ao despertar de tal conforto. Mas estava com frio – frio demais para dormir. Pensou sobre isso – descansando ali naquela maravilhosa consciência entre o sono e a vigília. Ele se recusou a abrir os olhos. Apenas tremia e ouvia os sons que estavam escorrendo, sussurrando, zumbindo ao longo de um tom suave, mas persistente – um interminável riacho mecânico e eletrônico.

Mas ignorar aquilo não respondia à pergunta. De onde ele estava vindo? Que diabos estava acontecendo?

Neil lentamente abriu os olhos e pôde gradualmente ver o que o rodeava. Ele se concentrou nos sons do riacho borbulhante – círculos brilhantes, números, letras, botões – e viu Buzz parado em sua janela olhando para fora. . . para o quê?

A Lua, Armstrong repreendeu a si mesmo. *Você está na Lua. Você estava andando sobre a Lua há apenas algumas horas e...*

"Como foi dormir na Lua, Neil?" O Controle da missão interrompeu seus pensamentos em vigília

"Frio." Ele falou baixinho, acenando para Buzz responder a eles.

"Frio", Buzz disse ao CapCom.

Eles não perceberam que, ao fechar as persianas para dormir, o sistema de aquecimento do módulo foi desligado de forma automática.Mas, apesar do frio e da tremedeira, Neil conseguiu dormir algumas horas. Buzz disse ao Controle da Missão: "Neil preparou uma rede muito boa com um cabo usado e fez uma cama na cobertura do motor de subida. Ele já está acordando".

"Ótimo." O Controle da Missão respondeu. "Diga-lhe para tomar um pequeno café da manhã, ele tem um voo pela frente", acrescentando rapidamente: "Estamos satisfeitos por ele ter dormido um pouco."

"Entendido", Neil ouviu Buzz responder quando se levantou e se esticou levemente na baixa gravidade.

O garoto do interior sorriu. "Hora de ordenhar as vacas", disse a si mesmo, acordando completamente. Até agora eles estavam focados em alcançar a Lua, aterrissar, dar um passeio em sua superfície, montar experimentos, explorar e coletar material. Agora que tinham feito isso e seu "butim lunar" estava a bordo, a primeira tarefa era voar de volta à Terra e pousar perto do porta-aviões *Hornet*, no Pacífico. Então, se encontrariam com o presidente.

Mas primeiro eles teriam que se lançar daquele mundo sem vida e se unir ao Columbia na órbita lunar. O Controle de Missão tinha tudo funcionando sem problemas, com uma exceção. Ao voltar para o Eagle, uma de suas mochilas tocou a alavanca do estágio de ascensão do LM e a quebrou. Buzz disse ao Controle da Missão, e a equipe de solo surgiu com uma solução.

Neil e Buzz haviam dispensado praticamente todas as ferramentas para reduzir o peso, garantindo que eles teriam impulso suficiente para alcançar o Columbia. Mas eles ainda tinham suas canetas espaciais. Foram orientados para recolher a ponta de uma delas e usar a extremidade oca para apertar o botão. Funcionou, e os preparativos voltaram ao andamento normal.

Na nave de comando, Mike havia trabalhado duro em cada detalhe de todos os procedimentos da contagem regressiva do Eagle. Reconheceu que estava em órbita lunar, em um lugar mais seguro; não empoleirado em outro mundo, dependendo de um único foguete para impulsioná-lo para casa. Mas a verdade era que ele teria trocado de lugar com Neil ou Buzz a qualquer momento.

Agora o motor de subida do Eagle tinha que funcionar. Tinha que queimar tempo suficiente para alcançar alguma órbita lunar de altura significativa. Se seus colegas de tripulação conseguissem chegar a uns 15.240 metros, ele poderia soltar o Columbia e pegá-los, mas não muito baixo. Havia montanhas na Lua com mais de 9 mil metros de altura, e ele não queria pensar nisso, sabendo também que, se preciso, ele partiria uma montanha ao meio para pegar seus companheiros.

Mike não sabia que a ideia de ficar presos na Lua para sempre nunca havia sido considerada, de fato, por Neil. Este sabia que, se houvesse um problema, eles tinham sido treinados e treinados novamente de várias maneiras para disparar seu motor de subida, e assim acreditava que a probabilidade de isso acontecer era zero. Tudo fora colocado em prática para garantir a sobrevivência, mas a maior preocupação de Neil ainda era o inesperado – eles teriam falhado em antecipar um fracasso?

Um a um, eles passaram pela contagem regressiva e quando faltavam apenas dez minutos, Neil e Buzz ficaram lado a lado diante dos controles do Eagle. Estavam prontos para o primeiro lançamento feito de outro lugar no sistema solar.

Mike chamou do Columbia.

"Neil, estou lendo você em VHF, uma frequência muito alta. Vocês parecem bem."

"Sim, senhor", Neil respondeu. "Não poderia estar melhor, estamos apenas aquecendo", e Buzz disse a ele:

"Estamos aguardando por dois minutos."

"Eagle, Houston", o Controle da Missão se juntou à conversa com afirmações positivas. "Vocês parecem muito bem para nós."

"Entendido", disse Neil, voltando-se para Buzz. "Em cinco segundos vou iniciar o *Abort Stage* e o *Engine Arm*, e você vai iniciar o *Proceed*."

"Certo", Buzz concordou.

Todo mundo sabia que, se tudo funcionasse como planejado, os astronautas estariam apenas continuando o passeio. Após cinco dias, quatro horas, quatro minutos e 51 segundos decorridos em sua missão histórica, o CapCom Ron Evans liberou Neil e Buzz para o lançamento a partir do Mar da Tranquilidade na Lua.

"Câmbio, entendido", Buzz concordou. "Somos o número um na pista."

"Nove, oito, sete, seis, cinco", Neil iniciou o *Abort Stage, Engine Arm, Ascent* e Buzz pressionou o botão *Proceed*. Eles esperaram – esperaram apenas por um momento. Houve o estrondo abafado de disparos pirotécnicos e a ignição dos combustíveis hipergólicos do foguete de subida, e se sentiram em suspensão – como num elevador de alta velocidade, 21 horas depois da aterrissagem na paisagem lunar.

O Eagle tinha se libertado da metade inferior da sua plataforma de lançamento. Neil observou as chamas de seu foguete de ascensão chegando até a Lua. Uma lâmina dourada arrancou-se do local de aterrissagem, despejando pedaços em todas as direções, e ele viu a bandeira americana chicoteando de um lado para o outro devido às chamas do motor da subida.

O foguete de ascensão do Eagle queimou perfeitamente e Neil relatou:

"Escalando 26, 36 pés (8,11 metros) por segundo para cima", acrescentando:

"Estejam avisados de que o arremesso é muito suave."

"Eagle, Houston. Um minuto e você está bem."

"Câmbio."

Sob os pés, Neil pôde ver seu local de pouso se encolhendo rapidamente. Se eles tivessem sua câmera de televisão trabalhando remotamente, como a Apollo 17 teve mais tarde, os espectadores poderiam estar assistindo ao lançamento e à escalada. Poderiam ter visto o Eagle correr para longe com as chamas de seu foguete de subida para se tornar um ponto de luz acima da superfície das crateras da Lua. Mas Neil sabia que seus espectadores só podiam ouvi-lo relatar: "Um passeio muito tranquilo, apenas um pouco de lentidão para a frente e para trás – não é muita atividade de propulsão".

"Câmbio. Muito bem", observou o CapCom Ron Evans.

O Eagle estava sobrevoando os mesmos pontos de referência da Apollo 10 que Neil procurara durante sua aproximação de pouso no Mar da Tranquilidade. Ele disse ao Controle da Missão:

"Estamos indo direto para o U.S.1."

"Entendido, Eagle. Quatro minutos. Está tudo ótimo."

O estágio de ascensão deles precisava queimar mais sete minutos e Neil e Buzz ficaram de pé com as botas apoiadas nas janelas. A paisagem lunar estava ficando menor, mas eles não tiveram problemas em localizar crateras conhecidas ao longo de suas trilhas. "Lá está Ritter", disse Buzz. "Ali está Schmidt, cara, isso é impressionante, não é?" Neil concordou com a cabeça, observando passar um marco depois do outro. Ele disse ao CapCom: "Parece bom aqui. É um passeio espetacular".

"Eagle, Houston. Você ainda parece muito bem."

O foguete de ascensão do Eagle continuou a queimar e, no momento exato, completou seu trabalho com Buzz anunciando "Finalização", antes de pausar e informar os números da órbita lunar: 87 quilômetros por 17,5 quilômetros. O Controle da Missão aplaudiu.

"Houston, o Eagle está de volta à órbita, tendo deixado a Base Tranquilidade e deixando para trás uma... uma cópia da insígnia da nossa Apollo 11 e um ramo de oliveira", disse Neil com um toque de alívio.

"Eagle, nós copiamos. O mundo inteiro está orgulhoso de vocês."

"Tivemos muita ajuda lá embaixo", disse Neil com sinceridade, enquanto ele e Buzz se acomodavam nas três horas e meia de que precisavam para chegar ao módulo de comando e a Mike Collins. O mais difícil da missão havia ficado para trás e eles deveriam chegar facilmente ao Columbia e retornar para casa. Tudo o que tinham que fazer era voar pela rota iniciada por Snoopy com Tom Stafford e Gene Cernan, dois meses antes.

Por quase duas viagens ao redor da Lua, o Eagle esteve no rastro do Columbia. Ao voar uma órbita mais baixa, levando menos tempo para circular a superfície lunar, o LM pegou o módulo de comando como planejado. O Eagle estava a cerca de 65 quilômetros atrás e 24 mil metros abaixo do Columbia. Agora, o Eagle podia ser visto na ocular do sextante de Mike Collins – um pequeno ponto subindo das crateras que haviam abrigado dois terços da população da Lua. Ele estava subindo firmemente em direção ao outro terço. Mike diria mais tarde: "Foi a melhor visão de toda a missão".

Naquele exato momento, 27 graus acima do horizonte, Neil fez seu movimento.

Ele acionou os propulsores do Eagle para completar o encontro das naves e disse a Collins: "Estamos queimando".

"Bom garoto", respondeu Mike, enquanto flutuava de volta ao assento do piloto de comando para observar o módulo lunar se aproximando lentamente, com os foguetes propulsores lançando chamas para anular o movimento para a frente e completar o encontro.

"Vejo que vocês não têm nenhum trem de pouso", Mike disse a eles.

Eles estavam voltando com apenas metade do Eagle, e com sua câmera de cinema e câmera Hasselblad clicando, Mike capturou o momento do encontro das naves.

Momentos depois, as duas naves voltaram a entrar em contato por rádio com o Controle da missão e o CapCom ligou imediatamente. "Eagle e Columbia, Houston está na espera."

"Certo", respondeu Neil. "Estamos mantendo a posição."

"Eu tenho a Terra chegando atrás de você", Mike gritou. "É fantástico!"

Eles se movimentaram para o acoplamento e Mike observou o Eagle seguir firme como uma pedra na linha central da aproximação final para a conexão. Minutos depois, as duas espaçonaves estavam firmemente acopladas – elas tornaram se uma, outra vez.

Neil e Buzz voltaram para o módulo de comando enquanto os três astronautas celebravam seu sucesso e boa sorte, sabendo que seu voo mudara para sempre a visão da humanidade sobre seu lugar neste canto do Universo.

Eles estavam todos cheios de risos e felicidade, e Neil e Buzz transferiram suas amostras lunares para o módulo de comando antes de descartar o fiel Eagle. Eles o deixaram na órbita da Lua até que a gravidade o puxasse para seu lugar de descanso final, entre as crateras e planícies lunares que lá estavam havia muitas eras.

Quando chegou a hora de disparar o grande sistema de propulsão de serviço da Apollo 11 para voltar para casa, o que o Controle da Missão chamou de TEI (Trans Earth Insertion), o CapCom Charlie Duke estava de volta com eles. Charlie não sabia que seria o décimo astronauta a andar na Lua. Ele sabia que o disparo do foguete era a próxima grande preocupação para o voo deles. Os astronautas da Apollo 11 prepararam seu principal foguete para aumentar sua velocidade para 9.958 quilômetros por hora – muito menos do que a velocidade de que precisavam para romper a gravidade da Terra. Então, novamente, quando disparassem, estariam do outro lado da Lua, fora do contato de rádio com o Controle da Missão. Enquanto desapareciam atrás do limbo lunar, Charlie Duke, em seu sotaque típico da Carolina do Sul, disse-lhes: "Vão em frente".

Por vinte minutos, Duke ficou molhado de suor aguardando o desfecho. Então, quando a Apollo 11 reapareceu, Charlie perguntou: "Apollo 11. Como foi?"

"Hora de abrir as portas do LRL (Lunar Receiving Laboratory), Charlie," disse Mike Collins. (O Laboratório de Recepção Lunar destina-se à descontaminação dos tripulantes de naves espaciais.)

"Câmbio. Nós os estamos trazendo para casa", Duke assegurou. "O LRL já está reservado".

Neil leu todos os tempos e números do disparo do foguete, e Charlie Duke disse: "Copiei, Neil. Parece bom para nós e todos os seus sistemas parecem realmente bons. Nós vamos mantê-lo informado".

"Ei, menino Charlie, está parecendo tudo bem aqui também", disse Neil Armstrong exultante, sendo um pouco mais extrovertido. "Essa foi uma linda ignição. Não podia ter sido melhor."

Charlie respondeu de bate-pronto: "Só na Carolina", ele riu, e Neil e a equipe não tinham como se sentir melhor. Estavam voltando para casa. Eles haviam cumprido o compromisso que o presidente John Kennedy firmara, de pousar na Lua antes do final da década. Ainda mais importante, eles não se tornaram um satélite permanente da lua. Agora estavam preocupados apenas com uma questão real – penetrar na atmosfera da Terra com a altitude correta para não se transformar em torradas ou pular fora da atmosfera para nunca mais voltar. Eles precisariam de cerca de dois dias e meio para fazer a viagem de volta, e a boa notícia era que os astronautas da Apollo 11 conheciam o caminho.

As Apollos 8 e 10 haviam inserido a rota de voo nos computadores da 11.

Aquela primeira noite indo para casa provou ser a melhor noite de sono que Neil, Mike e Buzz tiveram durante a missão. Com um alto clangor ao estilo dos bombeiros para acordá-los, se necessário, o diretor de voo permitiu que toda a tripulação dormisse por oito horas e meia – até o meio-dia de terça-feira, horário do Controle da Missão. Quando os astronautas acordaram, encontraram sua espaçonave de volta ao domínio da gravidade da Terra, a 71.809 quilômetros da Lua e a 322 mil quilômetros da Terra.

O grande planeta estava agora puxando-os de volta para a família e os amigos, de volta para a vida que eles amavam. Eles se revezaram com as câmeras nas janelas.

O CapCom disse a eles: "A previsão do tempo para a área de pouso no momento é de 2.000, nuvens dispersas, com alta dispersão de 10 milhas (16 quilômetros), vento de zero-oito-zero a 18 nós. Vocês terão cerca de 1 a 2 metros de ondas, e parece que vão aterrissar uns dez minutos antes do nascer do sol."

"Parece bom", reconheceu Neil, lembrando-se de outro pouso noturno no Pacífico; a noite de arrepiar os cabelos dele e de Dave Scott, a bordo da Gemini 8.

E não era apenas o pouso noturno que o preocupava. Havia uma quarentena à frente – três semanas.

Simplesmente não havia nenhuma evidência ou justificativa científica para colocar em quarentena a equipe, mas Neil, Chris Kraft, Deke

Slayton e outros que participaram da Apollo se forçaram a concordar com o alvoroço da comunidade científica.

Esses fervorosos defensores da ciência eram os mesmos que haviam avisado que uma nave espacial pousada na Lua poderia ser devorada por centenas de metros de poeira e, se a NASA colocasse um ser humano na superfície lunar, com sucesso, a agência teria que fazer várias tentativas antes que os astronautas pudessem superar os perigos.

Os antepassados desses mesmos pessimistas avisaram a Colombo que ele navegaria pela borda da Terra, e agora seus descendentes estavam alertando que os astronautas da Apollo 11 trariam organismos alienígenas que contaminariam o nosso planeta. Suas preocupações eram tão improváveis que apenas Hollywood era capaz de acreditar em tais absurdos, mas isso não impediu que algumas pessoas, não muito brilhantes, na mídia e no Capitólio, ouvissem.

Após a reentrada, a tripulação da Apollo 11 receberia roupas de isolamento biológico, BIGs, que eram emborrachadas, com zíper, com capuz e viseiras com máscaras faciais, com filtro lateral. Depois que eles lutassem para colocá-las, seriam levados ao porta-aviões, onde entrariam em um trailer esterilizado. Ao chegar ao Havaí, o trailer de quarentena seria descarregado por um C-141 no Manned Spacecraft Center. Lá eles ficariam confinados por três semanas, até que os médicos completassem os exames na tripulação, nas rochas lunares e outras amostras, e até que uma base científica sólida confirmasse com certeza que os astronautas não desencadeariam uma praga mundial. Só então os astronautas da Apollo 11 seriam liberados para percorrer o mundo. Todos queriam desejar-lhes felicidades e apertar suas mãos.

Neil achava que a quarentena era, na melhor das hipóteses, estúpida, mas politicamente obrigatória. Não tendo escolha, ele, Mike e Buzz deram um sorriso e ficaram agradavelmente surpresos quando o comandante reserva da Apollo 11, Jim Lovell, os chamou: "Só queria lembrá-los de que a parte mais difícil da sua missão será após o resgate", Jim riu.

"Estamos ansiosos por tudo isso", Mike Collins respondeu com uma cara séria.

"Por favor, não espirre."

"Mantenha os ratos saudáveis", ele concordou, rapidamente acrescentando um parecer. "A Terra está realmente ficando maior aqui e, é claro, vemos uma Lua crescente."

Na madrugada de quinta-feira, 24 de julho, o principal navio de resgate, o *USS Hornet*, recebeu ordens de se deslocar para noroeste a uma distância de cerca de 321 quilômetros.

Foi dito que o novo local do *Hornet* estaria em mares mais calmos e o Controle da Missão disse à Apollo 11: "O *Hornet* estará apenas longe o suficiente do alvo para não ser atingido. *Recovery I*, o helicóptero, está lá; eles estão na posição. E os resgates 1 e 2 no Havaí, os C-130, estão a quarenta minutos do seu ponto alvo."

O que o CapCom deixou de mencionar foi que o *Hornet* estava se afastando de qualquer possibilidade de ser atingido por uma queda da Apollo 11 porque o presidente Nixon estava a bordo. O que o CapCom também deixou de mencionar foi que o presidente Nixon não solicitou a movimentação, e não sabia disso. Oficiais de alta patente da Marinha, que não queriam ser responsáveis pelo presidente se machucando ou sendo morto em seu turno, haviam dado a ordem.

Então, uma vez que a equipe foi preparada para a reentrada, Jim Lovell estava de volta. Ele lhes disse: "Este é o seu simpático comandante reserva. Façam uma boa viagem e lembrem-se de vir em BEF".

O BEF significava extremidade plana para a frente, com o escudo de calor à frente, absorvendo o calor, e Neil disse a Jim: "Acredite nisso. Agradecemos gentilmente", e, então, ele acrescentou rapidamente: "Podemos ver a Lua passando pela janela, Jim, e parece com o que eu considero o tamanho correto".

"Você está quase em casa, meu filho", Lovell disse a ele, acrescentando. "Vocês parecem muito bem para nós".

Neil simplesmente disse: "Eu o vejo mais tarde", e com Mike Collins pilotando, e o módulo de comando da Apollo 11 se movimentando a cerca de 40.233 quilômetros por hora, eles encostaram nas margens da atmosfera, a cerca de 122 quilômetros a nordeste da Austrália. Era o começo de sua entrada de 6 graus e meio na capa protetora da Terra. Uma entrada muito superficial faria com que eles saltassem como uma pedra em um lago para nunca mais voltar. Se a entrada fosse muito íngreme, sua espaçonave não suportaria o calor; mas, ao entrar logo à direita, a Apollo 11 estava desacelerando e diminuindo a velocidade, parecendo ser um cometa dentro de uma camada de cores flamejantes.

Os astronautas e seu módulo de comando começaram sua breve vida como um meteoro artificial. As temperaturas em seu escudo de calor subiram para o que poderia ser encontrado na superfície do Sol enquanto eles mergulhavam de costas para a linha de voo. Apenas embarcações na superfície do Pacífico ocidental puderam ver o módulo de comando atravessando a atmosfera, uma linha flamejante de fogo intenso e ofuscante com uma bainha vermelha, seguida por uma serpentina de chamas de 200 quilômetros de comprimento. Dentro, a tripulação fresca e confortável.

A Apollo 11 estava trocando tremenda velocidade pelo calor, e quanto mais seu escudo de calor queimava, mais lentamente os astronautas voavam até estarem fora do inferno da reentrada e do apagão de rádio. Eles ouviram:

"Apollo 11, Apollo 11, aqui é *Hornet, Hornet*, câmbio."

"Olá, *Hornet*", respondeu Neil. "Aqui é a Apollo 11, escuto você alto e claro."

Eles haviam deixado a escuridão da noite do Pacífico e voado para o sol nascente, onde seus três grandes paraquedas se afastavam do módulo de comando, abrindo parcialmente para desaceleração, depois florescendo largos e cheios.

"Qual é a margem de erro da reentrada e condição da tripulação?"

"A condição da tripulação é boa", relatou Neil. "Estamos nos paraquedas principais e passando de uns 1220 metros a 1066 metros, na descida."

A pouco mais de 1 quilômetro e meio de distância, o helicóptero com nadadores de resgate começou a correr em direção ao ponto de aterrissagem da Apollo 11, dizendo ao *Hornet*:

"Aqui é o Swim One. Temos um visual aberto à frente cerca de 1 quilômetro e meio."

"*Hornet*, câmbio."

"Aqui é o Swim One, Apollo 11."

Neil respondeu:

"Trezentos pés (91,4 metros)."

O helicóptero de resgate respondeu: "Entendido, você parece muito bem", e os nadadores observaram a Apollo 11 cair sem problemas nas ondas do Pacífico e, em seguida, relataram a reemersão.

Os primeiros terráqueos a visitar outro lugar no espaço estavam em casa.

DE VOLTA AO LAR

O helicóptero Swim One levou os astronautas da Apollo 11 para a cabine de comando do porta-aviões *Hornet*. Uma banda de metais estava tocando. Marinheiros e visitantes, incluindo o presidente Richard Nixon, estavam aplaudindo. A tripulação, vestida com roupas de isolamento biológico (BIGs) verde-acinzentado, foi levada às pressas para o trailer de quarentena.

Os três astronautas, gratos por estarem de volta, removeram seus trajes de isolamento biológico e vestiram seus macacões da NASA, depois foram para a janela traseira do trailer. Do lado de fora estava o senhor Nixon.

O presidente estava sorrindo largamente e através do vidro suas palavras foram amplificadas: "Neil, Buzz e Mike, quero que vocês saibam que eu acho que sou o homem mais sortudo do mundo. Digo isso não apenas porque tenho a honra de ser o presidente dos Estados Unidos, mas particularmente porque tenho o privilégio de falar por tantas pessoas ao recebê-los de volta à Terra... Eu poderia contar sobre todas as mensagens que recebemos em Washington", ele disse, e ele contou! Nixon contou-lhes sobre os mais de cem países estrangeiros e seus líderes que queriam que os astronautas fossem visitá-los. Contou-lhes sobre os milhões de apoiadores, e continuou dizendo quão orgulhosos os americanos estavam deles, e, então, o presidente sorriu ainda mais.

> Na minha opinião, eu telefonei para três das maiores damas, que são as mais corajosas do mundo hoje, suas esposas. E de Jan, Joan e Pat, eu trago o amor delas e os seus parabéns... Eu marquei um encontro

com elas. Convidei-as para jantar no dia 13 de agosto, logo depois que vocês saírem da quarentena. Será um jantar oficial realizado em Los Angeles. Os governadores de todos os cinquenta estados estarão lá, os embaixadores, e outros dignitários de todo o mundo e dos Estados Unidos. E elas me disseram que vocês também irão. E tudo o que eu quero saber é: vocês irão? Nós queremos prestar todas as honras a vocês.

"Vamos fazer qualquer coisa que o senhor disser", Neil falou ao presidente num tom jovial. Então, a expressão de Nixon ficou séria. "Os oito dias da Apollo 11", disse ele com profunda sinceridade, "fizeram desta a semana mais espetacular na história do mundo desde a Criação."

Momentos depois, no jardim da frente da casa de Neil e Janet, ela agradeceu a centenas de amigos, a vizinhos orgulhosos e à mídia, que estiveram lá durante a maior parte do voo histórico de Neil.

Repórteres de Wapakoneta queriam uma declaração de seus pais. Sua mãe, Viola, dizia apenas: "Louvado seja Deus de quem todas as bênçãos fluem".

O presidente deixou o *Hornet* e a comemoração diminuiu com o porta-aviões a caminho de Honolulu. A tripulação da Apollo 11 finalmente relaxou. Os médicos coletaram sangue e fluidos corporais, sondavam e apertavam músculos, carne e ossos, examinando os visitantes da Lua em busca de problemas. Quando os médicos terminaram os procedimentos com Neil, Mike e Buzz, eles desfrutaram de algumas bebidas e de boa comida da Marinha antes de desmaiarem em camas macias com travesseiros reais. Dormiram profundamente por nove horas.

Dois dias depois, eles entraram em Pearl Harbor, onde, outra vez, milhares aplaudiram, bandas tocaram, e mais bandeiras foram agitadas juntamente com uma vassoura presa no mastro do *Hornet*, significando uma varrição total.

A pior parte para Neil, Mike e Buzz, na breve escalada haviana, foi passar pela alfândega. A melhor parte foi ver suas esposas, mesmo que apenas através do vidro do trailer de quarentena.

Estiveram em Pearl tempo suficiente para que seu trailer de quarentena fosse colocado em um caminhão e levado lentamente até o Hickam

Field, onde sua unidade esterilizada foi colocada no compartimento de carga de um Starlifter C-141 para o longo voo até Houston. Mesmo que ainda estivessem confinados a um pequeno espaço, estavam gratos pela sala adicional onde tomavam banho e tinham comida quente – tiveram até um momento de *happy hour* com tempo para escrever seus pensamentos e memórias da visita ao Mar da Tranquilidade.

Eles chegaram a Houston depois da meia-noite, mas as multidões ainda estavam lá. Milhares de pessoas se recusavam a ir para casa. Elas aplaudiram, gritaram e acenaram para o trailer quando o veículo foi colocado novamente em uma caminhonete. E mais uma vez houve outros discursos e congratulações a uma tripulação mais feliz por ver suas famílias.

Janet, Rick e Mark falaram com Neil através do vidro, em uma ligação telefônica especial para seus filhos, quando disseram o quanto estavam orgulhosos de seu pai e felizes por tê-lo de volta. Mark orgulhosamente mostrou a ele seu dedo curado "todo novo", enquanto Rick entrava em uma pequena conversa sobre beisebol. A mãe deles lembrou aos garotos que ela tinha direito de ser a primeira com pai deles – algo como uma "lista de afazeres".

Algum tempo depois da 1h30 da manhã, o reboque dos astronautas começou a se mover, mas dirigir o caminhão com o trailer esterilizado não era tão fácil. Mesmo duas horas depois da meia-noite, no caminho para o Manned Spacecraft Center, as pessoas ainda estavam se aglomerando nas estradas. Elas estavam gritando, acenando e tentando tocar o trailer dos astronautas. Mas o motorista seguiu em frente, indo até o Laboratório de Recepçao Lunar (LRL), onde os astronautas da Apollo 11 passariam 21 dias em quarentena. Esse era o lado negativo. A parte boa era que dentro eles tinham um laboratório equipado com ar-condicionado especial e uma tela ampla para ver os últimos filmes de Hollywood.

O laboratório de recepção lunar era protegido, seguro, e seu silêncio foi muito apreciado por Neil. Tinha uma população de três astronautas, dois cozinheiros, um porta-voz da NASA, um médico especialista em laboratório e, o mais importante, um zelador.

O LRL era grande o suficiente para todos. Neil manteve contato por telefone, especialmente com Janet e os meninos. Então, houve a primeira ligação para sua mãe.

"Olá, mãe, aqui é o Neil", ele disse com uma voz bem-humorada.

"Ah, querido, como você está?", ela chorou de felicidade.

USS HORNET
ALDRIN

"Ah, estou bem. Todos três estamos ótimos. . . nenhum de nós ficou doente, mãe."

"Graças ao Senhor", ela disse antes de perguntar ao filho sobre a Lua. "Você disse que era bonito lá em cima, querido, era?"

"Sim, fantástico, mamãe, mas fiquei coberto de poeira. Não consigo tirar isso. Tenho poeira para todo lado em meu uniforme espacial lindo e branco. Eu não consigo tirar... nada vai limpá-lo, mãe."

"Tudo bem, querido, você traz para casa", ela respondeu. "Limparei isso para você."

Neil riu baixinho. Ele adorava provocar sua mãe. Não podia dizer a ela que o Museu Smithsonian já estava com o que ele havia vestido para andar na superfície lunar.

"Sinto muito, o papai não está aqui, querido", ela continuou. "Ele acabou de sair para a fazenda. Vai se arrepender de ter perdido sua ligação."

"Diga a ele que estamos bem, mãe, que eu vou ver todos vocês em breve. E, mamãe", falou ele com ternura, "cuide-se e fique bem. Você ainda é minha garota favorita. Eu amo você."

Neil desligou feliz e satisfeito. Ele amava sua família, aqueles que o estimulavam a seguir adiante. Nada relaxou mais do que falar com sua mãe. Ir para a Lua tinha sido ótimo, mas também era ótimo estar de volta.

A única vez em que houve tensão entre a tripulação durante a quarentena foi num debate sobre o que havia acontecido, quando os três viram luzes piscantes quando estavam no espaço, deixando os fãs de óvnis enlouquecidos.

Na quarentena, a conversa atingira um pico caloroso. Era possível pensar que alguns estavam sugerindo que um óvni seguiu a Apollo 11 até a Lua. Neil ficou irritado.

"Desde o começo eu senti que havia uma explicação", ele me disse. "Estávamos olhando para as luzes que piscavam constantemente – para mim pareciam luzes naturais ou produzidas por seres humanos, mas simplesmente não tínhamos como provar. Achei que tínhamos a obrigação de não começar um frenesi típico de Hollywood, levantando qualquer suspeita ou hipótese sobre sermos vigiados e seguidos por alienígenas."

As análises de Neil sobre o incidente mostraram-se corretas.

Eu já tinha conhecimento de que um satélite de reconhecimento fotográfico americano ultrassecreto e sensível havia falhado e estava descontrolado, vagando no espaço. Com cada movimento de queda, refletia raios solares, que pareciam luzes piscando. Minha fonte era confiável e só me disse com a promessa de que eu não divulgasse essa informação. Na época, isso poderia ter prejudicado gravemente os esforços de reconhecimento do país.

O único óvni que os astronautas da Apollo 11 tinham visto, como Neil suspeitava, fora construído aqui na Terra – um que eles não puderam identificar, e, quando falamos, ele disse: "Bem, que diabos é isso se não for um óvni, um objeto voador não identificado?"

Como sempre, Neil tinha acertado no alvo.

Se alguém estava preocupado com o que aconteceu com as pedras e o solo lunar que a tripulação da Apollo 11 trouxe para a Terra, era preciso apenas estar no laboratório de recepção lunar, observando os que estavam do lado de fora de uma câmara de vácuo vestidos com roupas brancas de hospital. Eram geólogos e um deles usou um conjunto especial de luvas, presas no outro lado da parede, na câmara de vácuo. Ele então colocou as mãos enluvadas em uma caixa prata e abriu o recipiente. Dentro estavam algumas das pedras da Lua colhidas por Neil e Buzz. Ainda preservadas em um vácuo lunar de 4,6 bilhões de anos e, uma vez removidas, os geólogos ficaram maravilhados com os caroços e a poeira cor de carvão, que chamavam de "batatas queimadas!" Agora olhavam para um mistério.

Estávamos décadas antes que os modelos de computador lhes dissessem que a jovem Terra e a Lua eram produtos de uma grande explosão no sistema solar. O choque de um asteroide provocara uma ferida enorme em nosso planeta, deixando-o em chamas, no mais quente dos incêndios, e assolado por terremotos.

A gravidade da Terra ferida agarrou o asteroide e arrastou o viajante espacial quase destruído para uma órbita em torno de sua superfície, onde ele se recuperou e reparou suas feridas para se tornar a Lua que vemos hoje.

A maioria dos elementos mais pesados do asteroide, especialmente o ferro, permaneceu no interior da Terra, agora fundido, dando início a um longo movimento de sedimentação até o centro do nosso jovem mundo. O impacto acelerou a Terra para uma rotação completa a cada 24 horas.

Os geólogos do laboratório de recepção lunar não tinham ideia de que estavam olhando para o solo queimado dos que criaram nosso sistema Terra-Lua.

O que eles logo aprenderiam com os materiais trazidos pela Apollo 11, e com os pousos que se seguiram, era que a Terra e a Lua são muito parecidas, e a sonda lunar em órbita, mapeando a Lua, descartaria a antiga crença de que nosso vizinho não tinha água.

Perto do polo Sul da Lua está a Bacia Aitken, uma das maiores crateras de impacto conhecidas. Com cerca de 2.500 quilômetros de um extremo ao outro – o equivalente a mais da metade da extensão leste-oeste dos Estados Unidos –, a cratera tem algumas das montanhas mais altas do sistema solar. Detectaram água por lá, mas os cientistas acreditam que ela não consegue se manter na superfície da Lua. A luz do Sol a vaporiza rapidamente, de modo que só pode ser encontrada em crateras frias e permanentemente sombreadas, como as localizadas em Aitken.

Se isso estivesse correto, obviamente as terras sombreadas de Aitken, com temperaturas habitáveis, seriam o lugar perfeito para os humanos estabelecerem uma colônia lunar com cúpulas repelentes de meteoritos. Seu maior problema seria mantê-las preenchidas com uma atmosfera semelhante à da Terra.

Os geólogos que estudavam as rochas lunares da Apollo 11 logo descobriram que haviam subestimado Neil Armstrong. Ele havia aperfeiçoado seu conhecimento básico de ciência, aprendido nas salas de aula, e coletou amostras excelentes. Em debates com os geólogos, fez muitos comentários detalhados sobre o que vira, deixando claro que um cientista pesquisador deveria fazer parte dos futuros voos da Apollo.

A única coisa que mais tarde incomodaria Neil sobre os materiais lunares que eles coletaram tão meticulosamente foi o fato de que algumas rochas lunares foram dadas a muitos chefes de Estado por razões diplomáticas. Em alguns casos, os líderes que deixavam o cargo ficaram com as rochas ou as venderam pelo maior lance.

Nisso estava uma lição. Neil precisava de um escudo contra os mercenários que iriam atrás dele, tentando fazê-lo trocar seu momento como celebridade por enriquecimento financeiro. Esse não era o estilo de Neil Armstrong.

Mesmo sem jamais ter tido uma conta bancária gorda, Neil nunca deixou que sua família passasse por privações. Ele jamais sentiu que fossem pobres. Ele era simplesmente uma pessoa da ciência, um produtor de conhecimento. Deixou o favoritismo, o excesso de badalação e os esquemas de enriquecimento para os outros.

Seu período na quarentena não apenas concedeu aos médicos acesso total aos astronautas da Apollo 11, como também permitiu a Neil o tempo para escrever cartas, fazer anotações e pensar no futuro.

Ele rapidamente percebeu que só poderia ir para a Lua uma vez. Nunca haveria outro projeto ou aventura que pudesse superar essa conquista. A desvantagem é que ela tinha acontecido quando sua vida estava apenas pela metade. O que ele faria nos próximos quarenta anos? Família e aprendizado ocupariam a maior parte. Lecionar também seria uma opção. Ele tinha muito em que pensar.

Os pensamentos de Neil foram interrompidos por Deke com intenções objetivas, sentando-se diante do vidro. O chefe ligou a comunicação bidirecional e fez uma pergunta descompromissada, mas intencional, aos astronautas da Apollo 11. "Vocês gostariam de voar de novo?"

Neil sorriu. Ele estava ciente do caso de John Glenn.

Depois que John se tornou o primeiro americano a orbitar a Terra, o presidente Kennedy disse à NASA que um herói da estatura de Glenn não deveria voar novamente. Sua vida não poderia ser colocada em risco. Neil, que jamais se dera uma importância excessiva, estava certo de que a NASA trataria o primeiro ser humano a pisar na Lua do mesmo jeito.

Ele viu claramente que seu valor para a agência era como o de uma estrela para showzinhos de aparências. Ele pregaria o sermão – um sermão no qual acreditava. E mais, percebeu que não se importava nem um pouco com a adulação. Tinha certeza de que estaria mais à vontade na Lua do que diante de uma multidão de adoradores.

A quarentena terminou em 10 de agosto e, três dias depois, Neil comentou: "Esta é a última coisa para a qual estamos preparados", quando ele, Mike, Buzz e as famílias visitaram três cidades em um dia: Nova York, Chicago e Los Angeles.

A volta olímpica por três cidades em um dia foi o início de uma turnê mundial de um mês. O presidente Nixon começou pelo Força Aérea 2, levando todos para a cidade de Nova York.

Nem mesmo o desfile recorde de Lindbergh em 1927 se aproximou do tamanho da torcida para animar os astronautas da Apollo 11, por meio de uma enxurrada de imagens no Canyon of Heroes, em Nova York, entre os arranha-céus. Quando a contagem final foi encerrada, 4 milhões de pessoas comemoraram a conquista da Apollo 11, incluindo este escritor.

Neil tinha apenas uma queixa: "Aqueles que jogaram pilhas inteiras de cartões perfurados de computador pelas janelas não estavam cientes de que algumas delas poderiam ser como tijolos ao cair dos prédios. Amassaram nossos carros e fizeram galos nas nossas cabeças".

Tão selvagem quanto a celebração em Nova York, as multidões estavam ainda mais excitadas em Chicago. Quando chegaram a Los Angeles para o jantar presidencial em Beverly Hills, os astronautas ficaram surdos com os gritos, seus sorrisos congelaram e seus dedos foram esmagados. Ninguém estava ansioso por apertar outras mãos.

Até mesmo os trajes formais que vestiam pareciam mais confortáveis do que o alvoroço das multidões.

Como prometido, o presidente Nixon e sua esposa Pat, com suas filhas maiores, Julie e Tricia, receberam os astronautas e suas esposas na suíte presidencial. Juntando-se a eles estavam a ex-primeira dama Mamie Eisenhower, Esther Goddard, viúva do pai dos foguetes modernos, Robert Goddard, e muitos notáveis, incluindo governadores de 44 estados.

O governador Ronald Reagan, da Califórnia, estava muito interessado no voo, e ficaram todos satisfeitos também com a presença de famosos e celebridades. Os três astronautas nunca haviam sido convidados e muito menos honrados em um jantar presidencial.

Neil ficou especialmente feliz em ver Jimmy Doolittle, que liderou o primeiro bombardeio contra Tóquio – os B-25 decolaram de porta-aviões para um ataque de apenas trinta segundos contra a cidade intocável, apenas algumas semanas depois de Pearl Harbor. Doolittle também era o líder da NACA quando Neil foi contratado pela Estação de Voo do Comitê Consultivo Nacional para a Aeronáutica em 1955.

Doolittle, Lindbergh, Gagarin, Shepard e Glenn eram os heróis de Neil, e havia outro – Wernher von Braun, o grande cientista de foguetes, o pai do Saturno V, que os impulsionara tão impecavelmente à Lua. Ele estava lá, e cada membro da equipe prestou uma atenção especial à presença de Jimmy Stewart, Bob Hope e muitos outros heróis dos seus filmes.

Neil esperava que Charles Lindbergh estivesse lá. O famoso aviador havia sido convidado, mas preferiu não sair de sua reclusão voluntária, uma decisão que Neil logo apreciaria. Nos anos seguintes, ele ficaria grato por ter tido a oportunidade de encontrar Lindbergh em outras ocasiões.

"Eu tinha enorme admiração por ele como piloto", disse Neil. "Li alguns de seus livros. Estava ciente da posição controversa que ele assumiu em certos assuntos. Mas fiquei muito feliz por ter tido a chance de conhecê-lo, e acho que sua esposa, Anne Morrow Lindbergh, foi uma pessoa maravilhosa e uma escritora bastante eloquente."

Após todos os parabéns e discursos no jantar, Neil ficou mais feliz em ver sua própria família. Seus pais, bem como sua avó, irmã, irmão e outros familiares estavam lá. Neil ficou com eles o máximo de tempo que pôde.

A turnê por três cidades e o jantar presidencial foram apenas o pontapé inicial da maratona de homenagens. Em seguida, jogaram confetes e serpentinas para eles em Houston, e participaram do melhor churrasco do Texas no Astrodome. Frank Sinatra foi o mestre de cerimônias.

Neil então se preparou para as próximas quatro semanas. Fez a turnê mundial, equilibrando principalmente as exigências da fama com seu próprio código de ética. Ele cumpriu o seu dever como imaginava. Era consciencioso e educado, e participava de causas que considerava valiosas, evitando qualquer coisa que se concentrasse nele. Quando finalmente terminaram a turnê, somaram 28 cidades visitadas em 25 países, e foram recebidos pela rainha da Inglaterra.

"Eu acho que Neil viu os resultados de ser um ídolo quando pesquisou a experiência de Lindbergh", disse seu amigo Jim Lovell, que comandou a fatídica Apollo 13. "Ele não queria que sua vida mudasse. Ele decidiu ser muito recluso", explicou Lovell. "Essa era apenas a natureza de Neil."

Jim Lovell, assim como muitos dos amigos mais próximos de Neil, entendeu completamente o menino de Smalltown, EUA.

Outros dentro da NASA não.

O alto-comando da agência convidou Neil para dirigir um departamento em Washington e deu-lhe um cargo de administrador adjunto da NASA, na área da Aeronáutica, com um escritório e uma vista para o Capitólio. Como disse Neil, "Voltei à Aeronáutica de onde vim".

Ficou claro desde o início que Neil Armstrong não estava satisfeito com tanto alarido. "Era o administrador da NASA perguntando se eu poderia ajudá-lo nessa área, uma área na qual eu me sentia à vontade e tinha conhecimento", acrescentou. "Fiquei feliz pela experiência, mas rapidamente cheguei à conclusao de que todos deveriam ir a Washington para fazer penitência."

"Foi um lugar frustrante para mim porque havia muita articulação e lobby acontecendo em Washington", continuou Neil, "e eu me perguntei: 'Que diabos estou fazendo aqui?'"

O que a NASA realmente queria de Neil Armstrong era que se tornasse a persona de um vendedor de carros usados – um bom vendedor –, uma estrela da agência que poderia divulgar projetos, conforme fosse necessário. Foi um trabalho que deixou bem claro na mente de Neil a definição de punição divina.

Neil não aguentou ficar naquele lugar.

Em 1971 ele voltou para casa e viu as missões de pouso na Lua chegarem ao fim, um ano depois. Ele estava de volta às fazendas de Ohio. Comprou uma fazenda de gado leiteiro perto da pequena cidade de Lebanon e realizou o seu desejo de lecionar. Neil assumiu o cargo de professor de engenharia aeroespacial na vizinha Universidade de Cincinnati e trabalhou duro como professor. Sentia-se feliz de ser chamado de professor e, por uma década, tentou fazer o que se esperava dele, evitando tornar-se uma figura pública.

Ele encontrou isolamento ordenhando vacas, criando porcos, consertando cercas e ensinando às crianças o que possibilitava que as máquinas voassem. Os astronautas do Cabo estavam de olho no céu novamente. Quase seis anos sem uma espaçonave após a missão Apollo / Soyuz, em julho de 1975, quando aconteceu o primeiro acoplamento internacional na órbita da Terra, os Estados Unidos estavam prontos para retornar ao espaço. Ninguém nunca havia visto nada parecido com a máquina em que os astronautas estavam prestes a voar.

Era um tipo de espaçonave alada, do tamanho de um avião, e a NASA estava construindo quatro. Elas se chamavam *Columbia, Challenger, Discovery* e *Atlantis*, e cada uma estava em sua plataforma de lançamento amarrada a dois enormes foguetes propulsores de combustível sólido. Um enorme tanque cheio de mais de quase 2 milhões de litros de combustíveis frios os mantinha unidos. Os propulsores e os três principais motores do foguete deveriam lançar as espaçonaves aladas em órbita como acontecera com as Mercury, Gemini e Apollo. Usando asas, leme e trem de aterrissagem, elas deveriam aterrissar em uma pista de pouso semelhante à de um jato.

Chamadas de ônibus espaciais, essas naves vieram com muitas promessas quando a primeiro delas, a Columbia, foi lançada. A horda da mídia retornou, estabelecendo-se no mesmo local reservado para a imprensa de quando cobriram a Apollo. Em 12 de abril de 1981, a primeira contagem regressiva do ônibus espacial estava em andamento.

A bordo, prontos para pilotar a nova espaçonave alada, estavam um astronauta veterano e o comandante da Apollo 16, John Young, e um astronauta novato, Robert Crippen, que era notável pilotando uma caminhonete feita principalmente de ferrugem e partes desgastadas. Ele era um cara simpático – que as mulheres achavam bonito –, um sujeito do Texas que a maioria dos homens queria ter como amigo e a maioria das mulheres queria, obviamente, para outra coisa. Quando a contagem regressiva se aproximava do fim, algo nunca antes visto aconteceu.

A ignição deu início, de forma rápida e ondulante, a uma queima agressiva, a um fogo muito forte, quando os três motores principais da Columbia se acenderam, um após o outro, criando uma nevasca, uma tempestade de gelo agitada nos flancos do tanque externo de combustível de quinze andares. Mas a espaçonave alada não se mexeu. Apenas ficou lá.

Assim como os poderosos foguetes do Saturno V foram mantidos por alguns segundos para garantir que tudo estivesse funcionando como deveria, os braços da Columbia mantiveram-na firmemente presa à sua barra de lançamento. Seus três principais motores de combustível líquido gritaram e rugiram, e, quando os computadores perceberam que estavam funcionando bem, uma onda de chamas se juntou aos motores a partir da ignição dos dois propulsores gigantescos. A Columbia saltou de sua plataforma – a mesma plataforma de lançamento da qual Neil Armstrong, Mike Collins e Buzz Aldrin partiram para a Lua. A Columbia estava subindo com sua queima quebrando a quietude do espaçoporto da Flórida.

Multidões estavam nas cercas, nas calçadas, em pé nas praias e nos bosques, e quando dois minutos se passaram a Columbia chutou para longe seus propulsores queimados e disparou para a órbita da Terra como um anjo com saudades de casa. John Young e Robert Crippen, os loucos corajosos, sorriam. Estavam no espaço, onde Crippen saboreava as alegrias da ausência de peso enquanto Young simplesmente apreciava estar de volta. Ele alfinetou Crip com uma pergunta: "Você trancou sua caminhonete?"

A vergonhosa caminhonete de Crip estava muito aquém de qualquer coisa que valesse a pena trancar e os dois estavam felizes por executar o curto voo de 54 horas idealizado pelos planejadores da missão. Os chefes queriam margens de segurança tão amplas quanto possível para a nova máquina, e John e Crip verificaram e checaram novamente todos os seus sistemas. Quando terminaram, os dois pilotos levaram sua nova espaçonave a um pouso perfeito no deserto de Mojave, na Califórnia – na mesma pista onde Neil Armstrong havia pousado seu foguete X-15 vinte anos antes.

Neil estava curtindo a vida na fazenda, mas não pôde deixar de sentir uma pontada de saudade enquanto acompanhava os novos voos espaciais. Quando a frota de ônibus espaciais se aproximou de seu quinto aniversário, Neil ficou impressionado com o fato de que as espaçonaves aladas já tinham voado 24 vezes.

"O voo espacial está se tornando tão seguro quanto voar em um avião comercial", disseram alguns executivos da NASA, e, com a bênção do presidente Ronald Reagan, a agência fez um concurso nacional para um professor voar ao espaço. Eles queriam que um professor lecionasse em órbita e, dentre milhares de pessoas que se inscreveram, encontraram a candidata perfeita – uma garota sorridente e muito amável, de bom coração e espírito, chamada Christa McAuliffe.

Ela seria a professora a bordo da Challenger.

Alguns alertaram que a NASA estava excessivamente confiante, arriscando a segurança dos voos. O prenúncio desse aviso estava rondando. O presságio tornou-se uma onda amarga de frio congelante, enfraquecendo tudo em seu caminho.

UMA TRAGÉDIA AMERICANA

O frio raro e arrepiante da Flórida enrijeceu e dividiu a flora tropical, à medida que calor e fumaça subiam de potes sujos nos pomares de frutas cítricas. Esse frio trouxe um ritmo muito vagaroso ao espaçoporto do país na escura madrugada de 28 de janeiro de 1986.

Pela primeira vez, alguém podia lembrar que uma camada de gelo havia se formado no para-brisa. Uma névoa gelada formou-se acima de canais e lagoas. A vida tremia de frio. Um inacreditável registro mostrava a temperatura recorde de quase 3 graus negativos antes do nascer do sol, com nenhum inseto tropical se movendo. O ônibus espacial Challenger estava banhado por holofotes deslumbrantes, parecendo ignorar tudo isso. Sua fuselagem com vidros e ligas exóticas estava inanimada enquanto a grande espaçonave da ciência se erguia 34 andares acima de sua plataforma de lançamento de concreto e aço. A noite se esvaiu e o nascer do sol trouxe o primeiro toque de calor.

A tripulação do ônibus espacial, de sete pessoas, apareceu na plataforma de lançamento. Entre eles estava Sharon Christa McAuliffe com um sorriso tão largo quanto suas raízes na Nova Inglaterra. Ela havia sido selecionada entre milhares de candidatos para ser a primeira civil a bordo de uma nave espacial, participando do programa "Um Professor no Espaço".

Mas McAuliffe não estava entrando em órbita como um tripulante treinado da equipe de pesquisadores ou de engenharia. A professora espacial de ciências sociais iria dar aulas, lá do espaço, para classes de alunos boquiabertos na Terra.

Depois de uma manhã com contagem regressiva aguardando uma melhora na temperatura, o diretor de lançamento, Gene Thomas, reuniu sua equipe para uma última e importante preleção e checagem, com interrogatório para revisar alguns pontos. Todas as respostas dos tripulantes foram: "Estamos prontos!" Nenhum pedido para pausar a contagem enquanto o comentarista da NASA, Hugh Harris, relatava os momentos finais. Ele falava em um microfone que repetia suas palavras às autoridades e a todos os meios de comunicação em todo o mundo. Observou os números brilhando diante dele. Verdes e piscando, eles lhe davam uma atualização a cada segundo que passava e, conforme os segundos diminuíam, ele relatou: "T menos dez, nove, oito, nós temos os motores principais começando, três, dois, um..."

A ignição começou como um fogo coruscante, um repentino flash gigante, e o imponente avião espacial estava fora de sua plataforma de lançamento, espalhando seus estrondos e chamas enquanto Harris gritava: "Lançamento! Temos o lançamento da vigésima quinta missão do ônibus espacial".

A bordo, os astronautas sentiram a Challenger ganhando vida e, quando os propulsores acenderam, o comandante, Dick Scobee, gritou: "Lá vamos nós, pessoal". Por trás dele, no deque central, Christa McAuliffe gritava para seus alunos no gravador. Ela teve tempo suficiente para se lembrar de apertar seu assento com força para iniciar o passeio, e, como prometeram, seria melhor do que qualquer coisa oferecida pela Disney.

No momento da ignição do foguete sólido, ninguém sabia, mas algo sinistro estava acontecendo. Aparentemente, ao lado do que seria o depósito central, uma nuvem de fumaça preta saiu da junção inferior do propulsor direito. Quase tão rapidamente quanto aconteceu, ela já não estava mais lá. Exames posteriores revelaram que a fumaça havia sido expelida de uma lacuna súbita e minúscula em um *O-ring* (anel de vedação) importante. O frio congelante da noite anterior tirou do *O-ring* sua capacidade de se flexionar, expandir e selar. O sopro de fumaça preta era a sentença de morte da Challenger.

Bem acima, e sem saberem que estavam em perigo mortal, os astronautas gritaram de excitação, enquanto o vento uivava horizontalmente à velocidade de um furacão. A Challenger entrou no Max-Q com a força prevista – mas esse voo estava carregando uma falha terrível.

Quando as cargas laterais dos ventos chegaram ao propulsor direito, elas atingiram um foguete já enfraquecido. A força de 135 quilômetros por hora pode ter reiniciado ou ampliado o vazamento. De qualquer forma, as chamas estavam se chocando contra o tanque externo. A estrutura do ônibus espacial foi comprometida para além de seus limites de design.

Não havia mais como conter o fogo violento e a enorme pressão que estava gerando o impulso do foguete sólido. Uma lança de fogo perfurou o pequeno buraco, abrindo instantaneamente e cuspindo como um maçarico.

A Challenger estava aos 58 segundos no seu voo. Nada poderia impedir que o avião espacial com asas fosse destruído.

Nenhum dos astronautas sabia que o propulsor direito já estava se desfazendo.

O assento do piloto ficava no lado direito da espaçonave, mais próximo do foguete de propulsão que se desintegrava, onde, de repente, uma chama intensa atravessou a janela do piloto Mike Smith. No pequeno intervalo de tempo disponível para Mike, ele soube que algo terrível estava acontecendo. Teve tempo suficiente para dizer: "Ah, não!" A lança de fogo rompeu a metade inferior do tanque de combustível externo que armazenava hidrogênio líquido. Ele entrou em colapso e, instantaneamente, se desintegrou. Onde havia apenas um céu azul perfurado por chamas brilhantes sob um ônibus espacial escalando, surgiu uma enorme bola de fogo.

Dois rastros espiralados de fumaça branca giravam ainda mais em caminhos sinuosos, os foguetes propulsores haviam perdido o controle. O fogo instantâneo no céu continuou a se expandir em uma dispersão de escombros flamejantes, criando centenas de línguas de fumaça que pareciam estar fugindo da crescente conflagração.

Em um momento horrível, o próprio ar sobre o espaçoporto dos Estados Unidos estava chamuscado. O estrondo ecoou e explodiu em direção ao solo. O estrondo continuou crescendo e ecoando pelo mais longo tempo não mensurável. A Challenger estava se desintegrando, se rompendo e se desfazendo em milhões de pedaços, enquanto, sob esse céu, cresciam gemidos sinistros, gritos e mais gritos lamentosos que saiam da Terra para o ponto onde a Challenger sucumbia.

Neil Armstrong estava arrasado. Ele não podia acreditar que a NASA havia falhado tão gravemente, matando sete de seus melhores. Na manhã seguinte, o presidente estava ao telefone. Reagan estava pedindo a Neil para se juntar à Comissão de Investigação Presidencial. O presidente indicou o ex-secretário de Estado William P. Rogers para presidir a comissão, e agora ele estava pedindo a Neil para servir como vice-presidente.

A comissão recebeu a tarefa de, pelos próximos 120 dias, investigar e entender o que havia acontecido com a Challenger. Bill Rogers trabalharia a política, faria todos os lobbies necessários, e Neil comandaria o lado operacional – formaria comitês e buscaria investigadores para procurar as respostas.

"Eu tinha enorme admiração por Bill Rogers", diria Neil. "Ele compreendia muito bem Washington e as necessidades do público, da imprensa e do Congresso. Era para ele ser os 'Olhos de Fora', e ele me pediu para ficar dentro. Expliquei que não conhecia o funcionamento interno dos sistemas, componentes, mas conhecia o programa em um sentido macro – objetivos, técnicas e estratégias gerais, e também as pessoas que tinham conhecimento de tudo."

"Isso vai funcionar", disse Rogers, e Neil foi a campo e buscou os melhores investigadores, desejando não atrapalhar as investigações da própria NASA. Neil sabia que a longo prazo ambos os grupos estariam trabalhando juntos.

Os gafanhotos chegaram durante a noite. Centenas de nomes importantes e rostos conhecidos no mundo da televisão devorando tudo em seu caminho. Esse exército em campo, que cobrira todas as missões de astronautas americanos – 56 na época –, de repente conseguira reunir um monte de melhores amigos e personalidades formadoras de opinião, conhecidas nacionalmente, para se curvarem diante deles.

Em sua sabedoria, a NBC News decidiu que minha experiência e fontes bem posicionadas poderiam ser mais bem usadas para reportagens investigativas. Eu estava colocando meu nariz em lugares onde não era chamado. Eu estava bisbilhotando todas as reuniões e conversas para saber o que deu errado. Então, tranquei-me no escritório e fiquei ao telefone, conversando com outros jornalistas e funcionários desde os operários que lidavam com as ferramentas, os responsáveis por limpar a bagunça, até os supervisores e o pessoal da administração. Continuei coletando as mesmas respostas: nenhum fato, apenas opiniões.

Um dia inteiro passou e, de repente, um tijolo me atingiu na cabeça: Sam Beddingfield, o homem que havia se aposentado apenas algumas semanas antes, como vice-diretor administrativo dos ônibus espaciais; o mesmo Sam Beddingfield que disse a Gus Grissom que ele não precisava de um paraquedas porque não teria tempo de colocá-lo; o mesmo Sam Beddingfield para quem Gus disse: "Coloque o paraquedas na minha cápsula Mercury de qualquer maneira. Isso vai me dar uma opção até eu acertar". Sam Beddingfield tinha toda a experiência e os contatos necessários para conseguir se aproximar dos membros da NASA no quarto andar da sede. Peguei o telefone.

"Alô."

"Sam, aqui é Jay Barbree."

"Sim, Jay, o que houve?"

"O que você acha que está acontecendo com o alto-comando no quarto andar?"

"Eles estão correndo em círculos, apontando os dedos, protegendo seus traseiros", Sam sugeriu.

"Provavelmente", eu ri, rapidamente acrescentando: "Por que você não vai lá e dá uma olhada?"

"Eu poderia", ele riu.

"Você quer um emprego?"

"Para fazer o quê?"

"Você poderia ser o analista espacial da NBC News sobre o acidente da Challenger."

"Eu poderia", ele riu. "Isso me manteria fora dos salões de bilhar."

"Manteria sim", concordei.

"Certo, eu vou dirigir até meu antigo escritório e ver o que está acontecendo."

"Você já está na nossa folha de pagamento, Sam", eu disse a ele. "Então, mantenha contato."

"Eu manterei", ele prometeu.

Sam Beddingfield nasceu das mesmas raízes que minha família no leste da Carolina do Norte. Você poderia confiar nele tranquilamente. Honestidade era um modo de vida para Sam. Ele estacionou no pátio dos escritórios executivos da sede da NASA. Ele ouviu tudo o que sabiam até o momento. A maioria dos executivos da NASA simplesmente achava que Sam ainda estava no trabalho. No meio da tarde, 30 de janeiro de 1986, dois dias depois de a Challenger se desintegrar a mais de 14 mil metros acima das ondas do Atlântico, Sam me ligou.

"Eu já tenho."

"Você tem o quê?", eu questionei rapidamente.

"Nós perdemos a Challenger por causa de um vazamento em um anel de vedação", disse Sam categoricamente.

"Vazamento em um *O-ring*?", questionei.

"É isso aí."

"Tem certeza?"

"Certeza."

"Como eles sabem que foi isso?"

"Eles têm fotos", disse Sam sem hesitação.

"Fotos?"

"As imagens do vazamento", explicou Sam. "Elas mostram as chamas soprando da estrutura de fixação como um maçarico."

"De onde vieram as fotos?"

"De uma câmara de acompanhamento localizada a alguns quilômetros ao norte da plataforma de lançamento."

"Longe das nossas câmeras? Onde não podíamos ver?"

"É isso aí."

"O que o vazamento fez? Provocou a queima no tanque?"

"Não no início", explicou Sam. "Queimou através de uma estrutura de suporte do tanque antes de chegar ao tanque. O combustível", continuou ele, "alimentou as chamas, elas queimaram tudo em que tocaram."

"E o que causou o vazamento"

"Meu melhor palpite", Sam explicou "é que o *O-ring* ainda estava congelado no momento do lançamento. O anel de vedação perdeu sua elasticidade e não pôde fazer seu trabalho."

"Faz sentido", concordei antes de perguntar novamente: "Não podemos ver isso nas nossas imagens, na nossa fita do lançamento?"

"De jeito nenhum."

"Você pode me conseguir essas fotos, Sam?"

Ele riu. "Você está tentando acabar comigo?"

"Hoje não", eu disse a Sam, parabenizando-o novamente antes de desligar e telefonar para uma fonte confiável no Marshall Space Flight Center em Huntsville, Alabama. Ela confirmou as informações de Sam e, com duas fontes confiáveis, estávamos prontos para contar a história no *NBC Nightly News*, de Tom Brokaw.

Nosso produtor, Danny Noa, empurrou uma pequena réplica do ônibus espacial para minhas mãos e abrimos o programa naquela noite com a história.

Usando a pequena réplica, apontei para a localização suspeita. Eu respondi às perguntas de Tom, essencialmente relatando que a causa da tragédia foi a falha nos anéis de vedação, *O-rings*, na junção traseira do motor do foguete sólido direito. O frio extremo os tornara inflexíveis. Congelados, os *O-rings* simplesmente não podiam fazer o seu trabalho.

Mal saí do ar, o telefone começou a tocar. Os produtores Geoff Tofield e Danny Noa estavam respondendo à maioria das perguntas, mas um telefone chegou e eu tive que atender.

"Você parecia muito esperto para um menino de fazenda", disse Neil Armstrong.

"Ei, Neil", eu estava sorrindo todo o tempo do telefonema. "Como vai a ordenha?"

"Estamos conseguindo alguns litros", ele riu. "O que você pode me dizer que não contou ao Brokaw?"

"Nada mais, realmente", assegurei a Neil. Conversamos sobre o que eu sabia e prometi mantê-lo informado sobre o que soubesse. Cumpri a promessa, e em menos de quatro meses Neil e a Comissão Presidencial da Challenger confirmaram o meu relato. Ao realizar esse trabalho, o primeiro homem na Lua demonstrou uma forte liderança durante a investigação da comissão presidencial, novamente estabelecendo outro exemplo a seguir.

A comissão descobriu que o acidente da Challenger fora causado por uma falha nos *O-rings* que selavam a junta traseira no foguete de combustível sólido direito. A falha foi causada por gases quentes pressurizados e, eventualmente, pela chama "soprando" os *O-rings*. A chama fez contato com o suporte estrutural do tanque externo adjacente, fazendo com que a estrutura rompesse o tanque. A falha dos *O-rings* foi atribuída a um erro de projeto, já que seu desempenho foi facilmente comprometido por fatores como as baixas temperaturas no dia do lançamento.

O relatório também concluiu que a outra causa que contribuiu para o acidente foi o fracasso tanto da NASA quanto de seu contratante, a Morton Thiokol, em responder adequadamente à falha do projeto. A comissão deixou nove recomendações para melhorar a segurança no programa de ônibus espaciais.

Neil e seus colegas membros da comissão resumiram muito bem suas conclusões no relatório final: "A decisão de lançar a Challenger foi falha. Aqueles que tomaram essa decisão não estavam cientes da história recente de problemas relativos aos *O-rings* e às juntas, e não tinham conhecimento da recomendação inicial do construtor, por escrito, aconselhando que o lançamento não fosse realizado a temperaturas abaixo de 11,6 graus Celsius, e da contínua oposição dos engenheiros em Thiokol após os administradores desconsiderarem essa recomendação. Eles não tinham uma compreensão clara da preocupação de Rockwell de que não era seguro lançar devido ao gelo acumulado na base. Se os responsáveis pela tomada de decisões soubessem de todos os fatos, é altamente improvável que eles tivessem decidido lançar a Challenger em 28 de janeiro de 1986".

Os foguetes lançadores do ônibus espacial foram redesenhados como a comissão recomendou e Neil retornou à vida afastada do mundo. "Acho que nossas conclusões e descobertas estavam certas", ele me disse. "Foi uma comissão que trabalhou com afinco e nossas conclusões nunca foram efetivamente desafiadas... Foi uma tragédia nacional", continuou ele, "mas aprendemos muito com isso e o programa espacial seguinte se beneficiou. Essa foi a recompensa para nossos voos espaciais."

29 de setembro de 1988: o ônibus espacial Discovery estava em sua plataforma de lançamento. Cinco astronautas experientes esperaram: o comandante Rick Hauck, o piloto Dick Covey, os membros da tripulação Mike Lounge, Dave Hilmers e George "Pinky" Nelson. Eles foram escolhidos a dedo para retornar ao ônibus reconstruído após perder sete de seus tripulantes.

Duzentas e cinquenta mil outras pessoas cercaram o espaçoporto para dar seu apoio. Cento e vinte e quatro membros da mídia estavam no local reservado para a imprensa. Eles estavam lá para relatar o retorno da NASA após o seu pior desastre.

Às 11h37, horário americano do leste, os motores principais da Discovery rugiram. Segundos depois, os dois foguetes de combustível sólido dispararam. Os milhares reunidos cruzaram os dedos e cerraram os dentes enquanto os dois foguetes redesenhados erguiam os cinco astronautas em direção ao céu, impulsionando o conjunto espacial, em linha reta e precisa. Dois minutos depois, a enorme plateia explodiu em aplausos selvagens. Os propulsores, cujos predecessores haviam sido a principal causa do acidente da Challenger, queimaram e desceram inofensivamente para longe da nave e de sua tripulação.

Foram os primeiros dos 220 foguetes propulsores redesenhados que voariam sem o menor problema até que eles e a frota de ônibus espaciais fossem aposentados.

Possivelmente, o maior legado de Neil Armstrong após sua trajetória como piloto, engenheiro e investigador foi a forma como lidou com sua vida extraordinária, o que levou muitos daqueles que comandariam aviões e espaçonaves a considerá-lo um dos melhores de todos os tempos. Neil nunca pensou em si mesmo como alguém especial, mas todos os outros pensaram.

O presidente Ronald Reagan abriu uma cerimônia de premiação no Jardim das Rosas da Casa Branca com o anúncio: "A América está de volta ao espaço".

ÔNIBUS ESPACIAIS E ALÉM

A NASA entrou na última década do século XX totalmente recuperada de seu pior acidente espacial, com a agência evoluindo segundo as bases do trabalho pioneiro de Neil Armstrong e outros astronautas nas primeiras três décadas da indústria espacial. Alguns bons pilotos de ônibus espacial, como Robert "Hoot" Gibson e Charlie Precourt, foram sucessores de Deke Slayton na função de astronauta-chefe. Ambos desempenharam papéis importantes em um dos sonhos mais antigos de Neil – construir uma estação espacial permanente.

A Estação Espacial Internacional seria, em algumas mentes, o começo de uma cidade espacial em órbita, um posto avançado livre de gravidade onde os terráqueos poderiam se multiplicar, criar famílias, viver mais e produzir as coisas e alimentos necessários para a autossuficiência no espaço.

Mas, como Gibson, Precourt, e um punhado de outros sabiam, o principal trabalho da estação seria ensinar a humanidade a sobreviver no espaço. A NASA já havia tido um gostinho de operar sua própria estação espacial em 1973, quando usou foguetes e módulos de naves espaciais remanescentes de voos cancelados da Apollo. A agência havia lançado três tripulações separadas, de três astronautas, para passar nove meses a bordo de uma estação chamada Skylab. Os astronautas provaram que os humanos podiam trabalhar no espaço. Mas, logo depois que os russos perderam a corrida lunar, eles também levaram a sério as estações espaciais. Lançaram uma série de laboratórios Salyut, cada um com uma tripulação de dois ou três cosmonautas, que poderiam ficar no espaço por meses.

Houve um breve degelo na Guerra Fria em 1975, quando o coração de Deke Slayton foi considerado forte o suficiente para o voo espacial. Tom Stafford comandou e Vance Brand completou a tripulação de três homens da Apollo-Soyuz. Eles levaram a última Apollo a um encontro de naves e ao acoplamento com a Soyuz dos russos. Onze anos depois, em 1986, a Rússia lançou em órbita o que era, para muitos que faziam o trabalho espacial, a primeira estação espacial real. Chamava-se Mir, e os cosmonautas ficavam a bordo de sua casa no espaço por até um ano.

Em 1991, quando a Guerra Fria terminou, os presidentes George Bush e Mikhail Gorbatchev assinaram um acordo para realizar os primeiros voos espaciais tripulados dos EUA e da União Soviética desde a Apollo-Soyuz. O objetivo era incluir um astronauta dos EUA a bordo de uma nave espacial Soyuz-TM, e um voo comandado por um cosmonauta russo em uma missão de ônibus espacial. Um importante marco do acordo ocorreu em 29 de junho de 1995, quando Hoot Gibson e Charlie Precourt acoplaram o ônibus espacial Atlantis, pela primeira vez, com a Mir. Eles trocaram tripulações e formaram a primeira comunidade entre países antes inimigos a orbitar a Terra.

O astronauta Charlie Precourt foi um dos responsáveis diretos por ajudar a tornar a Rússia um membro importante nos planos dos EUA para a construção da Estação Espacial Internacional. Ele refletiu sobre como o primeiro acoplamento com a Mir foi herdeiro do trabalho pioneiro de Armstrong e dos astronautas da Apollo:

> Acoplar o ônibus espacial com a estação Mir seria o primeiro passo para aprenderem a trabalhar juntos para construir a Estação Internacional. Nós havíamos realizado muitas missões de encontro com o ônibus espacial para recuperar satélites – como quando consertamos o Telescópio Espacial Hubble –, mas ainda não o tínhamos acoplado a outra espaçonave. A Mir e o ônibus pesavam mais de 90 toneladas e sabíamos que muitas coisas poderiam dar errado se não nos preparássemos corretamente. A experiência de Neil foi de extrema importância para o nosso sucesso. Nós estudamos os resultados da Gemini e os posteriores acoplamentos da Apollo, e extraímos procedimentos para todas as combinações imagináveis de problemas de propulsão, bem como para uma série de outras falhas potenciais. O primeiro acoplamento de Neil, da Gemini com o Agena, teve que ser abortado por causa de um propulsor preso. Sua reação rápida salvou

a missão e provavelmente sua vida. Essa experiência ajudou cada missão semelhante subsequente. Hoot e eu, com nosso engenheiro de voo Greg Harbaugh, acumulamos centenas de horas em simulações, assim como Neil, para testar e ajustar nossos planos.

Precourt continuou: "Quando chegou o dia, tudo correu lindamente. Hoot fez contato com a Mir a 1,2 polegada por segundo, em alinhamento perfeito com o mecanismo de acoplamento da Mir. Estávamos dentro de um segundo do tempo planejado para o acoplamento."

O homem que foi apontado entre os melhores pilotos de teste da Força Aérea disse honestamente: "Nosso sucesso deveu-se em grande parte ao fato de Neil ter preparado o caminho", e os elogios de Precourt a Armstrong não pararam por aí. O astronauta-chefe prosseguiu dizendo:

"No escritório de astronautas da era dos ônibus espaciais, todos nós admirávamos as realizações de Neil como piloto. Todos nós fomos inspirados a seguir carreira na indústria aeroespacial e nos esforçarmos para nos tornar astronautas assistindo ao primeiro pouso na Lua, em 1969.

"As incríveis habilidades de Neil como piloto eram aquilo a que todos nós aspirávamos. Mas o mais incrível era seu ótimo desempenho como piloto em tantas 'primeiras vezes'. Todos sabíamos que já era desafio suficiente pilotar uma espaçonave em voos seguintes aos primeiros, mas Neil fez todos os seus parecer que já os havia realizado muitas vezes. E, no entanto, por mais inspirador que Neil tenha sido para nós como pilotos, talvez o mais inspirador para aqueles de nós que voaram como astronautas de ônibus espaciais fossem o caráter e a humildade de Neil. Ele nunca quis falar sobre si próprio. Ele sempre direcionava a conversa para a equipe, para as informações conhecidas da missão ou das máquinas. Seus olhos se iluminavam sempre que a conversa se concentrava na comparação de experiências com diferentes aeronaves. Neil foi o melhor exemplo de cavalheiro e todos nós o admiramos por sua força e caráter."

Outros astronautas também gostavam de contar histórias sobre Neil, como na época em que o astronauta aposentado Franklin Chang-Diaz foi convidado a dar uma palestra sobre seu trabalho em um sistema de propulsão a plasma durante uma das reuniões dos astronautas. A propulsão a plasma é entendida por muitos como a porta de entrada para viagens interplanetárias. Chang-Diaz lembra: "Depois da apresentação, enquanto eu estava arrumando meu computador, um dos participantes veio até mim e disse: 'Olá, eu sou Neil Armstrong. Gostei muito da sua apresentação e fico feliz de que você esteja trabalhando nisso – é do que precisamos para chegar a Marte'. Meu queixo caiu. Eu, na verdade, nunca tivera até então a oportunidade de conhecer um dos meus maiores heróis de todos os tempos. Fiquei sem palavras".

Da mesma forma, Brian Duffy, comandante de ônibus espacial, relata que esteve com Neil na reunião de trinta anos da equipe da Gemini 8, em Houston, uma experiência que causou uma boa impressão: "Ouvi dizer que Neil era uma pessoa bastante reservada, evitando os holofotes que acompanhavam seus feitos", disse Duffy.

"Não fiquei desapontado ao saber, em primeira mão, que ele era exatamente isso, mas muito gentil também. A reunião trouxe pessoas que trabalharam juntas como uma grande equipe, e permitiu que elas se reconectassem depois de muitos anos. Neil usava um terno leve de verão por causa do calor, e seus óculos tinham lentes grandes que ficavam automaticamente coloridas à luz do dia. Ele fez alguns breves comentários no grupo de veteranos, e todos devoraram cada palavra que ele disse. Ele era, obviamente, muito respeitado por todos.

"Depois de algumas horas, chegou o momento de ele ir ao aeroporto e pegar o seu voo noturno para casa. Nós fomos ao balcão para Neil realizar o check-in. A moça atrás do balcão, talvez com vinte e poucos anos, aceitou a reserva que Neil lhe deu e começou a imprimir um cartão de embarque. Do lado, eu estava observando qualquer sinal de que a jovem reconhecesse talvez o nome mais conhecido do mundo como o cavalheiro com os óculos escuros e a velha pasta que estava na frente dela. Não houve nada. Não reconheceu. Ela calmamente dobrou o cartão de embarque e documentos e entregou-os de volta ao balcão para Neil e disse: 'Tenha um bom voo, Sr. Armstrong'. Neil disse suavemente: 'Obrigado', e pegou suas coisas. Respeitando a humildade de Neil, nunca disse nada à atendente; não que eu não quisesse que ela soubesse quem ela havia acabado de conhecer!"

Charlie Precourt adicionou:

"Para aqueles de nós com a sorte de ter voado em um ônibus espacial, Neil Armstrong foi nossa inspiração, nosso exemplo e o orgulho do nosso corpo de astronautas. Seria difícil imaginar um representante mais apropriado da humanidade para ser o primeiro a pisar na Lua. Ele realizou a missão com o mais alto nível de capacidade e, desde então, representou com a maior humildade e dignidade todos aqueles que contribuíram para esse feito.

"Uma das minhas tarefas mais gratificantes foi quando tive o privilégio de selecionar, treinar e trabalhar com muitas equipes da Estação Espacial Internacional. Todos tiveram seus próprios desafios particulares para se preparar para missões. Não seria exagero dizer que sempre que nos questionávamos sobre como lidar com uma situação, em voo, ou na vida, tínhamos o exemplo de Neil para nos apoiar."

Viagens espaciais estavam indo muito bem quando Neil começou a alfinetar seu amigo de treinamento na selva, John Glenn. Neil sabia que o antigo ícone do espaço estava ficando inquieto, sabia que ele queria voltar aos voos espaciais desde que Kennedy o colocara na posição de um herói que não poderia se arriscar novamente. "Agora é a hora de você voltar, John", disse Neil. "Você é um grande senador dos Estados Unidos. Quem poderá impedi-lo?", Neil brincou.

John finalmente decidiu que Neil estava certo. Ele já havia experimentado o suficiente da política de Washington e se aposentou do Senado dos Estados Unidos depois de cumprir 24 anos de mandato. Mas havia um pequeno detalhe: John estava com 77 anos. Muitos perguntaram: "Pode um septuagenário lidar com isso?"

"Esse é precisamente o ponto", argumentou John. "Eu deveria subir e deixar os cientistas darem uma olhada neste corpo envelhecido, observar que os idosos podem funcionar melhor no espaço do que aqui na gravidade da Terra."

O astronauta-chefe, Charlie Precourt, sorriu e deu o seu aval, e o administrador da NASA, Dan Goldin, também deu sinal verde a John. O comandante do ônibus espacial Discovery, Curt Brown, e seu piloto, Steve Lindsey, receberam o cavaleiro em brilhante armadura dos anos anteriores de braços abertos, e o espaçoporto encheu-se de orgulho diante dos cabelos grisalhos.

Em 29 de outubro de 1998, o âncora Brian Williams e este velho comentarista estavam diante das câmeras da NBC relatando o lançamento de John Glenn em um céu azul e venturoso. Neil, eu e aqueles que admiravam e amavam John Glenn nunca ficáramos tão orgulhosos. Nós rezamos e lhe desejamos boa sorte e passamos nove dias observando esse garoto de 77 anos que não havia esquecido nada.

Em órbita, John provou ser o campeão que todos sabíamos que ele era, cuidando muito bem de suas tarefas, se divertindo, dançando e cantando um pouco. O comandante Curt Brown relatou: "Deixe que a gravação mostre que John tem um sorriso no rosto, e vai de orelha a orelha".

Glenn pegou o microfone e acrescentou: "Olá, Houston. Aqui é PS 2. Eles me tiraram do deque central por um tempo. Isso é lindo. A melhor parte – zero G – e eu me sinto ótimo! O mesmo que ele havia falado da Friendship 7, na primeira órbita dos EUA, 36 anos atrás.

Pesquisas médicas durante a missão de Glenn incluíram uma bateria de exames em John para investigar como a ausência de gravidade afetava o equilíbrio e a percepção. A pesquisa também deu uma boa olhada na resposta do sistema imunológico, na densidade óssea e muscular, no metabolismo, no fluxo sanguíneo e no sono.

O segundo voo de John Glenn, aos 77 anos, contribuiu muito para prolongar a idade de aposentadoria. Em 7 de novembro de 1998, às 12h04, horário do leste dos Estados Unidos, John Glenn e a tripulação a bordo da Discovery aterrissaram em sua pista de pouso na Flórida.

Menos de uma hora depois, com todas as "tarefas domésticas" concluídas, John Glenn saiu do ônibus Discovery sem se importar com o mundo. A falta de gravidade no espaço enfraquece os braços e as pernas dos astronautas, e leva alguns dias, ou até um mês, para voltar ao normal. Acreditava-se que Glenn precisaria de uma cadeira de rodas.

Bom, esqueça tudo isso! John passou por mim e piscou, e eu bati continência e escondi algumas lágrimas. Ele acabara de mostrar às pessoas mais velhas que poderíamos continuar caminhando pela vida com um propósito.

Neil não tinha melhor amigo que John Glenn. Quando viu John fazendo sua "inspeção de voo espacial de nove dias", apenas uma hora após o desembarque, Neil continuou sorrindo por muitos dias.

Mas, apesar da alegria que o segundo voo de John Glenn trouxe, a última década do século XX não ficou sem sua parcela de tristeza. Neil passou a maior parte desse período com a família, mas as coisas entre ele e Janet não estavam bem. Eles se distanciaram, e, em 2 de abril de 1994, sua esposa por quase quatro décadas se divorciou dele. Por cinco anos ele ficou perdido, até conhecer e se casar com Carol Knight, uma viúva. Eles montaram casa no subúrbio de Indian Hill, Cincinnati.

A única coisa que Neil me disse sobre Carol foi que ele sabia não estar no nível dela. Ela tem um sorriso tão largo quanto Ohio e uma ternura tão grande quanto o Texas. Não havia ninguém que conhecesse Carol que não gostasse ou apreciasse aquele lindo ser humano.

Carol e Neil foram apresentados e levados para jantar por amigos em comum. Neil, sendo Neil, fez tudo em seu próprio tempo para ficar com

Carol. Acredite se quiser, ele decidiu se casar com Janet dois anos antes de pedi-la em casamento. Quando se tratava de Carol, ele ficava se perguntando por que aquela mulher magnífica estaria interessada em um velho piloto exausto como ele

Ele não conseguiu uma resposta plausível, mas também não conseguia esquecê-la. Ele finalmente telefonou. Em um tom de voz baixo e tranquilo, ele disse: "Alô, aqui é o Neil".

"Qual Neil?", ela respondeu com pressa.

Envergonhado, Neil lembrou quem ele era. Carol imediatamente disse-lhe que ela e seu filho estavam com problemas para cortar uma árvore no quintal e que não tinha tempo para conversar. Neil, percebendo que poderia ser um herói, falou animadamente dizendo: "Eu posso cuidar disso".

Carol se despediu e voltou correndo para o trabalho em questão.

Apenas alguns minutos se passaram quando tocaram a campainha na porta de Carol. Seu filho atendeu, e voltou em direção à sua mãe, gritando: "Mãe, você não vai acreditar quem está na porta da frente com uma serra elétrica".

Neil imediatamente percebeu que a reação do adolescente tinha algo a ver com o filme *Massacre da serra elétrica*. Carol não dissera a seu filho que ela e Neil tinham ido jantar com amigos e que ele estava vindo para ajudar na árvore.

Carol e Neil ficariam catorze anos juntos durante os quais o século virou, e Neil ficou feliz em ver que a construção da Estação Espacial Internacional estava indo em frente.

O posto avançado orbital deveria ser tão grande quanto dois campos de futebol colocados lado a lado. Mas em 1º de fevereiro de 2003 a construção parou. O ônibus espacial Columbia e sua tripulação de sete pessoas foram perdidos, novamente para uma aura do que poderia ser chamado de arrogante complacência.

O voo do mais antigo membro da frota de ônibus espaciais não teve nada a ver com a estação espacial. Ele esteve em sua própria órbita por dezesseis dias, onde só era visto por equipamentos da segurança nacional. Se tivesse acoplado com a estação espacial, ou se os responsáveis pelo voo decidissem olhar a brecha na asa direita, certamente o problema teria sido detectado. A brecha se formou lá durante o lançamento, e quando o isolamento do tanque de combustível externo da *Columbia* recebeu ar superaquecido, abriu um buraco na asa direita.

Enquanto em órbita, uma NASA com excesso de confiança falhou ao não inspecionar a espaçonave após algumas perguntas levantadas a partir do vídeo de lançamento. Quando o ônibus mais antigo e seus sete tripulantes retornaram à Terra, o calor de reentrada devorou o avião espacial e quebrou uma asa dele. A Columbia e seus astronautas se desintegraram no Texas e na Louisiana enquanto faziam sua reentrada na atmosfera da Terra.

Neil ficou novamente arrasado.

A comissão independente de inquérito, *Columbia Accident Investigation Board* (CAIB), recomendou que a frota doa ônibus espaciais ficasse em solo após a conclusão da Estação Espacial Internacional. Neil e a família espacial, desanimados, assistiram aos ônibus espaciais se tornarem peças de museu.

A NASA foi praticamente desmantelada devido à falta de interesse e lideranças indecisas. Neil se juntou ao último homem na Lua, Gene Cernan, e ao comandante da Apollo 13, Jim Lovell, para escrever um artigo sobre a agência espacial à deriva. Os três astronautas da Apollo acharam por bem me dar o seu editorial; Brian Williams leu o texto em seu programa de notícias campeão de audiência, *NBC Nightly News*.

Neil, Jim Lovell e Gene Cernan viajaram pelo planeta pregando o que devemos fazer se quisermos que a Terra e seu milagre da vida sobrevivam.

Durante esse período, quando Buzz Aldrin se aproximava do seu octogésimo aniversário, o parceiro de Neil na Lua foi abordado por um teórico da conspiração de quase 1,90 metro. Esse palhaço não acreditava que Aldrin tivesse andado na Lua. O idiota entrou direto no rosto do Buzz com um microfone e uma câmera. Ele gritou: "Foi você quem disse que andou na Lua e você não andou. Admita, seu hipócrita mentiroso!"

"Você pode ficar longe de mim?", Buzz perguntou não tão educadamente.

"Você é um covarde, um mentiroso e um ladrão", gritou o assediador.

Tendo que estender a mão, Buzz deu um soco rápido e mandou o cara para trás. O idiota perguntou para seu cinegrafista: "Você pegou isso? Você viu o que ele fez? Você pegou isso?"

Aqueles que assistiam riram, enquanto o teórico da conspiração corria, identificando claramente quem, de fato, era o covarde.

Logo, os amigos do astronauta Buzz, como Wally Schirra, começaram a chamar Aldrin de "Rocky". Quando o mesmo idiota se aproximou de Neil pedindo-lhe para jurar sobre uma Bíblia, que ele estava segurando, que andou na Lua, Neil sorriu agradavelmente. "Eu gostaria, mas tenho certeza de que, como você, sua Bíblia é uma farsa."

Dois cientistas em atividade no programa *Caçadores de Mitos*, *MythBusters*, da Discovery Television, pegaram as chamadas "evidências" da teoria da conspiração e, por meio de testes científicos, desmascararam as afirmações dos acusadores.

Em julho de 2009, o primeiro Orbitador de Reconhecimento Lunar da NASA no século XXI, o *Lunar Reconnaissance Orbiter* (LRO), tirou fotos do estágio de descida do módulo lunar do Eagle, no local onde Neil e Buzz o deixaram no Mar da Tranquilidade.

A área de pouso da Apollo 14 mostrou ao Lunar Reconnaissance Orbiter uma trilha leve da caminhada de ida e volta de 2 quilômetros de Alan Shepard e Edgar Mitchell até a cratera Cone. Você pode ver claramente onde eles deixaram seu "jinriquixá" de ferramentas e seus instrumentos científicos de coleta. A foto da Apollo 17 é tão detalhada que os especialistas podem dizer para qual direção apontavam as rodas do veículo lunar de Gene Cernan e Harrison Schmitt.

Na sequência dessas imagens, quarenta anos depois, os teóricos da conspiração fizeram outra pretensa denúncia: o Congresso dos Estados Unidos e o presidente Barack Obama aprovaram US$ 200 bilhões para a NASA construir e conduzir o *Lunar Reconnaissance Orbiter* para falsificar essas imagens.

Este repórter cobriu todas as missões de astronautas americanos para a NBC News. Nós demos um furo de reportagem sobre a causa do incêndio na plataforma de lançamento da Apollo 1, que matou três pessoas, bem sobre a causa do acidente da Challenger que matou sete. Se a NASA tivesse convencido 400 mil trabalhadores da Apollo a mentir, e se ela tivesse enganado os russos, britânicos e chineses, que estiveram rastreando as nove viagens americanas à Lua, tenho certeza de que a agência nunca teria mentido para mim por nove vezes. Por que a NASA não parou, depois de ter sucesso uma vez? Por que arriscariam ser pegos mentindo outras oito vezes?

E o mais importante: a NASA mentiria sobre o fogo na plataforma de lançamento da Apollo 1? Os Estados Unidos da América matariam três de seus astronautas apenas para criar uma fraude sobre a colocação de astronautas na Lua? Apenas um idiota poderia acreditar nisso.

Triste, mas é verdade: Neil Armstrong passou seus últimos dias desapontado pelo fato de o programa espacial americano ter sido abandonado.

Ele contribuiu de todo coração para cinco reportagens que redigimos para o NBCNews.com intituladas *Space in the 20Teens*. A última foi divulgada apenas um mês antes de Neil nos deixar. Ele morreu em 25 de agosto de 2012, após complicações de uma cirurgia cardíaca.

Nenhum homem maior que ele andou entre nós. Nenhum homem melhor que ele nos deixou respostas. Neil nos ensinou como cuidar do nosso sistema Terra-Lua.

Seus pensamentos nos acompanham.

ONTEM, AGORA, E AMANHÃ

No início, não havia nada.

Então, 13,82 bilhões de anos atrás, o Universo simplesmente surgiu. Uma "singularidade" – uma enorme liberação de energia que seria chamada de Big Bang. Aconteceu na escuridão total porque a luz ainda não existia – ainda mais estranho, nem o espaço.

Hoje, a Teoria do Big Bang é aceita. A maioria dos astrônomos e cientistas acredita que o Universo era apenas uma minúscula partícula de energia muito quente antes de se expandir na maior de todas as explosões; ampliou-se, inflou para a existência, ficando maior e menos quente a cada momento que passava. Criou a matéria na forma de incontáveis trilhões de partículas subatômicas – a primeira coisa que já existiu. E, então, ele esfriou! Não era mais uma nuvem de gás. O nevoeiro desapareceu em torno de 400 mil anos após o Big Bang e o Universo se tornou visível. Galáxias e quasares começaram a se formar em pontos únicos de luz – incontáveis bilhões deles, espalhando uma vasta teia em todas as direções.

Essa evolução do nosso Universo continua até hoje.

A primeira sugestão de que a explosão inimaginável ocorreu foi feita por um oficial belga de artilharia condecorado da Primeira Guerra Mundial, ordenado sacerdote jesuíta em 1923.

Seu nome era Georges Lemaître. Ele se encontrou com o papa de sua época, Pio XI, e o convenceu a não falar mais sobre a criação. Lemaître sentia fortemente que não se devia misturar ciência e religião. Ele disse ao papa: "Até onde posso ver, tal teoria permanece inteiramente fora de qualquer questão metafísica ou religiosa. Deixa o materialista livre para negar qualquer Ser transcendental. Para o crente, remove qualquer tentativa de familiaridade com Deus. É coerente com Isaías falando do Deus oculto, escondido até mesmo no começo do Universo".

O papa concordou.

Lemaître referiu-se à "singularidade" como um "ovo cósmico" explodindo no momento da criação. Ele publicou, em 1927, o que os cientistas chamam agora de Constante de Hubble, que nos diz quão rápido o Universo está se expandindo. Mais tarde, Sir Fred Hoyle, um astrônomo inglês conhecido por sua contribuição à teoria da nucleossíntese estelar, cunhou o termo Big Bang, originalmente pejorativo. Hoyle acreditava em um Universo estático. Lemaître recebeu o título de Ph.D. do MIT e se encontrou com Einstein várias vezes. Einstein originalmente concordou com a matemática, mas não com a física de Lemaître. Mais tarde, o criador da Teoria da Relatividade chamou sua rejeição da ideia de um Universo em expansão de "o maior erro que cometi". Em uma reunião em Princeton, em 1935, Einstein provocou aplausos para Lemaître, referindo-se ao seu trabalho como "a mais bela e satisfatória explicação da criação que já ouvi".

A idade do Universo, de 13,82 bilhões de anos, foi determinada nos últimos anos por medições por satélite da microonda cósmica de fundo. Essas medições também detectaram resíduos térmicos do Big Bang, tornando a teoria de Lemaître ainda mais confiável.

Neil Armstrong, como fez a maioria, questionaria o que provocou a singularidade; de onde veio a menor partícula de energia? Não que o professor Armstrong discordasse necessariamente da teoria aceita. Ele tinha perguntas. Ele só queria saber se a singularidade foi simplesmente um acidente, ou um ato de alguma grande força da natureza, ou se um Ser Supremo orquestrou aquele Big Bang.

No momento em que escrevo, ninguém pode ou poderá responder à pergunta básica do professor Armstrong.

Em sua pesquisa sem fim, Neil descobriu que 9 bilhões de anos após a "singularidade", quando as galáxias estavam nascendo e bilhões de estrelas estavam se queimando em matéria morta, uma antiga estrela explodiu. Ela cobriu nossa galáxia, a Via Láctea, a cerca de 26 mil anos-luz de seu centro, com nuvens rodopiantes dos materiais que havia produzido enquanto vivia.

Essas nuvens de poeira são chamadas de nebulosas. Elas são muito bonitas. Mas aquelas eram diferentes. Eram as nebulosas que deram origem ao nosso sistema solar. Era nitrogênio, oxigênio e ferro, e então as incansáveis forças da gravidade puxaram tudo de volta – a engenharia pesada que produz planetas havia começado.

Vastas espirais de poeira se juntaram. No centro de uma dessas espirais, um planeta rochoso que seria chamado Terra estava tomando forma. Foi montado a partir de poeira estelar e construído pela gravidade. Em 100 milhões de anos, ele se transformara em uma bola gigantesca que varria bilhões de toneladas de materiais celestes. E, no coração de nossa nebulosa, a pressão e a temperatura dessa bola de hidrogênio se tornaram tão grandes que os átomos estavam começando a se fundir. Uma nova estrela, o nosso Sol, estava ganhando vida.

Quando nosso Sol se incendiou, soltou uma enorme rajada de vento solar – uma rajada de energia que soprou toda a poeira e gás remanescentes da nebulosa até a borda do nosso sistema solar.

Nos limites externos, os enormes planetas gasosos como Júpiter, Saturno, Urano e Netuno retomaram suas órbitas. Enquanto isso, planetas mais densos e rochosos lutavam para sobreviver. Havia cerca de vinte, e quando não havia mais nada para sustentá-los as coisas ficaram desagradáveis. Eles orbitaram o Sol, sua gravidade afetou um ao outro e começaram a colidir. A cada colisão, devoravam-se uns aos outros e, com o tempo, os vinte tornaram-se quatro: Mercúrio, Vênus, Terra e Marte.

A pesquisa de Neil sugeria que a Terra consumiu cerca de dez dos seus vizinhos. Os resultados indicavam um planeta incrivelmente quente – com cerca de 4.704 graus Celsius. Se houvesse alguma coisa viva na Terra, ela teria desaparecido em um instante – seria apenas um breve sopro de vapor e cinza.

Então, parecia que tudo que a vida tinha que fazer era esperar que a Terra esfriasse. Entre 50 milhões e 150 milhões de anos após seu nascimento, parecia que nosso jovem mundo tinha as coisas sob controle. Mas não tinha. Do fundo do sistema solar, um grande asteroide estava vindo em direção à Terra. Vinha em rota de colisão e era inacreditavelmente enorme – possivelmente do tamanho de Marte.

Se houvesse seres humanos na Terra, eles teriam visto esse intruso a milhões de quilômetros de distância. Eles teriam visto o asteroide crescer em tamanho, noite após noite. Em breve ele teria preenchido o céu. Não teria havido como fugir, nenhum alívio. Instantaneamente, eles teriam encarado a destruição – num ângulo oblíquo, o asteroide esmagou a jovem Terra.

Nosso planeta virgem cambaleou violentamente com aquele golpe catastrófico. O asteroide explodiu, gerando o mais quente dos escombros enquanto provocava uma terrível e grande ferida na Terra – seus poderosos incêndios consumindo tudo, deixando para trás um planeta flamejante destruído por terremotos. A mistura dos materiais remanescentes dessa explosão titânica voltara para o espaço, para ser agarrado pela gravidade da Terra.

A maioria dos elementos mais pesados do asteroide, especialmente o ferro, permaneceu no interior da Terra, agora fundido, dando início a um longo movimento de sedimentação até o centro do nosso jovem mundo. Quando a Terra esfriou, tornou-se um planeta muito diferente daquele que havia sido antes da colisão. Como Mercúrio e Vênus, sem suas luas, a Terra girava lentamente. Mas o terrível impacto acelerou nosso planeta para uma rotação completa a cada 24 horas.

Mais uma vez a colheita havia sido boa. O asteroide flamejante, vaporizado, arremessou-se para longe da Terra, agora estabelecido em órbita. Nos bilhões de anos que se seguiram, ele se fundiu sob sua própria atração gravitacional, e tornou-se a Lua que vemos hoje.

O homem moderno apareceu na Terra há cerca de 200 mil anos. Logo, nossos ancestrais estariam fora de seu profundo éden africano, movendo-se, explorando, imaginando de onde vinha a Lua. Então, em meados do século XVII, Galileu e outros astrônomos projetaram telescópios rudimentares e viram claramente planaltos brilhantes e planícies mais escuras com intermináveis crateras sobrepostas na superfície lunar.

As grandes universidades da Terra uniram-se aos estudos telescópicos nos séculos XVIII e XIX. Então, como entre vizinhos, uma visita à Lua no século XX parecia a coisa certa a fazer.

Neil Armstrong e Buzz Aldrin foram os primeiros a pousar e andar na Lua. Em um período de quatro anos, 24 americanos visitaram nosso vizinho mais próximo. Alguns deles voaram para lá duas vezes. Metade desses 24 viajou até a paisagem lunar, onde andou e dirigiu veículos naquele pequeno mundo.

Se a Rússia tivesse sustentado sua liderança inicial, o número de pessoas indo para a Lua poderia ter aumentado muito.

Só as viagens da Missão Apollo provocaram um salto de cinquenta anos em ciência e conhecimento. Mas o que mais surpreendeu Neil não foi o fato de termos ido à Lua, mas sim não termos ficado lá.

No momento em que este livro é publicado, parece que pelo menos meio século terá passado antes que seres humanos deixem a órbita da Terra novamente. Nas palavras de Neil Armstrong, "acho isso difícil de entender. É como se os monarcas do século XVI proclamassem que 'não precisamos mais ir ao Novo Mundo, já estivemos lá' ".

Neil passou seus últimos anos convencendo nossa espécie da importância de explorar o espaço. Ele foi guiado por uma certeza absoluta. A partir do momento em que leu as palavras escritas no século XIX pelo visionário russo Konstantin E. Tsiolkovski, Neil teve uma compreensão clara de para aonde a humanidade deveria ir.

Tsiolkovski é conhecido como o primeiro a aceitar o conceito de usar foguetes para viagens espaciais. Em um uso simples e elegante da linguagem, o cientista/professor russo viu o futuro, viu o que os humanos deviam fazer e para aonde deveriam ir se quisessem sobreviver.

"A Terra é o berço da humanidade", escreveu esse homem autodidata, buscando o amanhã, "mas ninguém pode viver no berço para sempre."

As palavras de Tsiolkovski tornaram-se parte de Neil e ele nunca sentiu seu significado mais fortemente do que quando deixou o berço pela primeira vez e desfrutou da liberdade da ausência de peso a bordo da Gemini 8. Neil ficou maravilhado com aqueles momentos nos quais se movia sobre oceanos e mares com sua superfície vítrea. Ele lembrou-se alegremente de ter visto um traço brilhante, um único brilho parecido com um fio de luz solar refletindo em um longo e reto trilho de trem que atravessava campos verdes e vastas extensões de terras agrícolas por quilômetros. Assombrado, viu cidades que eram manchas escuras, enormes rios que eram as fitas cintilantes que serpenteavam pelo campo.

Mas foi a noite que mais o fascinou. Ironicamente, a escuridão trouxe consigo o que era invisível durante o dia.

Cidades cintilantes e reluzentes com luzes multicoloridas, um enxame de luzes de neon, ruas brilhantemente iluminadas, prédios iluminados por fileiras de janelas reluzentes, oásis de cor e brilho feitos pelo homem, conectados por longas fileiras de estradas marcadas com faróis altos.

Então, silenciosamente, magicamente, cores brilhantes desciam das regiões árticas, a aurora boreal – cargas elétricas inflamadas pelo Sol na atmosfera superior da Terra.

Da Apollo 11, perto do final de sua jornada pelo sistema Terra-Lua, quando entraram na escuridão total, Neil havia observado, sem piscar, os objetos iluminados e as Nuvens de Magalhães em sua própria Via Láctea – uma Via Láctea cheia de poeira e gás com seu halo de matéria escura. Mais de 90% de sua massa continham uma quantidade incontável de sóis e nebulosas, supernovas e redemoinhos de estrelas dentro de redemoinhos de luzes e cores, todos membros de nossa grande galáxia em forma de catavento, da qual nós, da Terra, somos apenas um minúsculo pontinho.

Neil Armstrong era um homem humilde, admirado e grato pelo que havia tido o privilégio de ver. Ele entendeu que estava claramente olhando para o futuro, concentrando-se na vida e no próprio tempo. Entendendo que a vida era indiferente, percebendo que o tempo é uma dimensão medida apenas dentro da mente.

Ele estava mais do que ciente de que a Terra era uma espaçonave da espécie humana e que um dia passaria para a história. Ninguém sabia quando, mas todos sabiam que seria inevitável.

Esse fim poderia ser daqui a milhões de anos. Mas, se outro asteroide ou outra doença incurável decidir visitar nosso planeta, os seres humanos poderão ser exterminados em poucos anos. No entanto, se nossos líderes tivessem a visão de povoar a Lua e Marte, mesmo distantes, então a vida continuaria.

Enquanto Neil defendia essa ideia, isso não era provável.

O que está faltando, e ainda promete continuar como o princípio orientador da América que Neil conhecia, é a nossa falta de visão para o futuro. Líderes em ambas as casas do Congresso, mas principalmente os presidentes Carter, Reagan, Bush, Clinton, Bush e Obama, mantiveram os astronautas presos à órbita da Terra. Esses chefes de Estado deram pouca atenção ao programa espacial americano. De 1981 a 2011, foram lançadas 135 missões de ônibus espaciais, enquanto os líderes dos EUA ficaram de fora, com poucos comentários. Os voos do ônibus espacial foram, na verdade, apenas astronautas explorando a primeira casca além da superfície de seu próprio planeta.

Quando a filha do presidente Ronald Reagan, Maureen, visitou o Cabo Canaveral, ela só queria saber: "Quando vocês enviarão Sally Ride (a astronauta americana, que esteve no espaço em 1983) à Lua?" Ela não ficou nada feliz em saber que a NASA não conseguia enviar astronautas a mais de 482 quilômetros com o ônibus espacial. Hoje ela ficaria muito chateada ao saber que a NASA não pode enviar uma pulga viva à Lua e trazer essa partícula de vida de volta, ainda respirando. A agência não espera ter equipamentos que possam transportar um ser vivo além da órbita da Terra antes de 2021 ou 2022.

Uau, você deve estar dizendo! Mas a verdade é que a NASA não é capaz de enviar astronautas além da órbita da Terra desde 1972 – uma lacuna de meio século. Isso é criminoso! No entanto, a agência poderia explorar mais longe se o governo federal americano tirasse alguns dólares dos contribuintes e de alguns projetos insignificantes. Mas não vai tirar. Então, por enquanto, para cuidar da Estaçao Espacial Internacional, a NASA deve continuar comprando os assentos de seus astronautas em uma espaçonave russa. Vamos suportar essa humilhação até que uma ou duas empresas privadas consigam avaliar o negócio das naves espaciais em órbitas baixas como táxis capazes de transportar tripulações de astronautas para a estação espacial. Isso devia acontecer em 2017 ou 2018, mas nenhuma dessas espaçonaves comerciais planejadas foi equipada para explorar o espaço profundo. Serão apenas "mais do mesmo".

O que Neil e muitos outros visionários reconheceram há muito tempo é que, se a humanidade quiser continuar seu destino como exploradora do espaço, devemos vencer os problemas das viagens espaciais em distâncias comedidas e progressivas, estabelecendo e compreendendo totalmente nossa própria vizinhança – o sistema Terra-Lua.

Neil sabia, como a maioria dos outros, que poderíamos enviar espaçonaves a Marte sem vida a bordo. Fizemos isso com ótimos programas não tripulados da NASA, com suas sondas Curiosity e Spirit. Elas se moveram sobre a paisagem marciana enviando de volta informações e imagens, enquanto duas espaçonaves faziam o mesmo circundando o planeta vermelho.

Mas Neil também sabia que, até que a ciência desenvolvesse os meios para viajar em velocidades interplanetárias mais rápidas, os astronautas que alcançassem Marte chegariam como idiotas envenenados por radiação – nenhuma espaçonave enviada a Marte nos dias de hoje poderia proteger sua tripulação devidamente.

É necessário um dispositivo leve de proteção contra radiação, como um pequeno campo magnético. Neil estava convencido de que, para desenvolver esse equipamento, precisávamos primeiro explorar e compreender bem nosso sistema Terra-Lua. Isso nos ensinaria como avançar para lugares mais distantes, como os pontos de Lagrange – aqueles pontos no espaço afetados igualmente pela gravidade de dois objetos maiores, como a Terra e a Lua, para que um objeto menor como um satélite artificial possa ser deixado no local.

Mas até lá, valem as palavras de Neil: "Precisamos de 3 s. Precisamos ficar dentro do alcance de três segundos para nos comunicarmos com o Controle da Missão e receber sua ajuda inestimável, e precisamos ficar dentro de três dias como margem até o retorno à Terra.

"Para viagens espaciais profundas, precisamos realmente saber o que estamos fazendo", explicou Neil. "Precisamos ser mestres de nossa própria sobrevivência."

Ele continuou apontando que a Terra e a Lua formam um sistema celestial. Um não poderia viver sem o outro. É o centro desse sistema dual, em vez do centro da própria Terra, que descreve uma órbita elíptica em torno do Sol, de acordo com as leis de Kepler. Também é mais correto dizer que a Terra e a Lua juntas giram em torno de seu centro de massa comum do que dizer que a Lua gira em torno da Terra. Esse centro comum fica abaixo da superfície da Terra, a cerca de 5 mil quilômetros do ponto central do nosso planeta.

"Se o sistema Terra-Lua é a nossa casa, não deveríamos ser guardiões dos dois mundos?", Neil perguntou. "Você não cuida do seu quintal da frente e deixa o seu quintal dos fundos cheio de ervas daninhas. Não devemos explorar nosso próprio lugar, e os pontos de Lagrange do sistema Terra-Lua (todos os cinco) não seriam os primeiros passos? Não seria estúpido ir a asteroides e a Marte, a milhões de quilômetros de distância, antes de conhecermos nossa vizinhança – antes de realmente resolvermos o problema da radiação espacial?"

Durante seus últimos anos Neil acreditava que a NASA não estava indo a lugar algum. Ele temia que a agência espacial não tivesse mais um foguete próprio, não deixando um caminho direto para os astronautas irem de suas próprias plataformas de lançamento para a estação espacial. Ele temia que a estação internacional pudesse sofrer um grande fracasso com o pequeno apoio do país que a montou em órbita.

Em um depoimento no Congresso, Neil declarou:

"Os americanos visitaram e examinaram seis locais com a Luna, variando em tamanho de um bairro a um pequeno município. Isso deixa mais de 14 milhões de milhas quadradas (36.260.036 de quilômetros quadrados) para explorar.

"A vizinhança lunar é uma localização excepcional para aprender a viajar para lugares mais distantes. Em grande parte removida da gravidade da Terra e da magnetosfera da Terra, ela oferece muitos dos desafios de voar longe da Terra. No entanto, os atrasos de comunicação com a Terra são inferiores a dois segundos, permitindo que o Controle da Missão na Terra desempenhe um papel importante e oportuno nas operações de voo.

"No caso de uma emergência grave, como a da Apollo 13 de Jim Lovell, a Terra está a apenas três dias de viagem. Aprender a voar e permanecer nos pontos lagrangeanos da Terra-Lua seria uma excelente referência e aprendizado para voar e permanecer nos pontos lagrangeanos da Terra-Sol, muito mais distantes.

"Voar para destinos mais afastados da órbita lunar ou pontos lagrangeanos lunares pode ter vantagens substanciais em termos de tempo de voo e/ou requisitos de propelente em comparação com as partidas da órbita da Terra.

"Voar na vizinhança lunar normalmente proporcionaria menor exposição à radiação do que a esperada no voo interplanetário. Os longos atrasos de comunicação para destinos além da Lua exigem novas técnicas e procedimentos para as operações das espaçonaves. O Controle da Missão não pode dar ao tripulante em Marte suas orientações úteis e usuais (durante o pouso) se o atraso do radar, das comunicações e da telemetria de volta à Terra estiver a alguns minutos de distância.

"A experiência de voo nas distâncias lunares pode fornecer informações valiosas sobre soluções práticas para lidar com esses desafios. Estou convencido de que um retorno à Lua seria o caminho mais produtivo para expandir a presença humana no sistema solar."

Quando o presidente George W. Bush decidiu encerrar o programa de ônibus espaciais por recomendação do Conselho de Investigação, ele colocou em seu lugar o Projeto Constellation.

O Constellation teria dado à NASA dois conjuntos de foguetes com sistemas de emergência e medidas de segurança nunca colocados nos ônibus espaciais.

Uma versão inicial foi lançada em outubro de 2009. Funcionou como anunciado. Mas, apesar desse voo bem-sucedido, e do fato de que o novo foguete oferecia a rota mais curta e menos onerosa para manter os astronautas americanos voando, o Constellation foi cancelado.

Três anos de brigas internas e de quedas de braço não conseguiram produzir um substituto. Então, os primeiros que se desfizeram do Constellation correram de volta para o depósito de lixo e recolheram suas peças. Na direção do Congresso, a NASA reintegrou o grande foguete do Constellation, o primeiro foguete desde a Apollo, que poderia impulsionar os astronautas para além da órbita da Terra. Agora era o SLS (Space Launch System), com o desenvolvimento de uma espaçonave do tipo Apollo chamada Orion.

Quando soube que a NASA estava adotando o pensamento de Neil – a agência estava elaborando planos para alcançar o espaço profundo –, eu contei a ele. Pude sentir que ele estava sorrindo todo o tempo durante o telefonema.

Ele ficou satisfeito, mas me disse: "Isso parece bom, mas ainda há muito que fazer".

Nos últimos dias de Neil, senti o que ele quis dizer. Ele estava satisfeito com sua vida. Ele sentiu que tinha realizado a maioria das coisas importantes. Ele agora podia se permitir ir um pouco além e refletir sobre o que tinha sido e o que deveria ser.

Em uma das últimas visitas de Neil ao local de lançamento na Flórida, Herb Gold, o produtor associado da NBC para nossa equipe de cobertura espacial, comentou: "Eu nunca o vi tão relaxado. Todas as vezes antes, Neil estava pouco à vontade, em guarda".

"Nós nos sentamos com os rapazes", Herb continuou, "e enquanto desfrutávamos de nossas bebidas Neil perguntou à minha esposa Sharon se ela acreditava que havia marcianos entre nós."

Sharon sorriu, mas antes que ela pudesse responder Neil disse a ela: "Há marcianos na Terra. Eles são nossos filhos que estão na pré-escola. Eles serão os primeiros marcianos".

Foi um reencontro da antiga equipe de cobertura espacial da NBC, incluindo nosso chefe Jim Kitchell, que, infelizmente, me escreveu quando Neil faleceu: "Pelo menos tivemos aqueles últimos momentos com ele".

Foi realmente muito agradável. Quando eu e minha esposa Jo passeamos com Neil em suas acomodações no Holiday Inn de Cocoa Beach, o hotel que todos frequentamos nos dias da Apollo, Neil – geralmente uma pessoa pouco sentimental – abraçou minha esposa, e, então, colocamos nossos braços ao redor um do outro, para um abraço fraterno.

Para mim, foi um marco importante no pôr do sol de nossas vidas. Nós dois sentimos como se tivéssemos que estar lá, fazendo isso. Poucos dias depois, Neil partiu para passar algumas semanas viajando pelo mundo com o último homem na Lua, Gene Cernan, e seu substituto, o comandante da Apollo 13, Jim Lovell.

Eles passaram algum tempo com nossas tropas, venderam a exploração espacial para formadores de opinião e mobilizadores, servindo como embaixadores americanos do espaço. Todas as suas viagens foram tranquilas, exceto uma.

A viagem deles estava quase terminada quando Gene e Neil embarcaram em um avião de Londres para Nova York e Jim voou para seu escritório em Chicago. Gene e Neil estavam em um Boeing "triple-seven" (777), programado para pousar às 18h00 – horário do jantar em Nova York. Eram os dias mais quentes do verão, também era o horário de pico para tempestades, e o clima esperado não decepcionou.

"Havia aquela mãe de todas as tempestades", me disse Gene Cernan. "Relâmpagos e turbulência que nunca tínhamos visto antes. Foi muito ruim", ele enfatizou, "e os pilotos, Deus os abençoe, tentaram pousar em Nova York duas vezes. Mas não conseguiram.

"Eles nos levaram para Boston e, uma vez lá, nos colocaram em um ônibus de volta para Nova York.

"Era cerca de 1 hora da manhã quando o ônibus finalmente parou e todos nós descemos para um lanche em um restaurante à beira da estrada. Neil e eu estávamos tentando fazer o melhor possível – dois astronautas sentados ao balcão tomando nosso café e comendo nosso bolo dinamarquês. Neil e eu sentimos que o garoto que estava servindo a gente não tinha ideia de que estava servindo o primeiro e o último homem a pisarem na Lua."

Neil e Gene por muito tempo não foram reconhecidos pelo público em geral. Neil me disse uma vez que ele foi reconhecido apenas em um evento em que era esperado. O ponto principal era que não se importava com isso. A adulação pública não era uma grande coisa para Neil e Gene. Sua maior preocupação era o futuro dos Estados Unidos no espaço – como chegaríamos ao ponto em que as pessoas poderiam viajar em segurança para Marte.

Neil estava convencido de que, uma vez que soubéssemos como viver no espaço e garantir nossa sobrevivência pessoal, teríamos nos ensinado como chegar a Marte e a lugares mais distantes em uma nave espacial – ou em uma pequena frota.

A questão era: quem deverá ir? Será um esforço global ou uma missão conjunta de dois ou três países? Terá retorno ou será uma viagem só de ida? Eles seguirão as tradições das caravanas do Velho Oeste do século XIX e estabelecerão uma colônia, a ser associada mais tarde a outras, ou retornarão à Terra – para a família e os amigos?

Seja como for, será um momento emocionante, e Neil certamente gostaria de estar por perto para a maior aventura do século XXI.

Mas, como já disse, Neil não teve arrependimentos.

Realmente havia apenas uma tarefa chata que ele nunca poderia ter feito – acabar com uma história escandalosamente fictícia que circulou no ciberespaço por anos.

A história tornou-se viral, encaminhada por e-mail:

Quando Neil Armstrong entrou novamente no módulo lunar Eagle, depos de sua caminhada na Lua, teria feito uma observação enigmática: "Boa sorte, sr. Gorsky".

Muitas pessoas da NASA teriam pensado que era uma observação casual sobre algum cosmonauta soviético rival. No entanto, ao se verificar, não havia Gorsky nos programas espaciais russos ou americanos.

Ao longo dos anos, muitas pessoas questionaram Armstrong sobre o que significava a declaração de "boa sorte, sr. Gorsky" – Armstrong apenas sorria.

Em 5 de julho de 1995, em Tampa Bay, na Flórida, enquanto respondia a perguntas após um discurso, um repórter levantou a questão velha de 26 anos a Armstrong. Dessa vez, Neil finalmente respondeu. O sr. e a sra. Gorsky haviam morrido, então Neil sentiu que agora poderia responder à pergunta.

Em 1938, quando era criança em uma pequena cidade do Meio-Oeste, ele estava jogando beisebol com um amigo no quintal. Seu amigo bateu na bola, que caiu no quintal do vizinho, perto da janela do quarto. Seus vizinhos eram o sr. e a sra. Gorsky.

Quando ele se inclinou para pegar a bola, o jovem Neil Armstrong ouviu a sra. Gorsky gritando para o sr. Gorsky: "Sexo! Você quer sexo?! Você vai transar quando o garoto da casa ao lado caminhar na Lua!"

A parte triste é que milhões de pessoas até hoje acreditam que a história ridícula é verdadeira. Em 7 de junho de 2012, pouco mais de dois meses e meio antes de Neil morrer, escrevi-lhe:

Bom dia, Neil,
Eu recebi essa inacreditável história, que tentei desmentir muitas vezes, do meu neto Bryce, o jogador de futebol americano que você conheceu no meu 50º jantar.
Tenho certeza de que você está muito incomodado com tantos relatos diferentes sobre essa história.
Para meu jogador, do seu jogador, algum comentário?
Jay.

Neil respondeu:

Jay,
Eu ouvi essa história pela primeira vez em algum momento nos anos 1980, contada pelo comediante Buddy Hackett em um evento de caridade.
Como você sabe, as transcrições das conversas reais estão disponíveis na internet no Lunar Surface Journal. Eu acho que deveria haver um clube secreto onde eles dessem prêmios parecidos com os do Oscar pelos lances mais escandalosos da internet, em diferentes categorias: piadas, fotografias, citações etc.
E há muita concorrência!
Meus cumprimentos,
Neil

Descanse em paz.
Nós sempre estaremos juntos.

CRÉDITO DAS IMAGENS

Foto de capa – Neil Armstrong em treinamento no Centro Espacial Kennedy, 1966. Getty Images.

Págs. 2 e 3 – Saindo do *cockpit* da aeronave Bell X-14, no Ames Research Center. (NASA/ Lee Jones)

Págs. 6 e 7 – Neil ao lado da aeronave X-15 após um voo de pesquisa, 1962. (NASA)

Págs. 8 e 9 – Em julho de 1969, a tripulação da Apollo 11 deixa o edifício de Operações Espaciais do Centro Espacial Kennedy, minutos antes do lançamento. Neil acena na frente do grupo. (NASA)

Pág. 13 – Foto oficial logo depois da volta da viagem à Lua. (NASA)

Pág. 16 – Caças americanos saem do porta-aviões para bombardear alvos coreanos. (Marinha dos Estados Unidos)

Pág. 28 – Neil revendo planos de voo, em 1969. (NASA)

Pág. 68 – Neil ao lado da aeronave X-15, em 1962. (NASA)

Págs. 80 e 81 – Neil e John Glenn no treinamento de sobrevivência na floresta, Panamá, junho de 1963. (NASA)

Pág. 98 – O cosmonauta Alexei Leonov, primeiro homem a realizar uma caminhada espacial. (Agência Espacial Federal Russa)

Pág. 108 – Neil chegando à plataforma de lançamento no Cabo Canaveral, para a missão Gemini 8, 1966. (NASA)

Pág. 124 – Centro de Controle da Missão do Programa Gemini, 1964. (NASA)

Pág. 152 – Lunar Landing Research Vehicle (LLRV), na base aérea da Califórnia. (NASA)

Pág. 176 – Buzz Aldrin, Neil e Michael Collins, em maio de 1969. (NASA)

Pág. 188 – Neil praticando a saída do módulo lunar no edifício de treinamento do Centro Espacial Kennedy, 1969. (NASA)

Págs 194 e 195 – Collins, Aldrin e Neil revendo planos de voo, em junho de 1969. (NASA)

Pág. 204 – O foguete Saturno é lançado do Centro Espacial Kennedy, em julho de 1969. (NASA)

Pág. 216 – Neil no módulo lunar durante a missão Apollo 11, 1969. (NASA)

Pág. 234 – Neil trabalhando na superfície lunar, perto do módulo Eagle, 1969. (NASA)

Pág. 246 – Marca da bota de Buzz Aldrin na superfície da Lua. (NASA)

Pág. 260 – Terra vista a partir da Lua. (NASA)

Págs. 274 e 275 – Os três astronautas no trailer do Centro Espacial, durante a quarentena na volta à Terra. (NASA)

Pág. 320 – Neil pratica no simulador de modulo lunar, no edifício de treinamento do Centro Espacial Kennedy, 1969. (NASA).

EDIÇÃO Isa Pessoa
CAPA Cesar Godoy
REVISÃO Fernando Nuno/Estúdio Sabiá e Carlos Eduardo Matos
ASSISTENTE EDITORIAL Ana Clara Cornelio

1ª edição, 2018

Dados Internacionais de Catalogação na Publicação (CIP)
(Câmara Brasileira do Livro, SP, Brasil)

Barbree, Jay
Neil Armstrong: a biografia essencial do primeiro homem a pisar na Lua / Jay Barbree, apresentação John Glenn; tradução Karina Genshe. – São Paulo: Alaúde Editorial, 2018.

Título original: Neil Armstrong : a life of flight.
ISBN 978-85-8419-080-5

1. Armstrong, Neil, 1930-2012 2. Astronautas - Estados Unidos - Biografia 3. Projeto Apollo (EUA) - História 4. Voo espacial para a lua - História I. Glenn, John. II. Título.

18-19514 CDD-629.450092

Índices para catálogo sistemático:
1. Estados Unidos: Astronautas: Biografia: Conquista do espaço: Astronáutica: História 629.450092
Iolanda Rodrigues Biode – Bibliotecária – CRB-8/10014

2018
Tordesilhas é um selo da Alaúde Editorial Ltda.
Avenida Paulista, 1337, conjunto 11
01311-200 – São Paulo – SP
www.tordesilhaslivros.com.br

/Tordesilhas

Este livro foi composto com as famílias tipográficas Celeste e Flama. O miolo foi impresso sobre papel Pólen Soft pela EGB – Editora e Gráfica Bernardi, para a Tordesilhas Livros, em 2018.